U0275304

银川当代美术馆·文明的维度丛书
THE DIMENSION OF CIVILIZATION

十七世纪欧洲与晚明地图交流

郭亮 著

商务印书馆
The Commercial Press

图书在版编目（CIP）数据

十七世纪欧洲与晚明地图交流 / 郭亮著；

北京：商务印书馆，2014

（银川当代美术馆文明的维度丛书）

ISBN　978-7-100-10672-6

Ⅰ．①十… Ⅱ．①郭… Ⅲ．①地图－文化交流－文化

史－欧洲、中国－明代 Ⅳ．① P28-091

中国版本图书馆 CIP 数据核字（2014）第 192517 号

所有权利保留。

未经许可，不得以任何方式使用。

十七世纪欧洲与晚明地图交流

郭亮著

商 务 印 书 馆 出 版

（北京王府井大街36号 邮政编码100710）

商 务 印 书 馆 发 行

山 东 临 沂 新 华 印 刷 物 流 集 团

有 限 责 任 公 司 印 刷

ISBN 978-7-100-10672-6

2015 年 2 月第 1 版　　开本 720×1000　1/16

2016 年 1 月第 2 次印刷　　印张 20½

定价：98.00 元

总　序

吕澎

　　我的中国朋友越来越多，无论我走到哪里，都会被认出来。我在广州并没有感受到本应有的那些限制，这仅仅是因为我与人们的和睦往来。所有阶级的患者都曾在医院中住过——男人、女人、年轻人、老年人，刚满月的婴儿到80岁满头白发的老人，富人、穷人，政府官员及其属员，等等。欧洲人，包括苏格兰人、英格兰人、法国人和德国人等，不论其国籍，都非常友善。现在有两个很有前途的青年跟随着我，学一些英文知识，并希望将来成为医生。还有一些人已经申请了医院的职位。跟随我的一本少年是林呱的弟弟，林呱是一名画家，是钱纳利先生的学生。他热爱医生职业，他认为自己的年龄太大，很难学成当医生，他因此而感到遗憾万分。[1]

　　　　　　　　　　　　　——〔美〕爱德华·V. 吉利克：《伯驾与中国的开放》

　　以上文字出自从纽约乘船耗时144天于1834年10月底到达广州并很快在广州建立医院（时人称为"新豆栏医局"）的美国传教士、医生伯驾（Peter Parker，1804—1888）于1837年写给他美国朋友的书信。在这段文字里，我们可以获得一些历史细节的信息，例如在严格限制外国人行动范围的沿海城市广州，西方人只要做出了善事，与中国人的关系也可以是友好和充满信赖的，并且这里已经是不少欧洲国家的商人、旅游者以及冒险家来往并生活的地方。对于研究艺术史来说，我们可以从中找到一丝肯定的信息，那就是钱纳利、林呱以及与他们之间的关系——钱纳利和林呱都曾绘过关于伯驾及其医事的画作。事实上，以钱纳利为代表的西方画家、林呱（我指的是关乔昌这个"林呱"）以及其他中国画家留下了不少反映那个时代的人物、风俗、风景以及其他题材的绘画，这些绘画是如此真实、生动以及风格别致地记录了澳门、广州和香港地区的日常生活内容，在今天已经成为研究历史和艺术史极为珍贵的文献。

　　1793年，英国马嘎尔尼（Macartney George）使团到达天朝首都北京时，这个团队准备赠送给乾隆的礼物被要求插上进贡的旗子。尽管乾隆皇帝看过世界地图，但他一开始仍然要求使团成员行三跪九叩之礼，以确保天朝的尊严和地位不受轻视。虽然英国特使最后受到了非常的礼遇，但在不少欧洲人看来，中国的态度与种种景象已经透露出中国落后了——这甚至可以看成是"中国的世界"向"世界的中国"转变的具体标志。[2] 的确，之前像郎世宁（Giuseppe Castiglione，1688—1766）这样的传教士画家在中国宫廷总是不得不依照中国皇帝或者中国人的趣味进行绘画，而进入18世纪之后，就是中国人渐渐向西方人学习艺术了。不过，直到今天，中国的艺术史学界还很少有人关注18世纪到19世纪期间在中国沿海城市（主要是澳门、广州和香港）由西方人和中国人以西方的视角、方法和趣味完成的绘画。那些被简单地用"贸易画"或"外销画"这类不太准确的词汇——一个开始于"外销瓷"或"外销水彩画"的表述、之后学者对这个时期的大量不同绘画采用的一个过于简单的词汇[3]——来概括的作品虽然在材料、技法、题材、风格以及趣味方面是如此丰富与特别，却因为种种原因而长时间地远离人们的视线。根据现有可考的作品记载，大约从康熙五十九年（1720）起，在今天被称之为"外销画"的绘画开始出现（究竟被何处机构或者个人收藏的作品是最早创作的外销画，我们不得而知），随着需求和更多条件的具备，绘画种类渐渐包括油画、玻璃画、水彩画、水粉画，题材涉及肖像、风俗、海事（船舶）以及市井生活。简单地说，早在1842年之前，凡是有西方人频繁活动的地方，已经不同程度地出现了来自欧洲的有图的印刷品甚至图画；可是，早期在沿海城市由欧洲画家和中国画家所完成的欧洲风格的绘画，却令人吃惊地鲜为人们提及。

　　1934年，商务印书馆出版了一本张星烺（1889—1951）的著作《欧化东渐史》，在这本十分简要地讨论东西方文化交流历史的小册子里，作者对欧洲文化东渐的路径与过程给予了描述：尽管张氏提及欧洲文化之东渐盖出于"欧洲商贾、游客、专使及军队"、"宗教家"之东来以及"由中国留学生之传来"，但是，在涉及绘画的传播上，他仅仅提及民国成立（1912）之后的事。他这样写道：

　　　　近今西洋各种文化如怒潮之输入中国，然美术则输入极缓而最后。诚以美术为太平时代之装饰品，而一时习尚又不易改革。方今全国鼎沸，民生困苦，社会对此无需要，教美术者不足以立足也。民国以来，最先提倡美术者为蔡元培。[4]

不能确认这位作者为什么没有将郎世宁、王致诚（Jean Denis Attiret，1702—1768）等人的故事作为介绍"欧化东渐"的开端，他也根本没有提及晚清以降欧洲画家在中国广东沿海一带留下的痕迹与影响。20世纪30年代正是"全盘西化"风气弥漫的时期，作者使用的词汇是来自日文对英文 Art 或 Fine art 的翻译"美术"。的确，"美术"一词在中国的使用产生于甲午战争（1894）的失败激发中国开始向日本学习并派出大量留学生之后，但在距晚清不远的彼时完成的《欧化东渐史》叙述中，学者没有提及晚清西方对中国绘事的影响，这的确让人困惑。

事实上，除了从晚明开始就有西方传教士带进中国宫廷的绘画外，随着欧洲商贾、游客、宗教家在中国的商贸活动与生活以及民间传教，西方绘画以及制图方法也渐渐地传至中国内地，沿海城市尤甚。这样的状况非常易于理解，开始于葡萄牙、西班牙，之后是荷兰与英国对中国的贸易，使得这些城市十分容易成为欧洲文化进入中国的入口，因不同原因滞留在中国沿海城市的欧洲人自然会将他们的文化与习惯带入到中国的日常生活中，渐渐地影响并改变周围的环境。可以想象，在19世纪上半叶照相术发明之前，对于欧洲人来说，绘画是观赏、记录以及传播有关这个特殊国度的一切信息的重要载体。所谓"外销画"以及大量受欧洲风格影响的绘画，在欧洲范本以及欧洲老师的教授下出现了，这段涉及西画东渐的历史从18世纪开始差不多有一百多年的时间。中国画工和画家的绘画技法和风格接近欧洲画家的鼎盛时期是19世纪上半叶。彼时，已有不少欧洲画家出自不同的原因先后来到中国，为那些希望可以绘制中国图像用于销售的画工提供了学习的机会。我们认为其间最有代表性的欧洲画家当然是前面提及的来自英国的钱纳利，这位毕业于英国皇家艺术学院、有着传奇经历的英国画家留下了大量关于中国广东地区沿海城市的风俗、人物和风景图画，事实上，他的绘画也直接影响了中国的画工和画家。

大致从鸦片战争之后，上述情景很快消失，《南京条约》之后的五口通商并没有连带广州沿海的"外销画"向别的城市蔓延——尽管有叫"新呱"和"周呱"的画家先后到了上海并画了不少上海的风景，却代之出现了图像更为清晰的欧洲印刷品以及商业广告。我们知道：1839年照相术的产生，导致欧洲绘画很快发生了革命，记录工具的改变与方便，使得那些继续到中国来的欧洲人也可以通过照相机来记录这个古老而神秘的国度。我们也知道，1844年10月，法国海关总检察官朱尔·伊捷（Jules Itier，

1802—1877）就通过战舰"西来纳"到达澳门，他不仅拍摄了中国官员的肖像，还拍摄了城市和码头风光。同行的还有法国天主教耶稣会传教士南格禄（Claude Gotteland，1803—1856），后者也随身携带照相器材，去上海创办了圣依纳爵公学（1932 年改名为"徐汇公学"），并兴建徐家汇天主教堂。可以想象，照相术的发明和五口通商之后，西方人更多地可能是通过摄影而不是绘画来传递中国这个古老而神秘的国度及其日常生活信息的，之后西方人在中国各地游历完成的越来越多的摄影文献支持了这样的判断。尽管在 19 世纪 60 年代仍然有"外销画"画工的存在——正如英国人约翰·汤姆森（John Thomson，1837—1921）拍摄的画家照片所提示的那样，但是，传递形象信息的绘画行业无疑迅速走向了衰落。

对于艺术史家来说，另一番情形也是值得注意的：直至清末民初，西方绘画的技艺与思想也并没有受到中国文人士大夫们的重视，广东地区不乏中国传统画家，他们的作品表现出对传统绘画方法与精神的坚守，似乎没有材料证明他们对欧洲人的绘画有什么在意与关注，可以肯定地说，这两种视觉习惯背后存在着更深奥的文明问题。基本说来，也正如张星烺注意到的："美术者绘画、雕刻、塑像诸艺术也。中国人自昔以百工为小计。绘画、雕刻、塑像皆在小技之列。"[5] 强烈的差异表明这个文化传统的背景是强大而具有决定性的。所以，基于历史的原因，从 1840 年的鸦片战争到 1911 年的辛亥革命，18 世纪开始的"外销画"的故事并没有通过教育与历史书在这半个多世纪里被记载与传播，也因为文人士大夫的传统知识背景，相信那些即便为官的广东地区的中国文人士大夫也没有太多的兴趣关注那些来自海外的文化。大量的故事与文献告诉我们：中国文人对欧洲写实绘画实在没有什么兴趣，那些来自海外"蛮夷"的绘画充其量只能得到"虽工亦匠"这类的评价。与郎世宁几乎同时的中国画家邹一桂（1686—1772）在他的著作《小山画谱》中是这样表述西方绘画的：

西洋人善勾股法，故其绘画于阴阳远近，不差锱黍，所画人物屋树，皆有日影，其所用颜色与笔与中华绝异。布景由阔而狭，以三角量之。画宫室于墙壁，令人几欲走进。学者能参用一二，亦著体法，但笔法全无，虽工亦匠，故不能入画品。

能够非常真实地表现物理世界的绘画不能入画品的原因在于没有笔法，我们知道，这是产生于宋代的文人教养传统之使然，而欧洲绘画所需要的方法却是另一个来自文艺复兴时期的逻辑，两个"统系"不能类比，甚至没有干系。在中国，占据支配地位的"文人画"引领着中国绘画的主流。中国人只有在发现自己彻底失败的 1895 年之后，才开始真正去观看自身之外的世界，才有了向日本派出大量留学生的可能。直至清政府岌岌可危之时，欧洲的"思想文明"——政治、哲学、艺术、文学等——才开始点滴地输入中国。

同样让人吃惊的是，从20世纪一开始直至今天，中国美术史学界对这段历史不是语焉不详，就是表现出没有太多的关注，即便有少数美术史家（姜丹书 [1885—1962]、陈师曾 [1876—1923]）从日本学者那里获得了西方的美术史方法，也将他们关注的重点放在传统的思想与趣味的文脉上。可以想象，材料的缺乏、特殊的知识背景以及长期养成的趣味惯习都限制了这些学者的视线。"五四"之后的新文化运动将彼时年轻人的视线引向了欧洲：他们直接进入法国、英国的美术学院进行学习，并在欧洲游历与体验，自然给中国在美术教育、历史观察、思想判断以及实践领域带来了新的可能性，继而他们的工作构成了一段新的美术史。

的确，即便在1949年之后有限的近现代美术史的著作中，我们也很难看到对延续了一百多年的绘画事实的记述，直到20世纪80年代中期之后，才有艺术家（而不是艺术史家）刘海粟（1896—1994）——他与汪亚尘（1894—1983）被1934年时的张星烺说成是当时"国中传授西洋美术著声誉者"——提醒了这段绘画史，在1987年第5期的《中国美术报》（第3版）上，由柯文辉执笔、刘海粟署名的《蓝阁的鳞爪》中介绍了那张由汤姆森约摄于19世纪60年代末（或70年代初）的一个正在作画的中国画家的照片，刘海粟对这位蓝阁（林呱）进行了介绍："蓝阁（Lamgua，音译），中国人，师事齐纳瑞（钱纳利），为知名的中国艺术家，1852年卒于澳门。蓝阁一生创作了极为出色的油画，至今仍为香港和广东的画家所临摹，倘若他生活在除去中国以外的任何国度，都会成为以后各新画派的奠基人。"刘海粟说：

> 近代美术史家把我的同时代人尊称之为先驱，我附在骥尾，惶悚不安，如果我们把眼光放远大一些，中国油画史还可以提前半个世纪，真正的先驱，应当是被半封建、半殖民地制度埋葬了的无名大家，蓝阁可能就是其中之一。

这一想法，希望能被美术史家所证实。

刘海粟对资料的辨识存在着错误，他认为照片中的画家是关乔昌（林呱），其实不然，但是他提醒了关于这段特殊的绘画历史问题。[6] 尽管如此，在20世纪80年代的中国，由于材料文献的缺乏以及国内实物原作的稀少，使得相应的研究仍然难以展开，美术学院史论专业相关教师与研究者也非常缺乏。

进入 21 世纪，中国大陆学者开始有条件关注并观看到关于这段历史的更丰富的材料与原作。同时，之前香港及其他城市或者日本的美术馆的展览也提供了新的文献和资料方向，例如 1995 年 10 月到 11 月町田市立国际版画美术馆举办的《中国洋风画》展，1996 年 12 月东京都庭园美术馆举办的《远东之旅——乔治·钱纳利与 19 世纪广州、澳门和香港的艺术》，2003 年广东美术馆与维多利亚和阿尔伯特博物馆联合举办的《18——19 世纪羊城风物》（展览图录由上海古籍出版社 2003 年出版），2004 年兵库县立美术馆、福冈亚洲美术馆、新潟县立万代岛美术馆联合举办的《中国之梦》，对这个时期西洋绘画在 18、19 世纪在广东地区甚至亚洲的影响的研究提供了资料。这样，一个涉及研究这个时期西画东渐在广东地区的历史有了趋于丰富的面貌。

从 2004 年下半年开始，我着手《20 世纪中国艺术史》的撰写。在分析与确定 20 世纪艺术史的问题起点时，我不得不越过 1900 年往前推移，我注意到从 18 世纪下半叶到 19 世纪中叶的这个时段被简单地概括为"外销画"的现象在各种中文文献中仍然处于语焉不详的状况。2010 年，我邀请莫小也教授为中国美术学院史论系学生讲授西画东渐的课程，莫教授同样将从鸦片战争到辛亥革命之间几十年里"外销画"突然消失的具体原因这个课题留给了后面的研究者。这个现象一开始就提示了一种断裂，即除了明代宫廷里的那些趣闻逸事或者类似郎世宁等人在方法和风格上通过调适来迎合中国皇帝的故事外，正如在思想领域人们更愿意提及蔡元培（1868—1940）、胡适（1891—1962）那一大帮知识分子的工作一样，在美术领域人们也更倾向于将西画东渐的历史开端放在"五四"运动之后的留学潮，即放在徐悲鸿（1895—1953）、刘海粟、颜文樑（1893—1988）等一大批留学欧洲后回国内从事西画教育的这一代人身上。的确，从此之后，西方艺术对中国的影响不再间断，即便中国在 1949 年到 1976 年之间有近三十年与世界隔绝，美术杂志和出版社也仍然断断续续地有过对西画选择性的介绍；同时，具有强大政治背景的苏联社会主义现实主义绘画，也有力地传递着西方绘画的写实主义风格与方法。同时，在中国画领域，也始终因为承担了政治与宣传上的任务，而接受着西画方法的改造。

从 20 世纪初开始，就不断有知识分子和艺术家（例如江小鹣 [1894—1939]）提及"有清三百年"的绘画的问题，这很容易引出西方绘画对晚明以来中国绘画的影响的历史判断。事实上，"四王"以降的中国传统绘画中个别画家对传统趣味的保守与坚持在美术史上所具有的问题特征应该与我们今天讨论的主题——晚清洋风绘画所具有的美术史问题——既区分又联系起来看待，这样可以完善对晚清绘画历史的结构安排。

所以，中国美术史学界的课题是：应该对晚清洋风画的历史及其复杂性进行全面而深入的研究，因为这段历史研究的缺失严重地影响到了学者们对晚清绘画史的结构性判断，翻阅 20 世纪不同时期出版的中国美术史著作可以发现，涉及晚清洋画的研究领域没有什么成绩，这很难呈现一个完整的晚清绘画史的面貌；当然，正如我们在晚清时期能够在技术、科学、人文领域里看到西学东渐与中国传统文明的交互影响和变化，在绘画（艺术）领域里我们同样可以看到西画对中国不同层面的文人画家、画工以及那些学习绘画的人的不同程度的影响——即便之前晚明所谓"波臣派"的一些画家使用的是传统的绘画工具，也呈现出受到西方绘画的影响。

考察欧洲人在中国进行贸易和传教而发生的若干事件可以让我们清楚，从 15 世纪末开始，那些带着不同目的的葡萄牙人、西班牙人、荷兰人、英国人以及其他欧洲人在中国不同的城市与乡村演绎出的故事可以使用"罄竹难书"来形容：例如尽管葡萄牙人帮助清政府赶走了海盗，却也在澳门贿赂官员诱拐人奴；那些虔诚的传教士一开始按照自己的想象穿上僧人的服饰进行传教，得知只有那些文人士大夫在这个国家才拥有真正地位后又改穿士人服饰，以期获得后者的支持来推动传教和文明之间的交流。大量历史事实表明东西方之间的交流与沟通是一个漫长而复杂的过程，在这样的过程中，相互之间的影响构成了不同文明之间在不同时期里发生严重冲突与和平共处的诱因或基础，其积极作用是"涓滴"式的，在商业和日常生活的辅助下是潜移默化、绵延不断的。

历史地看，没有任何一个时期接受西画影响的中国画家的绘画不与西方绘画的某一个画家、风格、流派有明显的接近与联系，而在 18 世纪以降，中国画家完成的绘画，尤其是油画都具有自己特殊的方法与趣味：他们接受西方的透视、结构与光影的知识等，却有意无意地保留了中国人特有的处理效果与视觉惯习，最终构成了自己特殊的趣味。尽管我们能够看到像钱纳利这类西方画家对自身学院传统的纯正的坚持，他们也不过是用西画方法画中国的人物与风景，但是，大量保留下来的由中国画家完成的作品却与之有明显的区别。我们同意，也许不是所有的画工都像关乔昌那样对西画有准确的理解与实践能力，但是，我们也没有资料表明那些具有特殊风格与趣味的油画是中国大致前后同时期画工的模仿天赋有限的结果，我们猜测，在制图的习惯与方向上，也许存在着订件人趣味与风格需要的左右，这样的情况是否也容易让我们联想到郎世宁等人在皇室宫廷里面临的问题？

在武汉打响第一枪的是那些新军里的官兵，而这些官兵中最为激进的是来自去日本的留学生，他们能够到日本学习新知得益于光绪颁布的"变法"上谕，其中的内容之一即是根据张之洞（1837—1909）、刘坤一（1830—1902）《江楚会奏变法三折》中"变通政治人才为先遵旨筹议折"所进行的教育改革（这时，政府才开始真正全面鼓动年轻人出国留学和进入新式学堂学习），没有政治、经济、社会局势的不断变化，没有像张之洞、梁启超（1873—1929）、严复（1854—1921）这些人在思想和行动上的努力，没有那些发生在城市和乡村点点滴滴的变迁，历史的那一枪是不会发生的。这个道理当然适用于我们对晚清洋风画对中国的影响这个历史断面的分析：渐渐地，当知识分子从日本将"美术"一词搬到中国，当越来越多的人开始使用与美术有关的词汇的时候，甚至当有人将"美术"与"革命"两个词联系起来的时候，人们的观念与知识才有突然发生根本改变的那一天，而事实上，从文明的浸淫来说，这一天感觉中的突变是在长时间的绵延演变中促成的。

15世纪末被看成是"全球化"的开始，因为航海技术及其运用导致了地球不同地区与国家之间的相互发现与交流的充分可能性，也从经验层面上改变了人类对地球与宇宙的看法——利玛窦（Matteo Ricci，1552—1610）、卫匡国（Martino Martini，1614—1661）等欧洲传教士绘制的世界地图对中国文人士大夫的世界观以及欧洲人的影响是决定性的，简单地依凭一种历史观与立场去观察不同国家、地区和民族的不同历史就显得不符合人类文明发展的需要，直到20世纪后半叶，学者们才彻底认识到：一度傲慢而横行的欧洲中心主义的历史观实在是不能够继续下去了。哲学、历史学的变化为我们将曾经完全忽略的事实提示出来，并带着多重角度将其作为历史事实去重新观察与分析提供了可能，这样，我们对晚清绘画史的研究就获得了来自民族国家立场和人类文明视角的充分支持，使得我们能够自信新的研究在艺术史、文明史上的重要性和必要性。

可以肯定地说，刘海粟先生1987年的期望今天已经在学者们的工作中开始获得落实，那就是：涉及中国西画（油画为主体）的历史时间应该非常明确地向前推远——不是刘海粟所说的半个世纪，而是更早。1919年3月，在蔡元培的帮助下，徐悲鸿与蒋碧薇（1899—1978）登上了留学的海轮，直到1927年徐悲鸿才正式完成学业留学归国。可是想一想差不多一百年前的1825年钱纳利到达中国的时候，已经有西方画家在中国沿海留下了足迹、他们的画作及其影响，而在他的中国生涯之前、同时以及之后，我们还能看到其他西方和中国画家留下的大量以西方绘画的态度和方法完成的作品，这个时间的跨度从 1779—1780 年期间在中国的英国画家韦伯（John Webber，1750—1793）到 1872 年在中国的英国画家辛普森（William Simpson，1823—1899），再到 20 世纪 20 年代徐悲鸿的归国，的确超过一百年的时间。还值得一提的是，我们当然可以从马嘎尔尼使团中的画家助手亚历山大（William Alexander，1767—1816）的笔下看到欧洲画家最早在中国内陆的写生和其他类型的绘画。我们所要做的进一步研究是，这些不同画家和不同时间完成的西画作品之间的制图及其制图背后的历史、文化与心理上的差异。

最初，欧洲人是根据旅行家尤其是传教士的文字和可能的草图之类的文献对中国进行想象性的描绘，由于文字与图像草稿本身不能为视觉想象提供准确的对象，那些几乎根据想象而来的绘画（大多为版画）中的人物与建筑更多地接近西方经验：建筑比例不准，人物接近欧洲造像，看上去不是视觉真实的中国——即便是亚历山大回国后通过资料进行的对中国民俗风情的整理中，不少形象也显得"很欧洲"。但是，当摄影开始成为记录对象的有效工具时，不少版画的构图与细节便很容易让人猜测到是来自摄影图像的帮助。19 世纪晚期荷兰、法国、意大利和英国画家完成的关于中国的铜版画，很多都是根据摄影作品来完成的。[7]

在美术史写作领域，西方之于中国影响的作用存在着尽量强调和尽可能忽视两种截然不同的倾向。20 世纪初期激进的知识分子——例如康有为和陈独秀——倾向于强调西方绘画（主要是写实绘画）对彼时文化艺术领域推动的历史作用，以致有革"四王"的命的口号（陈独秀）；而那些坚定的传统主义或者民族主义者，又注重自身文脉的重要性，可是，在书写 18 世纪，尤其是 19 世纪历史的时候，什么现象能够构成历史的基本环节？例如，当我们涉及 19 世纪的时候，究竟选择谢兰生（1759—1831）、张维屏（1780—1859）、招子庸（1786—1847）、苏六朋（1791—约 1862）这样的广东画家，还是记录发生在沿海的那些显然不同于中国传统书画的西洋绘画更加能够衔接历史的上一个环节呢？结论是很清楚的。2008 年，20 世纪 80 年代留学美国的万青力出版了《并非衰落的百年：19 世纪中国绘画史》，作者试图通过这本书的写作，呈现晚清绘画的活力所在，他在绪论中讨论了他写作本书的原因与目的：

涉及中国艺术史领域的学者大多认为，从许多方面来说，18 世纪的中国绘画已经呈现衰落去向，其后 19 世纪尤甚。笔者不敢苟同这一判断，因此特拟"并非衰落的百年"为题，虽然专指 19 世纪，但是也包括了 18 世纪。[8]

万青力的所指是 20 世纪初期中国知识分子受到西方思想影响所产生的言词和 1949 年之后（主要是 1978 年之前）受意识形态影响的部分著述（例如李浴的《中国美术史纲》，人民美术出版社 1957 年版），20 世纪 80 年代，中国再一次受到西方文明与思想的刺激，也出现过激进的判断，但是艺术史学领域并没有太多相关著述。流传比较普及的涉及晚清绘画的美术通史主要为王伯敏、薛永年的著作，然而这些著作描述晚清时期的西方影响部分多少有些敷衍。按照历史时期，有清三百年不是一个很短的时间，因此，19 世纪的书写是不能够被简单几笔带过的。问题是，从通史的角度上看，在 18 世纪、尤其是 19 世纪，什么绘画现象更加能够有效地接续历史的上文。这个问题的回答当然很难避免晚明以降西方人进入中国后对后者不同程度的影响。我们一开始就提及 1793 年马嘎尔尼使团到中国的遭遇所具有的象征性提示，事实上，讨论 1800 年之后的中国已经完全离不开中国与世界的关系及其变化所导致的种种问题。从很大程度上讲，这就是我们所说的"全球化"问题的展开。的确，了解多少有些愤怒的万青力的著作体例就可以发现，他在《并非衰落的百年》中为中国绘画所排列的事实几乎都离不开西方绘画的影子和影响。在概要地叙述 18 世纪的第一章里，作者开篇就通过中国商人于 1700 年在巴黎举办展销会的事件展开了绘画问题的叙述，并开辟小节"宫墙内的西洋画家"介绍马国贤（Matteo Ripa，1692—1745）、郎世宁、王致诚等欧洲画家在中国的情况。第二章的重点虽然有金石趣味对书画家的影响，但广东、澳门地区的外销画占有非常重的分量；第三章为"海派"和天主教绘画；第四章干脆就是海派的成果、西方化的民间绘画以及明显脱离传统文人画的岭南画家。结果，"并非衰落的百年"大致是用欧洲艺术不同时间、不同地点以及不同程度地对中国画家产生影响及其结果来象征的。实际上，"衰落"这个词汇不适用于艺术史的研究，也没有艺术史家认真使用了这个难以说明问题的词汇。对于大多数中国艺术史家来说，关键的问题是选择什么样的历史事实来呈现 18 世纪、尤其是 19 世纪在中国发生的有艺术史意义的问题，以致能够通过这样的问题来叙述一个连贯的历史变化，而不仅仅是罗列一些画家的名字以及他们的生平。从这个角度上看，钱纳利、关乔昌所带出的历史问题远远严重于同时代的中国画家，尤其是广东传统画家。

中国美术史从两汉时期就涉及"中外"之间交流的故事：两汉时期佛教艺术的东传，

魏晋南北朝时期的东罗马与萨珊波斯工艺、隋唐时期来自欧亚非的文化、宋元时期的波斯细密画，都是历史学家与学者经营的课题。值得提醒的是，明清欧洲传教士带来的文化艺术，大多是欧洲文艺复兴时期以来的成果，交流的加速与频繁、在中国产生的作用需要用有别于研究之前任何朝代的视角和方法去对待。这意味着，晚明以降，尤其是 19 世纪发生的那些艺术交流和事件，因为语境、思想以及目的的差异，构成了需要充分对待的课题。事实上，中国 20 世纪美术的发生和发展，与 18、19 世纪产生的问题有直接的关联，这段历史时期中国被动地接受全球化的趋势应该是不必争议的。由于缺乏准备，当东（中）西方之间发生冲突导致政治与军事上的失败之后，20 世纪初中国知识分子变革的急切心情、20 世纪 20 年代后期开始的党治文化、1949 年之后的意识形态斗争和政治运动，均不同程度地影响到学界对晚明以降西方对中国影响的评价与对待。

无论如何，我坚持认为：晚清以来的中国社会处在溃败、混乱与更新之中，这使得在晚清最后几十年里人们没有条件与心境对之前发生了一百多年的艺术现象给予关怀、整理与研究。具体地说，两次鸦片战争，照相技术的传播，彩色印刷的普及，大部分传统学者对西学的偏见，书画家们对惯习的坚守，以及大多数作品的外销，加之社会的急剧动荡，使得即便像出生于 1896 年的刘海粟这一代人——要知道这个时间距钱纳利去世不到五十年，关乔昌卒年更晚——也对晚清洋画的历史语焉不详，战争的硝烟与社会动荡的烟云很快模糊了人们的视线。考虑到这些因素，1934 年出版的《欧化东渐史》没有提及晚清洋画之原因，便是可以想象的了。

"全球化"的确是一个粗糙而不精确的词汇，但是，这个词提醒我们对人类发展变化的结构性观察。当蒙古人消灭了宋朝，开始既利用河流也通过海运进行商业贸易而打破了之前的南北界线，并将他们的疆域扩至整个欧亚时，当明朝的郑和远征已经跨越了更多海域而带回了关于中国以外其他文明的信息时，当 1847 年中国的"耆英号"经圣赫勒拿岛（Saint Helena）渡过大西洋抵达纽约时，中国事实上已经越来越进入了不断旋转变化的"球形"——不是平面更不是局限于自身一隅——的人类生活中。面对这样一个历史的语境，如果艺术史家还仅仅从笔墨和趣味传统中寻找艺术史的合法性，刻意回避异于自身传统的历史事实——好像那些事实不过是一些偶然的、零零星星的甚至俗不可耐的插曲，不将新的艺术现象及其相关问题纳入历史的描述、分析和判断中，这显然是艺术史学领域里的一种迟钝的表现，事实上也是行不通的——艺术史学领域长期以来对这个问题的回避甚至蔑视是导致有关晚明以来中国艺术史写作成绩平平的重要原因之一。

概括地讲，在过去，文人画的趣味及其相应的思想与文化传统严重地影响着美术史家对文献资料的收集与判断。直到今天，中国美术史通史，包括明清专门史，也因为种种历史原因导致文献资料严重不足以及美术史家们没有机会对原作进行了解，而致对有关西方的影响与结果仅仅是粗笔带过，完全忽视了 16 世纪以来的全球化背景下中国艺术的变化及其特殊性，忽视了不少重要的历史事实与问题，造成关于 17 世纪以来的中国美术史的严重遗漏。由商务印书馆出版的"银川当代美术馆文明的维度丛书"是针对前述历史问题进行的不同角度的梳理与研究，其中，《十七世纪欧洲与晚明地图交流》通过一段地图史研究赋予了读者一个观察东西方世界观差异的特殊角度。这套丛书的出版，将意味着自晚明以降至 19 世纪末的中国美术史及相关人文学科有了看得见的补充，为之后的学者重写这段历史提供了一次有效的准备。我想，在学术研究与出版受到各种因素干扰的背景下，这应该是值得美术史研究领域的人士感到欣慰的。

2014 年 5 月 5 日

1. 〔美〕爱德华·V.吉利克（Edward V. Gulick）：《伯驾与中国的开放》，广西师范大学出版社，2008年，第262页。

2. 事实上，特使的助手斯当东的记录是冷静的，中国皇帝同意免除英特使行例行的礼节，并写道："但许多老资格的传教士已并不感到意外。他们说，中国人虽然墨守成规，但绝不感情用事，因此只要耐心合理地同他们交涉总可以解决问题。"（斯当东：《英使谒见乾隆纪实》，三联书店香港有限公司，1994年，第311页。）甚至在谒见的当天，中国皇帝乾隆也破了平时的规矩，以表达"中国政府对英国人另眼看待"（第316页）。但这些都没有阻止欧洲人对中国在18世纪末已经衰落这一事实的最终判断，尽管早在1773年由荷兰人出版的《关于埃及和中国哲学之研究》一书中就有给予中国的嘲笑。书写《1500—1800：中西方的伟大相遇》（*The Great Encounter of China and the West, 1500-1800*）的作者孟德卫（David E. Mungello）在他的著作中也遗憾地说：中国在种种领域的衰落直到1800年才真正显示出来。16年后，英国又派出第二位特使安赫斯特公爵（Lord Amherst），这一次，因中国皇帝坚持要特使行跪拜礼及其他原因，特使没有见到中国皇帝。

3. 维多利亚和阿尔伯特博物馆（Victoria and Albert Museum）亚洲部的刘明倩（Ming Wilson）在广东美术馆与维多利亚和阿尔伯特博物馆联合举办的《18—19世纪羊城风物》的展览图录（上海古籍出版社，2003年）中说："外销画"一词是1949年之后艺术史家们出于方便而杜撰的一个术语，虽然中国画工知道他们的作品是卖给洋人的，但是买家并没有将中国画分为"外销"或者"内销"的习惯。

4. 张星烺：《欧化东渐史》，商务印书馆，2009年（再版），第116页。

5. 张星烺：《欧化东渐史》，商务印书馆，2009年（再版），第15页。

6. 这张照片被赋予的标题为《佚名中国油画家蓝阁在创作》，刘海粟将照片中的这位画家指认为（齐纳瑞的学生）关乔昌是错误的，因为19世纪60年代到达中国的汤姆森已经不可能见到关乔昌，照片中的画家也许是众多被叫做"林呱"的画家中的一个。实际上，1852年是钱纳利去世的时间。此外，该照片的拍摄时间也晚至1870—1872年期间，拍摄地点为香港，在《1860—1930英国藏中国历史照片》（*Western Eyes: Historical Photographs of China in British Collections, 1860-1930*，国家图书馆、大英图书馆，2008年版）里，作品标题为《香港画家》。

7. 除了17、18世纪在欧洲流行的"中国风"所给予欧洲人关于中国的形象外（17世纪以来，中国丝绸、瓷器、茶叶大量进入欧洲，人们可以在瓷器和其他承载图像的器物例如绘画、壁纸、刺绣、漆器、服装和家具上了解中国的模样），开始于德国耶稣会教士基歇尔（Athanasius Kircher，1602—1680）的《中国图说》（*China Illustrsata*，1667）的版画插图对中国的描绘，也是另一个相关联的研究课题：最初，欧洲画家是通过想象去描绘中国；渐渐地，他们根据文字与有限的图像，对想象的中国形象进行靠近真实的调适。彼时，由于欧洲人了解中国心切，以致即便没有来过中国，也会利用比如利玛窦、卫匡国、白乃心（Jean Grueber，1623—1680）等人的文字与相关资料去想象中国的模样。

8. 万青力：《并非衰落的百年：19世纪中国绘画史》，广西师范大学出版社，2008年，第3页。

献给我的曾祖父路易·艾黎

目 录

第一部 科学

第二部 交流

第三部 艺术

第一部　科学

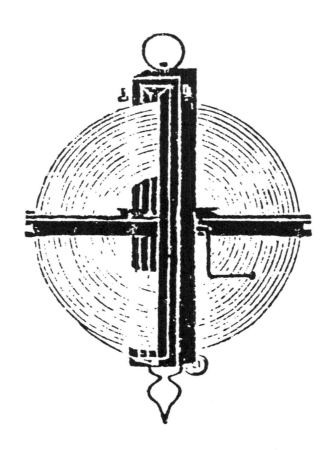

第一章　十七世纪的明代舆图

历史学并不满足于在这里或那里开辟一些新的视野和新的领域。

——雅克·勒戈夫

图像史中的地图

明崇祯年间，福建文人郑玉京曾诗云：

浮尘得筏见真玄，盛世同文更豁然；

万国舆图收掌上，一元星历灿玑穿；

著书欵欵金针度，展现昭昭玉镜悬；

更喜芝山参悟迹，分灵妙奥如天先。[1]

这首诗收录于《熙朝崇正集》，是闽中诸公赠泰西诸先生的诗集汇编，其中收录了由晚明著名士大夫和官员们所抒写的84首赠予来华耶稣会士的诗文，以感念他们在中国介绍欧洲科学、文化和天主教的事迹。耶稣会入华后所做的一项重要工作是绘制地图，同时也带来了欧洲地理的最新研究。

中国地图发展至明代呈现出特殊的面貌。从地学历史发展来看，这一时期成为长期稳定状态的转折点。王庸在民国二十七年出版的《中国地理学史》中表示，除地图和西方科学传入以后的地学外，在中国学术史上实在是很少有研究可以被称之为地理学。所谓地志，在分量上虽是"汗牛充栋"不可胜数，但论其内容却多半是历史性质的。[2]中国有漫长的地学发展史和制图史，不过，地图学研究与艺术的关系还未引起广泛关注，中西地图绘法差异也没有进入地图研究的主体。而在一个特定时期，无论中国还是西方的古代地图，它的艺术特征甚至和科学特征一样重要。

地图和所有视觉艺术一样，观看是第一位的。回顾历史，对地图的研究使我们不能局限于某一地域或者独立发展的文化体系内，至少在晚明时期，地图就已成为中西文化交流的主要科目之一。中国有别于西方的地图传统与它的制图方法有关，而欧洲地图发展的主要特征则是系统性。欧洲历史上曾产生过一个完备的地图制作链：由科学家、地图制作商、地图绘手和艺术家（主要是铜版画家）、出版商、地图收藏者、鉴赏家、耶稣会传教士、地图赞助人（通常是王室、教会、贵族和商会等）和社会对地图的广泛需求构成，例如 17 世纪荷兰东、西印度公司海外贸易及航海活动。这些要素在古代中国社会往往并不具备，或仅有部分条件符合。此外，科学与艺术也始终是地图发展的两个主要动力。

清人徐继畲在《瀛寰志略》中明确指出：地理非图不明，图非履览不悉。[3]在人类文明中，地图所包含的历史、科学、艺术与社会变迁的情况极为丰富，这使读图成为一个十分有趣而又困难的过程，因为它将极大地考量读图者的睿智、对历史地理变迁的熟知程度、对科学的理解甚至是对艺术表现的领会能力。

追溯过去，欧洲学界有关地图的研究不再是沿着单一的路径。吕西安·费弗尔（Lucien Febvre，1878—1956）不止一次提出人文地理学与历史学之间的结合。借助于人文地理学的发展，地理学成为了新兴的人文学科之一。地图绘制对新史学具有重要的意义，因为新史学需要大量绘制和使用各种地图，但这些地图已不是简单地标明地理方位以及作插图之用，而是试图用空间的长时段演进、量化研究和各种解释进行说明。这是历史学向撇开了一切决定论的地理学所作的请教。[4]绘制地图充满了一般人所不了解的情况，甚至具有某些神秘色彩，它既是十分专业化的技巧，也需要结合许多门类的知识。人类绘制地图从初始起就注定是一个复杂的过程，并会产生相应的影响。杰弗里·马丁描述：地球表面是这样一个地带，即向下达到人类可以穿透的深度，向上达到人类一般可以到达的高度。所有的科学和艺术都是从人类对这个地带的观察中发展出来，直到1969年，地球表面仍然是人类所有的世界。但这是一个非常复杂的世界：这里发生的有些事物（现象）产生于物理和化学过程，植物和动物产生于生物过程。[5] R. V. 托利（R. V. Tooley）曾描述过：地图的历史如此久远，以至于无法确定它最初的起源，地图制作可能是最古老的图绘艺术。[6] 地图绘制在过去不仅需要测绘与阅读地理标记，在某种意义上，一位想读懂历史的人必须了解各个国家的疆域、战争发生的地点以及殖民地去除到何种程度，因为地理现实极大地影响着历史的过程。[7]

最先绘制世界地图的是古希腊米利都派的哲学家阿那克西曼德（Anaximander，公元前6世纪上半叶）。据说他是第一张地图的作者，这张图迅速得到了广泛传播。此后，所有的著名地图学家，如攸多克索（Eudoxus）、迪西亚库（Dicaearchus）、埃拉托色尼（Eratosthenes）和托勒密（Claudius Ptolemy，约90—168）等人，也都或多或少可被称为哲学家。同哲学家一样，他们把数学、天文学同伦理学、形而上学的研究结合起来。在这类地理学家眼里，地图是对地球和世界的解释：借助于几何学和天文学，地图确定了地球在宇宙中的位置，并反映出有人居住的世界形状。在阿那克西曼德看来，地理学是他宇宙和自然体系的一个组成部分。[8] 康德在评赫德尔《人类历史哲学观念》时表示，希望有人能对于尼布尔、巴金逊等博物学家所提供的有关不同国家的"新描绘"作出一个总结：

如果有谁能把有关我们人类到处散布着分歧性的各种真实画像汇集起来，并从而奠定一种明确有关人类的自然学说和人相学，那会是多么好的一桩礼品啊，艺术恐怕难得加以更哲学式的应用了。一张人类学的地图……这样一张地图就会成为博爱主义著作的冠冕。[9]

康德所说的真实画像在地图绘制流传中的确差异很大，不同的文明模式之间，甚至同一文明发展体系，在不同时期都存在诸多差异。例如中国舆图至少在《周礼》中就有明确的记述：

《周礼·天官》："司书掌邦之六典，……邦中之版，土地之图。"

《周礼·地官》："大司徒之职，掌建邦之土地之图，与其人民之数"；"遂人掌邦之野，以土地之图经田野，造县鄙形体之法"；"土训掌道地图，以诏地事，道地慝以辨地物，而原其生以诏地求。"

《周礼·夏官》："司险掌九州之图，以周知其山林川泽之阻，而达其道路。"[10]

现有文献显示，中国地图学至少在西汉时期就已经形成、发展，并一直持续到清初。[11]遗憾的是，唐代以前的地图几乎没有被留存下来，我们仅能从文字记载中了解地图如何给社会带来影响：苏秦曾向赵王游说，提及"臣窃以天下之地图案之，诸侯之地五倍于秦"。这表明当时已经有一种七国总图，标明各国的疆界，且苏秦等人有机会看到。又如荆轲利用献"督亢地图于秦"刺秦王之典故。督亢乃燕国地名，表明献图具有献地的意义，显示出当时地图极少，具有代表领土主权的作用。[12]究竟当时的地图是什么模样，有多少种绘法，今天只能是一种猜想。李约瑟认为在中世纪整整一千年中，当欧洲人对科学制图学还一无所知的时候，中国人却正在稳步地发展着他们自己的制图传统。[13]中国历代舆图的图像问题十分重要，尤其是明末耶稣会传教士到来后，地图学发展趋于复杂。欧洲制图以一种巧妙的方式进入中国并对其产生潜移默化的影响，这种影响甚至延续至今。尽管有着漫长的历史，但中国舆图基本面貌的变化没有像欧洲地图那样多元。然而，中国地图体系内的视觉体验不像通常认为的那样缺乏魅力，它具备的科学基础也并非经不起推敲。

这里需要强调的是，历史上中西地图形成的面貌与它们自身的文明系统和艺术传统相联系。严格地讲，中国舆图似乎也没有忽略过图绘方式（从历代的传世地图中可以看到），由于要表现地理疆域、地形与地质的面貌，就自然和山水画结合在一起。科学模式的差异导致了中国地图图像自汉至明代以来的表现模式十分稳定：

> 中国地图自裴秀以后，至贾耽而为之一振。此后除沿袭贾图外，一般官用地图大抵仍依传统之绘法。北宋沈括固有科学修养，且亦从事地图与模型之制作。但非专志于此，故在体制上似无大进。及南宋时《华夷》、《禹迹》二图上石，而贾图势力亦几于强弩之末……历明代以迄清初，多为朱思本之势力所统罩。[14]

中国历代地图所因袭的传统，没有多元化的模式可供选择，这一点和欧洲制图学差异很大。近代世界文化大规模交流与融合之前，中国文化，包括地理学在内，走的基本是一条独立发展的道路。形成中国古代地理学独立体系的另外一个原因是，中国古代有独立的哲学体系，而地理学受哲学思想支配。[15] 中国制图的具体方法在从汉至明的记载中却不多见，我们不了解那些著名地图的作者们怎样绘制地图，抑或有什么专门机构来负责地图制作。绘制地图更类似于一种个人兴趣或独立的科学研究行为。这种情况突出地反映在晚明时期，官吏与知识阶层十分关注海内外的地学研究和地图绘制。由于古代地图历代流失严重，我们只能从古籍文献记载的一些线索来理解古代的地图概貌，例如唐代张彦远的《历代名画记》以及崔缋辑《区宇图志》第一百二十八卷，其中的图幅不单纯是地图，是带有写景的图。[16]《历代名画记》中专门列出述古之秘画珍图，曰：古之秘画珍图，固多散逸人间，不得见之，今粗举领袖则有：龙鱼河图、甘泉宫图、西王母益地图、南都赋图、黄帝明堂图、五岳真形图、韩诗图、伍胥水战图、山海经图、日月交汇九道图、河图、地形方丈图以及地形图，等等。[17] 说明这些古老的图绘至少在唐代可能还有保留。又如南宋王应麟《玉海》中特别提到宋代地图绘制的来历：

> 《淳化天下图》淳化四年（993），诏画工集诸州图，用绢一百匹，合而画之为《天下图》，藏于秘阁。

> 《景德山川形势图》景德四年（1007）七月戊子，诏翰林院遣画工分诣诸路，图上山川形势，地理远近，纳枢密院。每发兵屯戍，移徙租赋，以备检阅。

《熙宁十八路图》熙宁四年（1071）二月甲戌，中枢院命画院待诏，绘画上之，欲有记问者，精考图籍。

大中祥符七年（1014）知制诰郑度奏事便殿，上问山川形埒之制，内出缯命工别绘……绘其山川道路区聚壁垒，为《河西陇右图》以献。[18]

据以上文献来看，宋代有专人负责绘制地图。绘画技巧，尤其是山水画法对地图的影响显而易见。王庸认为，魏晋以降，释道盛行，寺观多在山林之中，加以老庄思想亦风行当时，文人学士多倾向于自然风景之欣赏。[19]中国舆图发展到明朝之时，依然在沿用从晋代裴秀开始的"计里画方"制图术。如果能够对流传至今的历代中国舆图的整体面貌进行通览的话，会发现就图像而言，它们具有非凡的稳定性。

西方自古希腊直至17世纪的地图图像之变化则令人瞠目，此外还有非欧洲系统的阿拉伯地图、早期非洲地图和古埃及地图，等等，古老文明起源所产生的地图图像在古代保留了自身文化和艺术的独特身份。法国人文地理学家阿尔贝·德芒戎（Albert Demangeon，1872—1940）表示：从远古时候起，许多作家、好学的和善于观察的人已经看到地表上人类习俗的差异。自希罗多德以来，许多旅行者描述了这些差异；自修昔底德以来，许多历史学家和伦理学家把它们作为哲学思考的基础。[20]将地图与历史和文化联系在一起的传统在20世纪后的地图制图中渐渐消失，数字化的标准模版使在世界各地看到的地图变成了统一面貌，其中一个原因是科学不断革新后图像语言的升级，因此今日的地图以实用为主，而不再是艺术品。

约翰·R.肖特（John R. Short）描述，地图是人类经验的核心，而地图制图是一项主要的社会成就，在诸多方面，地图与制图的历史亦为人类社会的写照。[21]中国与西方制图的历史都曾经历过两种不同的传统，一种可以称之为"科学或定量的制图学"，另一种可以称之为"宗教或象征性的寰宇志"。欧洲的科学制图学传统虽然在起源上比中国早，但是后来由于宗教的寰宇志占统治地位而完全中断了好几个世纪；而中国的科学制图传统一旦开始，以后就一直没有中断过。[22] 李约瑟所述中国制图未中断的传统包括了绘制传统和图像模式，甚至在明末耶稣会士献《世界全图》之后也是如此。

如果说有史以来，地球表面的大陆、海洋结构没有发生过巨大变更的话，那么地图本身的变化就极为有趣。对世界的描绘从公元前 500 年的古巴比伦黏土地图到耶稣会士利玛窦在明朝中国绘制的《坤舆万国全图》，世界轮廓以各式各样的方式为人所认知、理解、描绘和展示。

保罗·佩迪什（Paul Pedech）在《古代希腊人的地理学》（*La Géographie des Grecs*）中指出：

绘制世界地图的想法正是起源于哲学，这是地理学最初的目标，被视为地理学家首要的使命。[23]

古希腊的思想家们关注地理和地图绘制，时至基督教时期，教义对地图绘制起到过关键作用，并长时期左右了地图的面貌，它也使人们了解到，地图似乎从来就不是一种"客观"的图示。8 世纪末，西班牙修道士列巴纳的贝亚图斯（Beatus）在他所著《启示录评注》（*Commentary on the Apocalypse*）中所作的附图，曾经为中世纪出现的大量轮形地图树立了一种风格，流传至今的一幅最早的轮形地图是公元 970 年的作品。13 世纪中叶出现的所谓《诗篇地图》之所以重要，是因为它非常突出把耶路撒冷画在圆中心。[24] 地图可以作为了解《圣经》的途径之一，基督教教义与《圣经》中的传说给世界地图加上一些神学想象，而地图本身又成为教义信条的指引：

基督教地理学家设想，把《圣经》中每一个章节和每个地点都列在地图之上（图 1）。其中诱惑力最大的，要算是伊甸园了。在世界的东方，也就是在当时地图的上方，中世纪基督徒通常描绘出一个人间天堂，这里有亚当、夏娃和蛇，四周有一座高墙或山脊围绕。[25]

从现存以诠释圣经为基点地图中，人们看到一个迥异的世界图像。为什么这样描绘的解释是：如果要把《圣经》上的基本内容推广到整个世界，那就必须对《圣经》中的字句大做文章而无视实际的真实形状。实际上，这种世界图像的理解与表现并非毫无理性的

图1
弗拉·毛罗
《世界地图·伊甸园》局部
1460 年
威尼斯圣马可国家图书馆藏

夸张，而是需要符合《圣经》的解释。例如，每幅地图都以耶路撒冷为中心。"主耶和华如此说，这就是耶路撒冷。我将她安置在城邦之中，列国都在她的四围。"（《以西结书》5：5，和合本）先知以西结凭此数语就驳斥了世间对经纬线微不足道的要求。《圣经》的拉丁文本说，耶路撒冷是"世界之脐"，据此，中世纪的基督教地理学家顽固地坚持圣城就在那里。[26] 地图在中世纪并不被认为是地图学获得进展的时期，但却可能是最具形式感的时期。因为地图学在中世纪处于一种尴尬的境遇：

> 地理学在中世纪未列入"七艺"。它既不适合列入数学课程的"四艺"（数学、音乐、几何与天文），也不适合列入逻辑与语言课程的"三艺"（文法、辩证法与修辞）。在中世纪的一千年间，日常用语中找不到"地理学"一词的同义词……地理学在学术界一直是个孤儿。[27]

在中世纪，托勒密的地图传统未能继续。他采用并改进的网格体系至今仍是现代所有绘图学的基础，中世纪的基督教地理学家苦心孤诣地用已知或自以为已知的知识绘出一幅充满神学色彩的图画。[28] 欧洲人绘制地图的一个主要特征在于他们的全球视野。早期世界地图与基督教教义有关，尽管交通不便利，却不妨碍制图者在地图里画出欧洲人知之甚少的其他大洲。而晚明以前，中国历代的舆图绘制中心几乎都围绕中国本身，至多包括周边东南亚国家及其附近的海域，极少有全球范围的图绘。明初郑和下西洋远至非洲，但航海图仅针对航线区域的路线和国家，并没有以世界地图的方式来进行观察。欧洲的情况则是在中世纪期间，至少有600幅世界地图流传至今。这些地图大小不一，有的像7世纪塞维利亚的伊西多尔（Isidore）所纂百科全书中插图的复制本，只有两英寸宽；有的则像赫里福德大教堂（1275）内的地图，直径达五英尺。此外还包括成千上万失传的其他地图，证明每个工匠及其雇主都有把心目中的世界绘制成图的愿望。[29] 这些地图被称之为"T-O"型（图2—3），它以极简约的方式划分世界疆域：

> 整个可以居住的地球被描画成为一个圆盘（即O），被一股呈T形的水流划分为二。东方被置于地图的上方，这就是当时的地图"定向"。T形之上是亚洲大陆，垂直线的左下方是欧洲大陆，右下方是非洲大陆。分割欧、非两大陆的一条线是地中海；分割欧、非两洲与亚洲的横线是多瑙河与尼罗河，古人以为这两条河流在一条线上，环绕这一切的是"海洋"。[30]

绘于1136年的《禹迹图》（图4）描绘了宋朝时期中国的全景。其中水利系统的描述尤为详细，包括近80条河流的名称。黄河和长江的流经路线与现代地图的表现方式十分相近，海岸的轮廓也十分准确。在幸存的石碑雕刻地图中，《禹迹图》是最古老也是最早用网格符号表现比例的地图。以描绘的准确性而论，宋代《禹迹图》内的中国区域比赫里福德《世界地图》具备更高的科学测绘水准，究竟《禹迹图》的作者是谁？以何种方式绘制地图？这些都是历史之谜。

图2
塞维利亚主教圣伊西多尔
《T-O世界地图》
12世纪
大英图书馆藏

图3
《T-O世界地图》
1459—1463年
羊皮纸手稿
比利时布鲁塞尔皇家图书馆藏

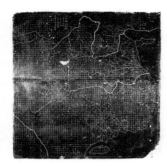

图4
《禹迹图》
阜昌七年（1136）
陕西省博物馆藏

不过，以科学测绘地图见长的欧洲人在中世纪时期的《T-O世界地图》之所以看上去古拙，可能并非缺乏绘制技巧，而是因为笼罩在浓厚基督教思想之下：

这些地图都是"普世教会"的地图，其目的在于显示"教会一体"，亦即整个可以居住的世界。既然这些地图旨在表达正统基督教徒应有的信仰，因此，与其说它们是知识性的地图，还不如称之为发扬《圣经》教义的地图。使地理学家感到不快的简单化，证明了基督教信仰的纯洁性。[31]

欧洲中世纪的地图以《圣经》作为地图绘制的基点，目的在于给观看地图之人传达明确的教义，而并非真实的地理数据，不过这也成为它不可多得的图示特征。它简洁、高度的概括和对世界的理解使人们发现：宗教思维可以为地理描绘增加新的注解。同为宗教地图，绘于南宋时期的《须弥山图》与基督教地图就大相径庭，这种同心圆形式构成的地图表现出宇宙志结构。此图为南宋志磐所撰《佛祖统记》中所载的《四洲九山八海图》：

描绘的是以日月环绕、可以称之为宇宙之山的须弥山为中心的上空看到四周水平展开的大地。东、西、南、北四个大陆（洲），须弥山以及一直到最外围的铁围山共九层山地，其间有八个水域，该图名即以此而来。四个大陆分别附有同样大小的两个小陆地（二中洲）。以印度为首的现世各国在南大陆即南瞻部洲。[32]

对世界的理解和表现在中世纪时期常简化为圆形，欧洲地图中的世界地图几乎都是以圆形构图，这恰是地球的形状。这种地图在当时被称之为《世界地图》。地图图示中的球体概念是一个十分关键的问题，在之后的章节将会讨论。

欧洲地图在中世纪后期、文艺复兴至17世纪，产生过三大制图学派，有众多绘画名家参与地图设计和制作，相应出现了各种门类的地图，如大型的挂图、航海图、城市景观图和介绍异域的地理风貌图等。这些地图在早期曾是国家的特权、商业机密和海外扩张的指南，到17世纪时逐渐成为昂贵的装饰品，是身份、地位的象征和

知识渊博、趣味优雅的体现。就像在巴洛克时期，荷兰绘画大师约翰尼斯·维米尔（Johannes Vermeer，1632—1675）的巨作《绘画的艺术》（De Schilderkonst，图5）中描绘的那样，画室墙上悬挂的《荷兰十七省图》令人过目难忘。

欧洲三大制图学派即意大利、葡萄牙和佛兰芒学派。它们在确定非欧洲地区的地理特征上起到了先锋作用，在整个16世纪及之后，无论是作品的数量还是质量，在欧洲大陆一直保持绝对领先的地位。[33]除了几何透视、数学和投影法等科学方法对地图所起到的推动作用外，欧洲的绘画技巧同样对地图产生了直接影响。自文艺复兴时期直到18世纪，如果没有画家（尤其是铜版画家）参与，地图绘制过

图5
维米尔
《绘画的艺术》
1665—1668 年
维也纳艺术史博物馆藏

图6
尼古拉斯·维斯切尔
《新版精确的世界地图》
1690 年
美国国会图书馆藏

图7
扬·凡·布鲁斯特霍伊森
《圣多美远眺图》
1645 年
布劳 - 凡德尔·赫姆地图收藏

程是无法想象的（图6）。因此在欧洲古代，尤其是 17 世纪荷兰制图水平达到顶峰之时，人们没有把地图仅看作是枯燥的实用工具，因为地图中具有复杂优美的装饰与绘画，这也是地图成为奢侈品的原因之一。

欧洲早期对地图的需求源于新航线的开辟和地理大发现，自然也包括远洋贸易。地图对国家来说意味着资源的垄断、财富和机遇，毫无疑问这是需要严格看管的秘密：1504 年，葡萄牙国王曼努埃尔推行"胡椒垄断计划"时，下令将所有航海资料保密。因此，要得到一张航海图是不可能的，一名意大利特工在卡布拉尔由印度返回后抱怨说："因为国王敕令，任何把航海图送往国外的人应处以极刑。"[34] 地图保密的惯例早在罗马帝国时期已有先例：

> 一些扩张中的帝国为保密而受到束缚。据苏埃托尼乌斯报道，罗马帝国的世界地图仅供政府使用，个人收藏地图是犯罪。也许这有助于我们了解为什么原始的托勒密地图未能留存。[35]

保守秘密的惯例自然被 17 世纪欧洲大航海时代荷兰东印度公司所继承。这个被称为当时"世界上最富有的私人公司"极为重视地图的绘制，雇用了荷兰最佳的绘图师绘制了大约 180 幅供公司专用的地图、海图和风景图片，标明了绕过非洲至印度、中国和日本的最佳路线。长期以来人们一直猜想存在这样一本地图集，但一直到很多年以后，才在维也纳欧根王子（Prince Eugene，1663—1736）的藏书楼中发现。³⁶ 荷兰东印度公司制作的地图水准很高，由于商船或战船可以开赴一线，所以很多测量是制图师在当地实测后完成的。例如对台湾的测绘就是由当时驻扎在台湾的荷兰殖民者和东印度公司负责（详见第二章）。海外地图测绘显示出 17 世纪荷兰地图制作的极高水准，不但体现在观测方面，绘制表现也是如此。既可以用绘画透视法，也可以用地图几何投影的方法来画，这样生动的地图对认识遥远陌生的地区来说十分有益。例如地图《圣多美远眺图》（*View of the City of Sao Tome*，图 7），由铜版画家扬·凡·布鲁斯特霍伊森（Jan van Brosterhuisen）绘于 1645 年，乃是荷兰人于 1641 年征服该地（今圣多美和普林西比民主共和国）后所作。这幅地图下方以字母编号图内各处之地名，挂有荷兰国旗的船只和岛屿、海洋部分的描绘都更近似于绘画，透视的用法也是如此，并没有采用常规的网格投影附加经纬度标注的俯视平面绘法。图 8 是《亚洲

图 8
绘者不详
《亚洲地图》
1617 年
布劳-凡德尔·赫姆地图收藏

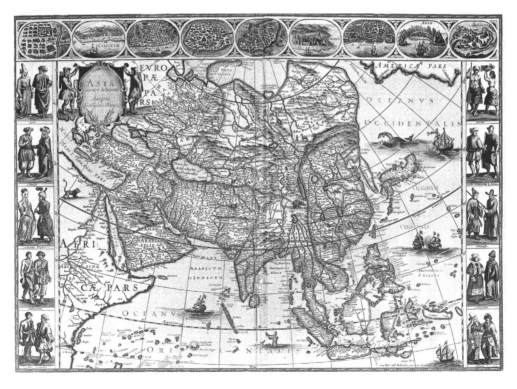

地图》，绘于 1617 年，这是 17 世纪阿姆斯特丹出版域外地图的通常样式。它的特点在于地图上层和侧边界区域的装饰：

地图最上方绘制的城市是康提（Kandy，按：15 世纪末锡兰重要的独立君主国，也是最后一个被殖民势力征服的僧伽罗人王国。康提与荷兰人结盟逃脱了被葡萄牙人吞灭的命运，后又寻求英国人的帮助而避免了荷兰人的统治）与卡利卡特、果阿、大马士革、耶路撒冷、霍尔木兹海峡、万丹、亚丁湾和澳门。两侧着装人物分别是：（左侧）叙利亚人、阿拉伯人、亚美尼亚人、波斯人、巴拉加特原住民（印度干地区）和苏门答腊岛的居民。（右侧）爪哇人、摩鹿加群岛和班达的原住民、中国人、莫斯科人和鞑靼人。[37]

在这些地图中，画面需要有写实的形象来描述世界各地的风土人情，因而地图兼具有百科全书式职能。阿尔弗雷德·赫特纳（Alfred Hettner，1859—1941）说过："人们常常指出，古代的地图显得比近代的地图更美些。其原因首先在于前者还较少使用概念性符号，更多的是画出山和城市的直接景况，画上植物、动物和人，因此它们就显得生动，并填充了未知的空间。而在新的地图上，未知的空间则作为空白保留着，古代的地图更接近艺术。另一方面，复制技术不断取代手工绘图以及原有图画，而使地图的美受到损害。"[38] 地图绘法在不同时代都是一个重要问题，既要符合科学勘测的要求，也会受到艺术趣味的影响。从文艺复兴时期到 17 世纪，欧洲绘画中所出现过的神话故事、历史人物、古代遗迹、寓言、象征、政治、战争、贸易以及宗教图像（图 9）皆可在各式地图中找到踪迹。这充分证明了地图不仅是知识的载体，更是充满创造的艺术世界。

今天的地图上已无法找到更多的装饰，数字化技术已经接管了曾经属于艺术的任务。制图家出于地图的性质而怕留下空白点——这是可以理解的，人们常说感觉上的空虚会令人生畏，所以（在古代）爱用想象的山脉和河流或者传说性的东西来填补未知的空间。由于知识的进步，在地形图上这种构想越来越缩小了；但就是在这些图上也绝不是没有构想的东西，在对自然现象的理解方面，这种构想

图 9
热尔韦莱的埃比斯多夫
《埃比斯多夫世界地图》
13 世纪

还占据着很重要的地位。[39] 以今天的看（地）图习惯来理解古代的制图者是有难度的，因为语境完全发生了变化。人们在观看装饰精美的古代地图时，时常被画面中各种形象和细节所吸引，有时甚至忘却了地图本身，可以说它们是对枯燥地理符号的一种补充，这是一个有趣的现象。

在科学进步的同时，有关地图中艺术的表现时常引起争议。赫特纳认为：大部分古代的风景画从地理学的观点看是没有用的。现在的风景画力求更好地反映自然真相；但是它有充分的理由偏离现实和进行特殊的理解，这样科学的可用性就减少了。风景画家喜欢画特别的色调，亦喜欢画风景中不寻常的东西；而科学只能用正常的典型色调。画家可以添加一种和风景没有多大关系的事物（以前喜欢画些神话中的形象），但这样就干扰了对科学的理解。如普雷勒尔的作品《奥德赛风景画》中的植物是后来从地中海地区移入的；虽然绘画的艺术

图 10
汉斯·托马斯
《劳特尔鲁内尔山谷》
1904 年

价值并不因此受到损害，但是它失去了教育价值。画家也可以改变某些形状，以便把图画纳入预想的框架中，这对于科学观点是十分有害的。许多绘画，尤其是近代的绘画，包括那些具有极大艺术价值的画是这样的真实，以致它们对任何一部地理学著作都不只是装饰品，而且提出了科学上很有价值的观点。他只举出汉斯·托马斯（Hans Thomas，1839—1924）的《劳特尔鲁内尔山谷》（图 10）作为例子。这位天才直觉地抓住了风景的本质；但是，正如画家为了正确地描绘人的身体要对解剖学进行研究一样，他也研究地理学，特别是地形学和植物地理学，以便正确地理解风景。[40] 荷兰制图家笔下的地图，对擅长风景画者而言并不困难。赫特纳所推崇的风景画似乎是严格的写实主义风景，这与过去的地理测绘图稿十分接近。

17 世纪荷兰出现了以视觉装饰作为主要特征的"风景画式"地图和百科全书式地图。例如著名的天主教律师劳伦斯·凡·德·赫姆（Laurens van der Hem，1621—1678）曾自己动手，在一个大的活页地图上着色，并装订成册。整个 17 世纪 70 年代，他把与世界及世界历史有关的绘画、印刷地图、人物肖像、景观和历史画面粘贴在一起，共制作了 29 册地图。此外，赫姆收集的 200 多幅纸质绘图作品和几千册书也为这个百科全书式的收藏品增色不少。赫姆亲手制作的这个著名地图册吸引了来自世界各地的游客，其所标志的地理分布反映出当时荷兰这个商贸帝国范围所及。[41] 而荷兰哈勒姆的另外一些艺术家纷纷效仿制图家克拉斯·扬茨·维斯切尔（Claes Jansz Visscher，1586—1652）的地图系列，用版画来描绘他们自己的旅程，这些地方风景画中的新奇场景很快就为公众所熟知。从 17 世纪 20 年代开始，版画家如艾萨斯·凡·德·维尔德（Esaias van de Velde，1587—1630）和扬·凡·戈延（Jan van Goyen，1596—1656）就在相同的主题中划分出了荷兰海岸、河流、田野、天空、城市、广场、茅舍等类似主题。到 17 世纪 50 年代，阿姆斯特丹的艺术家菲利浦·柯尼克以巨大画幅展示了河流的全貌。在这些风景画当中，更多的是展示现状而非拥有某种特定的主题，甚至于全然就是未经加工的荷兰风景。[42] 荷兰的风景画与地图的界限比较模糊，在很多制图师的测绘手稿中，地图更接近于以绘画形式或速写手法完成，而一些画家又兼制图师，他们在进行艺术创作的同时也画地图。

需要强调的是关于如何评价地图的标准。一方面，地理学中的定量传统是今天看待地图的一项主要标准。欧洲古典地图从18世纪至19世纪之后，装饰与绘画的表现越来越少，取而代之的是对数学几何的应用。所谓定量传统，保罗·诺克斯（Paul L. Knox）的解释是：它试图通过使用以地图、图表和数学公式的形式表现统计数据以描述城市的地理结构。采用这种方法很大程度上是受到新古典经济学（Neo-classical Economics）和功能主义社会学（Functionalist Sociology）的启发。这些方法的目标是希望能够"科学地"，也就是通过使用一种不会受到观察者价值和观点影响的分析方法来客观地描述城市。[43] 欧洲人很早就把地图作为地理研究著作所不可缺少的组成部分[44]，地图被广泛地接纳为一种"有效"的知识载体，尤其是古代地图。在地理学中，经常利用更为专门的人工符号系统——地图，以尽可能不含糊地传达和交流信息。这并不是说地图或数学在阐述上毫不含糊，但它们（至少应当）在内部毫不含糊。这种人工语言系统在科学亚文化上的力量，是用一种代价来获得的。[45]

在地图绘制领域中，是否只有将数学和地图学连在一起，定量的解释才能站得住脚，抑或只有与量度数据有关的图像才能视为是地图学？[46] 从欧洲地图的图像演变，可以看出定量、数学与精确测量所代表的更多的是现代地图的特征。毋庸置疑，科学对地图学具有推动作用，毕竟再美观的图绘如果丧失了基本的度量，它的意义就完全是艺术性的了。问题的核心在于要考察历史中已有的制图模式及其产生它们的复杂背景和文化意义，至少就艺术史来说，调整观察角度势必会带来不同的路径选择，甚至可能预见某些值得期待的线索。17世纪以后，荷兰（地图）学派渐趋衰落，法国和英国的舆图社超过了它：

这些新地图的一个大"进步"，在于用经纬网逐步代替了图上的罗盘方向记号。世界图以及较大地区图的绘制，使适当的投影法成为必要。墨卡托的巨大贡献正在于此。他用正确的圆锥投影绘制地区图，这种投影使经纬度一目了然，对于航行有无比的便利。[47]

　　学者余定国认为：单是强调按比例尺的地图测绘，不足以讨论所有类别的中国古地图。在中国文化中，地图不但用于表示距离，也用于显示权力、进行教育以及美学的欣赏。将中国地图学视为一个理性的、数学的学科以了解空间，这一观念导致无法研究地图的所有功用。假若古代地图最重要的目的只是按比例尺进行定量地图测绘，那么彼此完全不一样的《华夷图》和《禹迹图》同时刻在同一块石碑的两面，也就显得好像有些奇怪与不合常理。[48] 这种情形也适用于欧洲地图，因为定量标准无法用来评价所有形式的地图，而且自 19 世纪以后，地图绘制几乎都随着科学的发展而改变，它的制作技巧和呈现方式发生了变化：数理地理学和制图学取得了显著的进步。贝图特设计了走得准确的时计（1764），托·马那尔发表了精确的月历（1753）——我们见到尼布尔最早使用了它，这两种东西都使天文测定经度更加准确。在此背景下出现了在小卡西尼指导下制成的新法国地形图，随之出现了其他各国的地形图，而大多数欧洲及欧洲以外的国家，到 19 世纪才着手绘制地形图的工作。在 16 世纪，制图家墨卡托和他在安特卫普的朋友、制图大师亚伯拉罕·奥特利乌斯（Abraham Ortelius, 1527—1598）认为可以把世界图分开，并装订成册。奥特利乌斯的《寰宇图志》（*Theatrum Orbis Terrarum*, 也称作《地球大观》）出版于 1570 年，是世界上第一部地图集。从此以后，大量地图集开始出版，墨卡托于 1585 年出版了他的单幅地图，但整本图集直到他去世后才得以问世。阿姆斯特丹成了出版图集和挂图的重要中心，这两种地图在 17 世纪都非常通行。[49] 将分散的地图变为系统化的合订地图集是奥特利乌斯的创举，他编绘的《世界地图》副本随着耶稣会士带到了晚明时的中国，这是明代人第一次看到世界的全貌。

国家与地图绘制

地图在政府日常生活的记载自汉代已有，具有礼仪的性质。班固《东都赋》云"天子受四海之图籍"，据《史记·三王世家》载"臣请令史官择吉日，具礼仪，上御史，奏舆地图"，《后汉书·光武帝纪》也说"大司空融……奏议曰：臣请大司空上舆地图，太常择吉日，具礼仪"[50]。由于很多舆图已失传逸亡，东汉（25—220）至 9 世纪末之间，几乎完全没有地图遗留下来。[51] 这使得那一时期的地图面貌成为不解之谜，及至明清两代，有关地图学的原始资料比它们以前各朝代的总和还要多：

> 除了宫中档案，和大约一万种方志中数以千计的地图，尚有各种奏折和其他档案。[52]

中国舆图的图像材料自明代开始丰富起来，这当中有其历史原因。将明代舆图作为考察的主要对象，不仅是因为欧洲制图术和地图的传入，而且明代保存较多地图也是个基本条件。有明一代，地图首先需要体现出国家意志和对社会的掌控，地图广泛应用在各种方志与地籍中，明代地图制作的繁荣更加集中地体现出当时的国家意识。政府收集地理信息，除了行政和国防目的，还有另外一个理由，就是将天和地联系起来，像这样的地理信息也可以用于地图编绘。古代地理学被视为历史学的一部分，中国的正史中都包括天文志和地理志。[53]

重要的是，绝大多数的中国古地图都是政府（主导）绘制。[54] 由于涉及军事、国防等因素，致使普通民众无法参与地图的制作活动，甚至无法看到这些地图，更不会像 17 世纪的荷兰一样拥有私营制图公司，所以对地图的了解和掌握限于一定的社会阶层。这从一个侧面可以解释，为何耶稣会传教士的欧洲版《世界地图》引起晚明时期高级官吏和士大夫们的关注。虽然在社会上层引起轰动，但这些地图的影响与流传范围却很有限。明代开国之初，朱元璋从长期战争中深知地图的重要，极重视地图资料。洪武元年（1368），大将军徐达入元大都，收图籍致之南京。同年十一月四日，朱元璋令建大本营，取古今图籍藏于其中。[55]洪武六年（1373）夏四月己丑：

> 命天下州郡绘《山川险易图》以进。上以天下既平，薄海内外，幅员方数万里，欲观其山川、形势、关徼、厄塞及州县道里远近、土物所产，遂命各行省每于闰年，绘图以献。[56]

明朝政府对地图提出具体的要求，每于闰年，便按此法行之。例如洪武十六年秋七月丁未，昭天下都司，凡所属卫所城池及境内道里远近山川险易、关津、亭堠、舟车、漕运、仓库、邮传、土地所产，悉绘图以献。[57]

地图不只是朝廷技术官吏所需之物，观看地图亦为皇帝的日常生活。《明实录》载：上览舆地图，侍臣曰，国家舆图之广，诚古所未有也。上曰，地广则教化难周。[58]地图在明代被赋予重要的作用，其门类十分广泛：军事防卫图、鱼鳞图册、江河图、航海图、皇城建设图等。政府内务以及外交都需要大量的地图绘制，是这一时期地图的特点。整体来看，中国古代舆图的图像传统很少发生跳跃式的变化，即使是耶稣会传教士来华后，地图的呈现方式亦遵循中国人的读图习惯。在中国制图史中，测量科学从元末至明代中期变化不大：尤其是元、明时期，可能还在重复一些唐、宋时期的特点。[59]而西方，如前所述，从古希腊、罗马至17世纪时期，地图之间的图像差异之大、表现之不同令人瞩目。以地图本身发展来看，科学的介入或绘制准确性的不断提高是否是衡量地图的唯一目标，尚不能妄下断言。毕竟，在人类历史中，不同地图体系或时期的地图都是理解地学进展的方式。

与欧洲的地图学方法不同，中国地图学不是用分析的方法来处理地图空间，地图上的点也不是用坐标决定，而完全是由距离和方向决定的。[60]西晋裴秀所创的制图六体，以后虽在宋代曾得到沈括的推崇，但历代各家制作地图，只有少数采用计里画方的方法，因此中国的制图法没有得到进一步提高。[61]此外，更加关键的是地理测量的表现形式——绘法，其本身没有被给予应有的关注。由于中国地图很少具名，在地图上无法找到作者的名字，因此无法了解有多少画家参与过制图，地图的绘制在多大程度上是由艺术家来主导，所有这一切需要揣测的因素在欧洲的地图上都有明确记录。

对一个国家来说，地图所系甚重。国家正是通过控制及描绘某一地区而获得合法性，例如边界地图可以用以标示统治范围。[62] 在这种涉及国家政治事务的地图上，制图者恐怕没有过多的选择。这似乎是一个悖论，因为欧洲地图学与中国的舆图产生的背景、科学方法和艺术传统差异之大，导致横向的简单类比缺乏说服力。此外，以欧洲的地图绘制标准来衡量中国是否恰当？在《古今图书集成·山川典》中，中国制图者可以画出相当写实的自然景观和地质地貌，说明中国古代的制图者并不缺乏绘画的技巧，根本的问题则来自于不同的文化传统。地图的绘制涉及将外在的详细状况变成内心的感觉，即一种"心里景观"（Mindscape），所以地图不仅表示自然的外貌，而且也反映地图制作者的记忆和见解，因为它不仅是获得现实世界知识的一种方法，而且也是增强个人主观世界或情感经验的一种手段。[63] 明代各种实用地图，无论是《郑和航海图》、方志地图、各江河湖海之水图与防卫图，都显示出国家意识的存在，地图的绘制极少出于纯粹的个人兴趣（也有少数例外，例如万历时肇庆知府王泮嗜好地图甚笃），况且绘制地图需要的观测与表现方面的知识也并非承传有序，以《郑和航海图》为例，图中描绘的疆域自然在明朝中国之外，但缺乏统一的缩尺，河道的广狭、海岸的长短以及岛屿的大小，也不容易彼此比较。由于这些特点，使得位于波斯湾口小小的忽鲁谟斯岛被夸大许多倍。[64] 观看这样的域外地图，要作出合理的方位判断殊非易事。

学者们认为，中国舆图在技术方面存在问题，是因为当时关心制图方法者寥寥无几，且绘制工作都是托付给画院的画工，或其他类似的助手。西汉以来，许多地图都画有"青山绿水"，在古今地名并用时，会分别以红黑两色书写表示区别，这些都是受绘画的影响，且中国地图还有一项基本的弱点是没有能结合早已有所发展的测量技术。[65] 虽然历朝都不轻视地图的作用，然而始终没有形成可提供量产和职业化的制图机构。

在耶稣会传教士来华之前，地图测量技术的情况大体如此。不过明代地图绘制的门类、数量繁多，虽然在技术上无长足进步，但消耗财力不多的地图编绘工作仍呈蓬勃发展的趋势，当时出现一些水平较高的地图和图集，把传统的制图学推向高峰。[66] 此外，明末时期地学的交流虽未能改变地图传统和绘法，但传教士使明人看到了真实世界的大致轮廓。好奇心和西式制图法影响不了政府对方志地图的绘制传统，这就形成了当时地图的两种形式，一部分中国学者编纂的著作、类书中出现《世界地图》的摹绘，而政府出版物里地图还是依旧。

地图是明代上层社会文化的常规组成，并非某种令人不知所措的新鲜玩意。[67] 晚明时期有相当多的官员对西方地学与地图兴趣甚笃。中国学者也很想看看西来地图是什么模样，对这些不涵盖在他们知识体系范围内的东西表现出强烈的好奇心。明人对地图的研究兴趣，也是基于明代广泛使用地图的背景，例如地方志的刊印数量就很多：

据统计，共有 2 892 种。而以前几朝，北宋是 140 种、南宋 230 种、元代 205 种，明代一朝比宋元两代加起来还要多出四倍。明代地方志

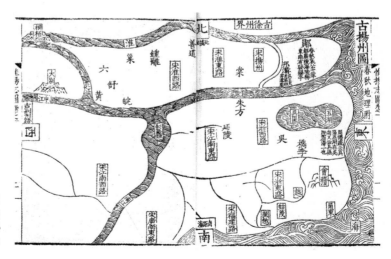

图 11
朱怀幹修、盛仪辑
《嘉靖惟扬志·古扬州图》
1592 年

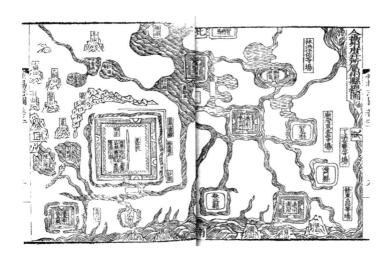

图 12
朱怀幹修、盛仪辑
《嘉靖惟扬志·明代地图》
1592 年

之鼎盛阶段在嘉靖至万历时期，共99年出版了 1 622 种。[68]

　　嘉靖到万历时期恰好正是耶稣会士们陆续抵达中国之时，也许是一种巧合：此时志书中舆图比例明显增多。例如成化《宁波府志》无图，嘉靖《宁波府志》则新设舆地图一类，其中绘有郡境图、郡治图、县境图、县治图、城图。嘉靖《嘉兴府图记》，自吴越分境以迄元，每朝一图，还有明初一府三县图、宣德后七县图，以及嘉靖时府及属县境图、卫所图、水利图。万历《绍兴府志》有图多达101 幅。[69]《嘉靖惟扬志》中，不仅有当时城池的地图，甚至还有历代地图沿革（图 11—13）。

　　从地图的种类来看，明代地图有行政区域图、航海图、海防图、边防图、河防图、水利图、历史沿革图、城市图、商路图以及道士和堪舆家所绘的山水图和驻军图（图 14）等。[70] 如此多元的地图却少有绘法介绍，只有王应麟曾较为仔细地介绍过宋代地图绘制的具体情况。到明代，方志的激增也表明地图的绘制、印制数量也超过前朝，并且对方志具体的名目、制式有十分细致的区分：

　　　洪武、永乐、正统、景泰间，朝廷遣使。文移天下修志，进阁。永乐十年为修《一统志》，颁降《修志凡例十六则》。十六年（1418）诏纂修天下郡县志书……分建置、沿革、分野、疆域、城池、山川、坊郭、

图 13
朱怀幹修、盛仪辑
《嘉靖惟扬志》
1592 年

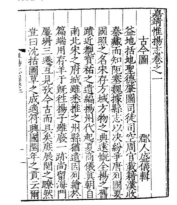

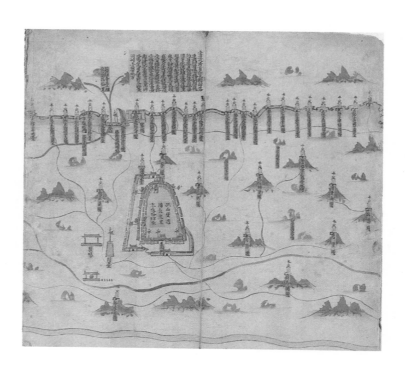

图 14
作者不详
《延绥东路地里图》
明代
台湾"中央图书馆"藏

镇市、土产、贡赋、风俗、户口、学校、军卫、郡县、廨舍、寺观、祠庙、桥梁、古迹、宦迹、人物、仙释、杂志、诗文二十五类。[71]

在天一阁藏明代方志中，各地方志均有地图刻画，绘制风格不尽统一。据载，耶稣会传教士来华后绘制《世界地图》，这份图曾分成小图刊版印行，送给一些人，对于我国地方志中采用地图当有影响。[72]方志地图在利玛窦等人来华后是否出现什么变化，尚未见记载，因为晚明的制图者还不了解欧洲投影法，所以无法在地区的方志中实践，加之比例尺和测绘等因素实际上在许多方志地图中难以考量，因此它们作为地方图的象征意义更多一些。地方官员的一项职责就是编纂地方志。对此，将在第三章展开讨论。

水域地图的绘制是明代的一大特色。明代中国是海权国家，与航海民族的接触不断增加，不但需要陆地测绘，也需要海图。[73]自郑和下西洋开始，出现了海图、河防图、水域图、山水志图（图15），种类繁多。明代对水利的重视使江河图的绘制变得十分重要，海图与江

图 15
作者不详
《名山图·武夷山》
明代
美国国会图书馆藏

防图源于倭寇对明朝的骚扰。明代中后期主要为防止倭寇入侵而绘制海图，如郑若曾辑《筹海图编》、茅元仪的《武备志·海防》等。不过，世界地图全貌式样的描绘却未在郑和七下西洋的海外航行中出现。

作为官方主持的出航，郑和七下西洋的确非同寻常。明代初期有关域外地图的绘制肇始于此，自永乐三年（1405）到宣德六年（1431）有七次主要出航，郑和及其随行人员写下了六种记录航海见闻的地学图籍：

船队由南京至东非蒙巴萨航线的《郑和航海图》全名《自宝船厂开船从龙江关出水直抵外国诸番图》，记录船队航程中罗盘针方位的《针位篇》，随郑和担任通事（阿拉伯文翻译）的马欢所著《瀛涯胜览》（1416），正统元年（1436）费信著《星槎胜览》上下卷，巩珍著《西洋番国志》（1434）和匡愚所著《华夷胜览》。其中《针位篇》与《华夷胜览》早已佚失。[74]

在以上图籍中，域外地图多见于航海图和海岸地形图。《郑和航海图》原载于茅元仪编的《武备志》第二百四十卷。《郑和航海图》又称《茅坤图》。《武备志》成书于明崇祯元年（1628），而所收入的《郑和航海图》应是郑和下西洋时发给船队的航海图。[75]《郑和航海图》使用的是中国舆图的常用绘法。地理景观描绘在舆图绘制传统中已经高度程式化，山峦、桥梁、庙宇和民居等地理景观和国内的普通地图并无二致。这些地图不是依照传统的计里画原理所绘，图中有很详细的航行方向说明，并且注明了航行里程以及沿途所见重要岛屿和地物。整个地图的方向不是一致的，全图中各部分地图的左右边都是航行的方向，换言之，该图是以地图使用者定位的。[76] 欧洲地图的面貌在明初还未进入中国人的知识体系与视野中，所以欧洲地图的科学面貌、对地球地理的认识、经纬度、赤道和南北极这些概念在 17 世纪之前的中国都是新奇之物。

　　欧洲自古至巴洛克时期的地图图像发展依然延续两种趋势。一类地图具有比例尺和抽象的地图符号，图上表示的地理要素是可以度量的，属于地图学的分析传统，是科学和定量的。另一类地图则没有确定的比例尺，地图符号是图画式的，图上所表示的地理要素不易量度，属于地图的描述传统，所以称为描述地图，中国古地图中有不少属于此类。[77] 甚至直到清代，中国地图基本上遵循的还是图画式的绘制传统。在了解明代舆图时，可以把欧洲地图作为一个比较体系，再加上耶稣会士带来的地图交流活动，从中可以看出地图绘制诸多方面的差异。

　　当然，制约地图图像的因素不仅是科学，而且科学也绝非衡量和评价地图优劣的唯一尺度。尤其在中国，艺术传统和山水画的深刻影响一直存在于历代政府主导的制图活动中。

独立制图家

　　据中国古代地图史的记载，独立制图家的影响似乎是空前的。不同历史时期的地图成就几乎就是制图家个人的贡献，而并非出自于一个宽泛的知识联盟或行会协作，像欧洲的英国皇家学会或者法兰西学院等类似机构。其中的原因与中国古代科学系统有关，和耶稣会开放的宗教理念不同，中国的佛教或道教没有系统学习科学技术的惯例。科学与封建社会的最高层直接联系但不向下兼容，而是一种被垄断了的技术：

卫德明（H.Wilhelm）曾说：天文学是（中国）古代政教合一的帝王所掌握的秘密知识。灵台（天文台）从一开始便是明堂（祭天地的庙宇，同时也是天子礼仪上的住所）中必不可少的一部分。对于农业经济来说，作为历法准则的天文学知识具有首要的意义。谁能把历法授予人民，他便有可能成为人民的领袖……这一点对于在很大程度上依靠人工灌溉的农业经济来说，尤为千真万确；冰雪的消融、河道沟渠的涨落，以及多雨的季风季节的终始，都必须预先发出警报。在上古和中古时代的中国，颁布历法是天子的一种特权，正如西方统治者有权发行带肖像和姓名的货币一样，人民奉谁的正朔，便意味着承认谁的统治权。中国的天文学与希腊的天文学相反，前者具有明显的官方和朝廷的性质。[78]

虽然地图在欧洲曾长期被视为国家机密，但是 17 世纪的北欧，尤其是荷兰，发达的远洋贸易带动了大规模地图制作的发展，地图就不再被执政者所垄断了。普通的刻工也可以绘制和接触各种各样的世界地图、国家地图、航海图或地形图，加上遍布欧洲的大学、教会、耶稣会士自己的"学校"和各种行会"工场"师傅家族式的教学实践，使社会整体的科学基础比较均衡。耶稣会士到达中国后，为了传教吸引信众而不得不首先从启蒙科学入手，他们发现以"科学家"神甫的身份出现会受到礼遇和避免各种不必要的麻烦，这一身份标签是一张极佳的名片。

朝廷把研究天文和计算的观测人员都纳入国家行政管理，科学家们都是职官。两千多年以来，他们都被组织到政府特设的机构天文局（如钦天监或司天监，历代名称有所不同）中去工作。这机构一直保持高度权威，即使是主持人威信不足时也是如此，例如耶稣会传教士管理时期。[79] 地学与天文的状况类似，中国自西周时就设立了专门"管理"地图的官职：

《周礼》记有：小宰，三日听闾里以版图；司书，掌邦中之版，土地图；大司徒，掌建邦之土地之图。秦始皇于公元前 221 年前后，令御史监史禄测量南岭地形，开凿灵渠。可见秦代的御史监经管地图的测绘工作。西汉时，建立专门收藏地图秘书的库房——石渠阁，不仅继有秦统一六国之图，而且为向外扩张的需要，注重边界以外地图资料的搜集。如建昭三年（公元前 36 年），甘延寿、陈汤攻克匈奴，获得匈奴地图。晋代秘书省是管理地图的官署，隋代已开始命令各郡造送地图给尚书，然后统一编绘图志或图经。由皇帝明令造送地图的制度由此开始。隋唐直到元明时期，在兵部下均设职方掌管各类图籍。《清史稿》职官志有"后金天聪五年设兵部，其后测绘诸事仍沿袭明制，归兵部职方管理"。[80]

历代地图的测绘几乎全由朝廷垂直管理，民间人士无从获得机会参与，也无法查看地图，况且这些地图大多涉及军机事务。而中国直到清末才设立真正意义上的地图机构，历代虽然都设有管理地图的职官，但没有形成一个专门的机构，更没有连续性。[81]

中国自古以来，儒家思想尤其是宋明理学（西方所谓"新儒学"）是晚期帝制中国（明清时期）的主流思想。宋代学者对儒家经典的解释被尊为正统学说，程朱理学成为教育的基础。明太祖命令全国各府、州、县皆设官学，建立了官方教育系统，如此规模在中国历史上前所未有。官学几乎完全针对功名之需，学习内容局限于儒家经典，排斥其余。大户人家为培养子弟兴办的众多私塾同样以举业为中心。因此，一般的教育体系很难产生新思想，也不会成为传播新知的渠道。[82] 在这样的举国教育机制下，学生几乎没有获得科学教育和训练的可能。这样就带来一种社会风潮：

那些最重要的新思潮产生于主流之外。有明一代，知识传播的可能性大大增加。随着经济的强劲增长，识字率显著上升，士绅文化大为兴盛。大量文人学士游离官场，广结文社，或私下集会，或聚谈于寺院之中，书籍出版亦空前繁荣。[83]

作为晚明文化的一大特征，实学思潮对于引进西方科学至关重要。实学思潮是否与"思想危机"有关？知识阶层是否致力于推动社会、经济、技术的发展？这类问题大可讨论。不过，许多迹象诸如大批实用书籍的出现（涉及农学、地理、实用数学），确实见证了日趋增长的"务实精神"。[84] 能够从事科学研究者，也只能从自身的兴趣出发，他们需要克服的首先是系统化知识和研究基础的匮乏。

明代最重要的制图家罗洪先（字达夫，号念庵，1504—1564）是江西吉安府吉水人，江右学派代表人物。他绘制地图的经历可能与他出色的学养有关，史载他是官员家庭出身。[85] 嘉靖五年（1526），罗洪先参加乡试中举人，并于三年后的嘉靖八年（1529）成为己丑科甲会试中的状元，授翰林院修撰。嘉靖十八年（1539），官至春坊左赞善，明世宗沉溺道教，次年冬与司谏唐顺之、校书赵时春等见朝政日非，联名上《东宫朝贺疏》，被撤职。自谓："丈夫事业，更有许大在。此等三年递一人，奚足为大事也。"[86] 罗洪先开始制图始于他隐退官场之时：

念庵自中进士以来，先后仕官三次，加起来却不满三年，可谓一生仕途不得志。据《明史》本传称，念庵退隐乡居以后，益与阳明诸弟于相从论学，并且读书博览，考图观史，自天文地志、礼乐典章、河渠边塞、战阵攻守，下逮阴阳，算数，靡不精究，至人才

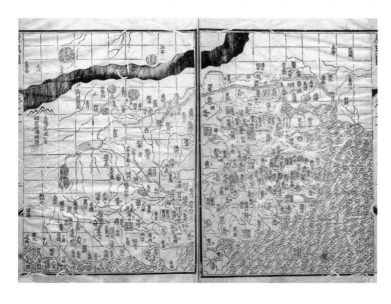

图16
罗洪先
《广舆图》局部
明嘉靖四十年（1561）
国家图书馆藏

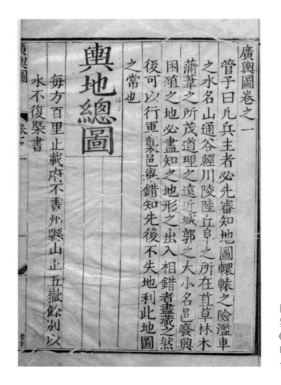

图 17
罗洪先
《广舆图》局部
明嘉靖四十年（1561）
台湾"中央图书馆"藏

吏事、国计民情，悉加意谘访。[87]

　　绘制地图并非罗洪先在赋闲时主要关注的事情，他似乎也仅编辑绘制了《广舆图》而没有进行连续性的地图研究，主要的个人活动依旧是诗文写作、游历、讲学和参禅静坐。绘制地图难道是他的一次偶发行为？遍查《念庵年谱》也未见有《广舆图》（图16—17）之外的制图记载，很难想象罗洪先生平唯一的一次制图行为就画出了明代疆土最全面的地图。罗洪先的地图深刻影响了来华耶稣会士乃至欧洲各国制图家们，尤其是其中的中国疆域在两百余年里都是被仿照的范本（图17），例如法国18世纪地图家菲利普·德扎乌切（Phillipe Dezauche）绘制的《亚洲地图》（参考《明代驿站图》[88]，可知万历时期实际管辖范围）就参考了该图。有趣的是，在其中北京依旧被称呼为北直隶。这一称呼源于明代永乐五年（1417），而这幅《亚洲地图》绘制时已是清乾隆四十六年（1781），地图依旧沿用了明末耶稣会士罗明坚、利玛窦和卫匡国的地图模版与地名习惯，而他们都参考过罗洪先的《广舆图》。罗洪先在《广舆图》序中诉说了他研究地图的缘由，即自己体弱多病，就医后悟"标本缓急之论"与其后在京师往来之"天下缓急之势"：

> 其后往来京师之间，从友人闻天下缓急大势，始知考次古今名人经略之迹。独恨于山川险夷，郡邑联络，有不得尽闻者，则既无以即其形实以究其当时趋避取舍之所在，况得校论其失得哉！当遍观天下图籍，虽极详尽，其疏密失准，远近错误，百篇而一，莫之能易也。访求三年，偶得元人朱思本《图》，其《图》有计里画方之法，而形实自是为据，从而分合，东西相侔，不至背舛。于是悉所见闻，增其未备，因广其《图》，至于数十。其诸沿革统驭，不可尽载者，咸具副纸。山中无力佣书，积十余寒暑而后成。夫一人之身，虽经络升降，腑藏表里，关窍隐注，殊名异称，不可揣契，然庸医投以艾石，无不中其会而动其机者，岂非图之尺寸有据哉！朱之画方似已。朱为抚之临川人，博学多闻，踪迹遍海内。自叙此《图》乃其十年之力，苟非足目所及，未敢遽书，可谓用之心动；至其所为画方之法，则巧思者不逮也。然考郡史不载姓名，其《图》亦不多见，岂所谓本之则无矣乎？呜呼！又安知吾之诸《图》之不为长物也？于是，久而后悔之。盖身既衰病，误用其心，失缓急矣。序而藏之，用以自咎。按朱《图》长广七尺，不便卷舒，今据画方易以编简。仰惟大明丽天，声教无外。远轶古今，可以观德，作《舆地总图》一……[89]

《广舆图》序中所指"朱"是元朝制图家朱思本。朱思本（字本初，1273—?），江西临川人，是元代道士和卓有成就的地理学家。他曾利用奉诏祭祀名山河海的机会，考察地理，研究城市沿革。自至大四年（1311）至延祐七年（1320），用 10 年时间绘成《舆地图》，而后刊石于上清之三华院。《舆地图》是用计里画方法把小幅的分图合并为长宽各七尺的总图。朱氏舆图流传到清初才散失，它曾是元、明、清初各代绘制全国总图的主要范本。[90]朱思本与罗洪先是元、明时期卓越的制图者，他们都未受过专业制图训练，也几乎是在独立条件下完成绘制，地图范围主要是明代疆域。对他们如何进行测绘、使用何种仪器都没有更多说明。朱思本对自己未实际考察过的地方没有把握，他说："涨海之东南，沙漠之西北，诸番异域，虽朝贡时至，而辽绝罕稽，言之者既不能详，详者又未必可信，故于斯类，姑用阙如。"在不具备完备的测绘系统时，以个体之力完成如此大范围的地图测绘非常困难。

绘制地图的人士往往是官员或学者，他们基本不以绘地图作为谋生手段，也没有计划大规模制作地图用来出版。绘图和著书一样，是个人的学术兴趣使然，这在一定程度上制约了地图学的发展。不过，对制图家们进行"苛责"似乎并不公平，因为这些地图史中孤立的"点"无法互相连接，古代中国社会与欧洲在地图的功用和制作模式上存在很大差异，不同的发展路径会导致截然不同的结果。以罗洪先为例，虽然这位 16 世纪智者的生活时代距耶稣会士来华并不很远，但是他制图和成图后采取的办法很有代表性，据嘉靖丙寅（1566）巡按山东监察御史韩君恩《刻广舆图序》载："《广舆图》者，广四海九州土宇皈章之厚，与夫建置经略之方也。其图作于元朱思本氏，闻见甚悉，阙略尤多，未之广也。念庵罗先生，考订增定，从而广之，家藏未传。冢宰我栢泉胡夫子，刊补著论，始传于浙，犹歉未广。夫子以恩为门下士，付刊本命翻刻。"[91] 罗洪先制图完成后，也是选择家藏，并没有在社会或学界推广。

中国古代地图史的里程碑式人物裴秀（字季彦，224—271），出身官宦世家，累官至司空，是晋武帝时的重要人物，曾主持魏末晋初官职和爵位的制定工作。他之所以能与地图有关，据说是由于其司空职位甚高，且主管土木与田地，使裴秀可以不必像在尚书令任上那样忙于行政事务，因此可以接触到关于各地地理情况的图书和资料，作《禹贡地域图十八篇》。裴秀的地图理论是被后世所称颂与记载的"制图六体"[92]，但他本人（也有一说为皇帝）似乎不愿将地图公之于众，使更多的人，包括学者们可以看到：

《禹贡地域图十八篇》奏之，藏于秘府，不为人所知。唐初官修的藏书目录《隋书·经籍志》已不见记载，而隋代建筑家宇文恺曾说："裴秀《舆地》以二寸为千里，臣之此图，用一分为尺"，有可能他见过民间流传的该图集的残篇，但今日此图集已彻底失传。裴秀还曾把当时旧的天下大图，缩绘成比例尺为1∶1800000的"方丈图"，或称"地形方丈图"，也已失传。[93]

个体制图在中国地图史中几乎已演变为一种学术传统。我们不应忘记社会的需求，强劲的航海贸易与地理大发现催生了对地图，尤其是航海图日益增长的需求，地图在西班牙、葡萄牙、荷兰和英国这些航海大国无一例外都得到了良好的发展。17世纪荷兰地图无论是其制作精度、地图门类的多样性、美观度、还是其覆盖范围之广泛、刻画之深入，在当时都无人可以比肩，如荷兰殖民者很早就已绘出台湾地形的准确面貌。如果地图在社会生活中无法变成一个积极因素，就将大大削弱它的影响力，甚至它的重要性也会被完全忽视。

在第二章可以看到，实际上中国人在古代测绘方面并不比欧洲技术落后，甚至某些测绘仪器也不落后（见第二章与地图测量技术相关的内容），但由于知识传播不畅阻碍了科学系统的建立与体系化，而这一切又和国家与社会发展的状态关系密切。普雷斯顿·詹姆斯（Preston E. James，1899—1986）曾说过近代地理学的体系问题："创立一门专业必须满足三个条件。必须有一个为专业成员所接受的概念或形象体系和一种提出问题并寻求解答的公认方法。换句话说，必须有一种专业行为的模式与范式（Paradigm）。除非在大学里设立能提供在概念与方法上（具有）高级训练的地理学系，这种范式就不能形成或传授给后代学者。又除非从这些地理学系里获得高级学位的学生能得到有酬报的职业，大学地理学系就不能有所发展。只有这三个条件都具备时，专业学科才能开始建立起来。这就是我们所说的新地理学。"[94]欧洲的学术体系在17世纪时已相当完备，其地理学与制图学的学术与制作测量传承有序，更主要的原因在于，由政府或学术团体主导下的高水准制图机构，从主观上保证了地图测绘的系统性。此外，商业地图在社会中十分普遍，安特卫普与阿姆斯特丹就是以制作各式地图集、挂图而蜚声海外，著名的制图公司云集于此。

谈到这里就涉及一个更主要的因素：政府对地图绘制的影响。卜正明在描述晚明的地图绘制时曾发出感慨：

> 颇有讽刺意味的是，晚明最好的绘图学及地理学知识，竟然是由罗洪先、叶春及[95]这样的人来完成。（他们二者皆为科举致仕的官员）……他们对知识的追求仍然是为了国家统治，而非为知识而知识。当叶春及想起地图之时，可能从来也没有过别的想法。如果不是他的身份注定他需要这类知识，他可能永远不会去编绘那些地图。[96]

纵观中国制图史，不仅裴秀和明代制图家为官员出身，历代的情形也大致相似，唐朝的贾耽（730—805）官至尚书左仆射、知政事，博学好古，尤以精通地理学著称于世。另一位唐朝的制图家许敬宗（592—672）任右相，加光禄大夫。《元和郡县图志》的作者李吉甫（758—814）在唐宪宗时任宰相。据说他绘制的黄河以北设防点和军事要地之图挂在皇帝的浴室里，宪宗每天都要查阅这幅地图。[97]宋代的许多著名人物如朱熹、沈括、天文学家黄裳，都研究过制图学。[98]由于地图是普通社会阶层无法获取到的机密，这在很大程度上限制了可能对制图有兴趣的布衣人士；而且制图的经验也很少得以传承，制图的部分原因是由于职务要求，但最主要还是出自这些官员本人的兴趣。绘制地图只是做官吏的精英分子公务的一部分。精英分子在各地工作，是地方行政人员，不得不了解地方的特别状况。[99]与欧洲在地理大发现时期的作为不同，中国没有经历过类似的海外探索过程和荷兰东、西印度公司式的远洋商业贸易，社会对于地图的需求达不到形成职业化制图机构的条件，加上政府的禁海政策和对地图资料的严格管理，等等，导致制图的发展受到局限。这样的说法也许不那么贴切，因为制图在中国社会与文化中扮演的角色与欧洲不同：

> 中国传统地图是中国传统学术的产物，在中国所独有的概念下，

地图具有知识的价值。在这些概念下，"好"地图不一定是要表示两点之间的距离，它还可以表示权力、责任和感情。[100]

中国地图家对地图的历史文献内容更感兴趣，而较不注意地图本身的外观，假若一幅地图不能研究其内容，便会被弃之不用。[101] 中国古代地图作为一种科学图像，受众极为有限，从而大大影响到它的传播面。地图实际上就是一种科学和学术的垄断资源，由于士大夫自身的权力、影响力、地位和声望，他们拥有极大的权力和大量的土地……他们集各种社会角色于一身，既是建筑师、工程师、教师、行政人员，也是统治者。[102] 这样的局面到晚明甚至清代还是如此。

历朝地学著作都与历史、文献和文学的关系密切。（例如《诗经·尔雅》《尚书·禹贡》《吕氏春秋·有始览》《管子》《五藏山经》《史记·河渠书》《汉书·沟洫志》、杜佑《通典》、郑樵《通志》、马端临《文献通考》以及明代地方志，等等。）地图从战国时期出土的《兆域图》，汉代马王堆帛画《地形图》，晋代裴秀开创的制图学理论，隋唐间的《十道图》，宋代《淳化天下图》《景德山川形势图》《熙宁十八路图》《禹迹图》《华夷图》，元代朱思本《舆地图》，到明代罗洪先增补《广舆图》、陈组绶《皇明职方地图》和《郑和航海图》等。文字记录加实物证据表明，地图学与东周时代一般知识分子阶层所主张的治国方式关系密切，这种关系一直延续到以后的各个时代。[103] 与欧洲制图环境不同的是，虽然中国古代政府并不忽略地图的重要性，不过由于没有形成专业化的地图制作团队，可以使更多的人，尤其是普通知识阶层参与进去，因此尽管前述的制者大部分都是受过良好教育的知识精英，但还没有证据表明他们对地图内容以外的绘制方式特别关注过，也没有绘制地图图像的专论。

地图对政府的最大作用涉及政治、军事以及赋税，地图是执政者管理的媒介之一，例如在明代地方志中，地图不再是汇集地方知识的方式，地方志中为绘制地图而花费的精力也越来越少。大部分明代地方志卷首序所插入的地图只是图示的综述，而没有地理关系的详细说明。明初朝廷命令以图为标准格式来组织村一级土地的赋税知识，使得地图的重要性得到恢复。[104] 这传达出一个非常重要的信息，即地图的象征意味更加突出，而作为知识载体却止步不前，这已无法使当时的学者们感到满意。晚明时期精英阶层对域外疆域知识的期望出乎耶稣会士意料外，这种微妙的趣味甚至影响到天主教耶稣会对华传教的策略。

明代约有931种方志，其中嘉靖、万历两朝撰修最多，各有300多种。有的志书也早已指出这一事实，例如明神宗万历四十二年（1614）《满城县志》中张邦政所作的序文说："今天下自国史外，都邑莫不有志。"[105] 方志的渊源与图经相关，隋唐以来的图经到了南宋完成了向地方志的过渡。在这以后的府志、县志、通志与一统志中，一般卷首都附有地图，就是以往图经形式的某种保留。由图经演变为地方志后，其内容基本上没有发生重大变化。[106] 不过，地图无论是在图经或是方志中，都不像文字那样受到重视：

图经向大量的文字记载方向发展的结果，"图"的部分退居于"附录"将其编于卷首，有的甚至完全摈弃，最后只剩下"经"的文字记载部分，实际上便由图经演变为地方志了。这种情况在北宋末年已经出现，例如现存的《元丰九域志》是由王存、曾肇、李德刍根据原有的《九域图》在元丰年间（1078—1085）重修而成的。《玉海》卷十五熙宁《九域志》对此所作的说明是因"不绘地形，难以称图"，故改名"九域志"。到了南宋，更是重经不重图，进一步出现了将图经改称地方志的情况，如《严州图经》在绍兴年间（1131—1162）的刻本便改称为《新定志》。[107]

地图在中国历史中渐渐褪色与缺失职业化的传统，也必然和朝代更替、战乱破坏国家档案、许多地图和其他文件的佚失有关。[108] 这是古代所有研究地图的学者们所面临的最大问题。

例如明代方志地图，没有精确呈现人们对空间维度及其关系的准确知识。读者如果想要从这些地图中寻找到各地的具体位置，或者想知道如何从一个地方到另外一个地方，这些地图只会让他徒添困惑，因为它们的用意本不在此。[109] 明隆庆五年（1571），任职于福建惠安的知县叶春及勤勉于绘制本县的地图和编辑方志。这样一位明代低级官吏所从事的绘图事业却具有远远高于他官阶的意义。据说叶春及为绘制本县方志地图，煞费苦心，多次召集县中长老商议绘图之事，但仍面临多次反复的困境：

> 父老图上，多不合。适闽中郭建初将游塞上，过余，视之图，为斥臧否而去。余乃参考郡邑之志，信如建初言者。命吏持指南三四反，阅岁而图始成。[110]

其次，已经程式化的方志地图缺乏新意，有意图为之改变者，不仅要从观察与绘制技巧入手，还需在史地文献考据方面具有功力，这是一个很高的标准。独立制图可能会从职务之需逐渐演变成一种纯粹的个人兴趣。令人惊讶的是，从嘉靖到万历，具有这样制图志趣的个体之间似乎也存在着某些微弱的联系，地理著作与地图就是这种联系的载体。

在地图绘法方面，叶春及与罗洪先有过交集。叶春及在任惠安县知县以前，就已经熟悉罗洪先的绘图法。实际上他和罗洪先本人也相识。1550 年，叶春及还在为考上进士而学习时，曾经和朋友们数次出游江西，拜访罗洪先。[111] 从元代至明代的地图绘制中，罗洪先的《广舆图》可谓是当时地图绘制水平的代表。他不仅与中国古代地图系统的图例符号使用先后的公案有关，而且他的《广舆图》是明代最具影响的地图之一：

> 至少重印过五版（1558 年、1561 年、1566 年、1572 年和 1579 年），这些地图，为接下来所有的中国地图制作者设立了一个标准，包括利玛窦。利玛窦在绘制 1584 年世界地图的中国部分时，曾依赖最新的 1579 年版《广舆图》。[112]

晚明时期，最先看到耶稣会士《世界地图》的官方人物就是肇庆知府王泮，他嗜图甚笃，也是科举为官且颇具声名：

> 王泮，字宗鲁，山阴人。万历二年进士（1574），八年知肇庆府，十二年迁按察司副使，分巡岭西，驻肇庆。慈爱和易，士民见者，语次寻绎，甚有恩惠，未尝疾言遽色加人，而确然有执，虽门生故交无私也。好为民兴利，

郡为督府,所驻两粤藩臬使者,若四方之宾,无日不至。……泮性恬淡,自奉如寒士。居官廉洁,焚香静坐,若禅室然。诗辞冲雅,书法遒丽,有王右丞之风,粤中文士皆来就正。十六年遣湖广参政,高要、高明士民,遮留泣下,各建祠祀之。[113]

　　王泮是否绘制过辖地的方志地图未有记载,但他对耶稣会士带来的《世界地图》很感兴趣。在肇庆期间利玛窦曾描述:"当他们头一次看见我们的世界地图时,一些无学识的人讥笑它,拿它开心,但更有教育的人却不一样,特别是当他们研究了相应于南北回归线的纬线、子午线和赤道的位置时。再者,他们得知五大地区的名称,读到很多不同民族的风俗,看到许多地名和他们古代作家所取的名字完全一致,这时候他们承认那张地图确实表示世界的大小和形状。从此之后,他们对欧洲的教育制度有了更高的评价。然而这还不是唯一的结果。另有一个结果也同样重要。他们在地图上看到欧洲和中国之间隔着几乎无数的海陆地带,这种认识减轻了我们的到来所造成的恐惧。"[114]王泮不但可以接受《世界地图》对明人思想所造成的冲击,还自己出钱多制了几幅地图,分赠给当地的友人,并命令把其余的图送到各省去。[115]

　　王泮极仰慕利氏带来的《世界地图》,这是耶稣会士初步取得地方官员好感的重要一步。这份地理研究经常加以校订、改善和重印,进入了长官和总督的衙门,大受称赞,最后应皇上亲自请求而进入皇宫。[116]还有一幅在域外流传的中国地图也与王泮有关。在一幅被称为《王泮题识舆地图朝鲜摹绘增补本》(也称王泮题识《舆地图》万历二十二年白君可氏刊本)的中国舆图中,他留下了地图的题识:

　　我国家全抚方舆,一统为盛。文襄桂公有《舆地图志》,念庵罗公有《广舆图》,而皆载在方册,分天下为十五道,未若此图广大,悉备一览,而幅员形胜举在目前也。吾友白君可氏得此图于岭表,不敢自私而锓梓以传。经世者披图按索,而疆理之宜,修攘之策,了然胸中,未必不为是图为桂、罗二公舆图之羽翼也。君可氏之□□矣。是图也具锓两都十三省,泊都省所隶府一百五十有二,州二百有

图18
《王泮题识舆地图朝鲜摹绘增补本》
约万历三十一年至天启六年
1603—1626年
法国国家图书馆藏

四十，县一千一百有七，卫四百九十有三，所二千八百五十有四，宣慰、宣抚、招讨、安抚、长官诸司二百一十有八。都省而外，朝贡归王若朝鲜、安南等五十六国，速温河等五十八岛，奴儿干、乌思藏等都司所辖二百三十八区，靡不□列若星布云。甲午仲夏山阴王泮识。[117]

　　王泮所说的桂公，实为桂萼（？—1531），字子实，号古山，谥文襄，江西承宣布政使司饶州府安仁县人，进士出身，累官至吏部尚书兼武英殿大学士，入内阁参赞机务。桂萼在明史中也是可圈可点的人物，在嘉靖二年十一月爆发的"大礼议"事件中，桂萼上疏请斥逐内阁首辅杨廷和，并率先与张璁支持明世宗立生父为皇考。桂萼著有《舆地图志》，与罗洪先的《广舆图》都是明代流传较广的权威性地图，但它们都是小幅的分省地图集，因此不如王泮所题地图（图18）之"此图广大，悉备一览，幅员形胜举在目前也"[118]。从王泮文中可知他对地图典籍的熟识，正是由于他深知地图之重要，所以10年以后[119]当他看到白君可氏刊印的地图时，也对该图发生了兴趣，并为之题识。[120] 从王泮在这幅地图的题识可见明代最重要地图的流传线索：他认为该图属于桂、罗二公地图的系统。显然桂萼的《舆地图志》（亦称《皇明舆图》）和罗洪先的《广舆图》是先于王泮题识《舆地图》的重要图籍。毫无疑问，该图肯定参考过桂、罗二公的地图。但是认真加以比较则可发现，两者在图的内容、性质和绘图风格等方面都存在着明显的差异。桂、罗二公的地图属于分省地图集性质，而王泮题识的图则属于政区图性质的全国一览图。从绘图风格来看，王泮题识的地图与两者也有着根本的不同。桂萼的地图没有画方，属于简明的示意性地图；罗洪先的《广舆图》是以元朱思本的舆地图为底本，继承传统"计里画方"的制图方法，从而是具有一定数学基础的画方地图。王泮题识的地图则继承另外一种传统绘图方法——山水画法，比较注意地图的艺术性和自然要素的形象化。[121] 作为地方官员，王泮与地图本无什么联系，但对地图的强烈兴趣把他和西学东渐的历史联结在一起。他是第一个对耶稣会士的世界地图表示高度关注的晚明官员，可能正是由于他，耶稣会改变了在明朝传教的方式和策略，从而也使地图越来越成为增进亲和力的积极力量。

自明初伊始，地图与地理著作主要由社会的精英阶层完成，其中既有官修地理志也有出于个人的兴趣，如天顺五年（1461）李贤、万安等纂修《大明一统志》，正德进士、国子监博士廖世昭辑《志略十六卷》，嘉靖三十四年（1555）兵部左侍郎喻时辑《古今形胜之图》，万历二十四年（1596）刑部尚书郑晓撰《禹贡图说》一卷，万历十六年云南按察司副使、太仆寺卿张天复撰《皇舆考》十二卷，等等。在绘法方面这些地图并无大的差别，也只有在耶稣会士到来后，明人始知天下之大，中国并非"天下"。中国地图学的传统也并没有没有因为欧洲地图的到来而发生全盘变化，而只是引起了知识阶层和学者型官吏的广泛兴趣。

第二章 欧洲科学对地图的影响

杰出的先生，来吧，打消惊扰我们时代庸人的一切疑惧；为无知和愚昧而作出牺牲的时间够长了；让我们扬起真知之帆，比所有前人都更深入地去探测大自然的真谛。

亨利·奥尔登伯格

观察的方式

米歇尔·德东布（Michel Destombes）认为 16 世纪末中国有两种不同的地图：一类是传统的方形地图，肇庆知府王泮的地图似乎是迄今为止最典型的代表作；另一类是受欧洲影响的椭圆形地图，由利玛窦而开始。[1] 中国舆图的形制与书画、书籍的形制一样，基本为方形。而欧洲地图的样式则有很多变化，各个时期制图法都有差异，这与绘图者本人的制图方法和所采用的投影法有直接关系。生活在埃及、用希腊文写作的古希腊人克劳狄乌斯·托勒密在他的名著《地理学指南》（*Geographia*）中给地理学下过这样一个定义：地理学是对地球整个已知部分及一切与它（已知）有关事物进行线的描绘。《地理学指南》实际上就是一部关于数学制图法和测绘资料的汇编，其中六卷包括了 8 000 个地点的经纬度记载，350 至 500 个地点曾利用日晷测定。[2] 托勒密重要的贡献在于地图的投影方法，这是西方制图与中国制图最大的不同之处。欧洲古代的地图投影十分复杂，投影方法的运用与地图（尤其是世界地图）的面貌有关。地图投影说到底是按照一定的数学法则将地球椭球面上的经纬网转换到平面上的方法。[3] 托勒密曾提出两种世界地图的投影法，一种是简单的圆锥投影，从一点辐射出来，直的经线和弧形纬线；另一种是球面投影，只有相当于半球 90° 的经线是直的，其余经线都是曲线。为了描绘局部地区，托勒密也采用过圆柱投影。[4]

熟悉中国古代舆图面貌的人，也许知道西方地图测量的方法、工具与中国有差异。不过，中国古代从来不匮乏用于大地测量和地图绘制的技巧和器具。自汉代直到明清时期，记载地图及测绘之典籍不胜枚举，为什么中国地图的外观在两千年以来始终保持着一种高度的同质化？有关古代中国和欧洲地图的评判标准不适用于"孰优孰劣"的标准，数学定量只是看待地图的一项标准。由于中国古代特别注意比例尺与正确性，便忽略了古地图其他方面的问题，例如对地图符号画法的讨论显得比较少。实际上，大部分地图的生产工艺在汉末就已经形成了。地图用毛笔和墨水画在绢帛或纸上，也雕刻在其他材料上，这种情形一直延续到 20 世纪。[5] 我们发现，地图的观察方式对绘图有着决定性的影响。例如中国古代并没有形成球形大地的观念，大地为平面的地形观占统治地位。尽管其中也有人提出地面为拱形或球形曲面的观点[6]，但所指的"地"仅是指陆地而已；海面则被认为是平面的。古代测量学的内容主要限于普通测量范畴之内。尽管古代也进行了一些大地测量，但这些测量都为天文观测服务，并没有考虑对整个大地形状的测量，而且是以平面大地观为基础进行的。对于地球表面小范围的测量，可不顾及地球曲率的影响，因而古代的测量理论和方法是完全有效的。但是由于没有球形地球的概念，在大范围内进行测量工作的精度不会太高。反映在地图测绘上，古代能够精确地测绘小范围大比例尺的地图，却不能较精确地绘制大范围小比例尺地图。要精确地进行较大范围内的地图测绘，不但要在大地测量时考虑到地球曲率的影响，而且还必须解决如何在平面上表现球形大地的问题。古代测绘较大范围的地图，由于不考虑地球曲率的因素，图上所绘边远地区的精度必然很低，而对于很远的地域根本就无法准确地绘出。[7] 地球曲率对地图绘制的影响在耶稣会士来到中国后也表现得很突出：

> 直到利玛窦的世界地图表示地球是球形后，中国的天文学家才有理由相信地球是圆球形的。利玛窦和其他传教士在中国所绘地图上的图例，暗示这些地图与中国的地平观念是互相矛盾的。然而就是因为他们具有这种观念，中国的知识分子才无法接受利玛窦的地图。[8]

约在公元前 5 世纪，古希腊学者就认为大地是球体，第一个有力的证据见于柏拉图的《斐多篇》，毕达哥拉斯学派和柏拉图都以其为信念的根据。由于圆球是最完美的几何图形，地球也理应是圆球状的。亚里士多德从纯数学理论出发同意这一观点，他还提出了一些物理学方面的证据。他认为，由于地球位于宇宙中心，自然会变成球状，而且一直保持球状……由于所有下落的物体都有被引至中心的倾向，那么从四面八方汇集的地球粒子必将成为一个圆球。球体可以用那么多的方法对称地，甚至是美妙地进行划分，古代哲学家和地理学家很快就意识到了这一点。继亚里士多德之后，不仅有老普林尼（Gaius Plinius Secundus，23—79）和托勒密等著名作家，甚至还有民间博学之士，都假设地球是圆球状的，并详加说明。这一发现是古典学问留给当代世界的最重要的遗产之一。[9] 世界为球形的影响在中世纪的 T-O 地图中完整地呈现出来。圆形地图在欧洲早期就已出现，在基督教地图中这样的形式也屡见不鲜。基督教百科全书的编辑者伊西多尔在 7 世纪时解释道：大地被称为"圆轮"，这是因为它圆得像个轮盘。[10] 鉴于地理认识和观察方式的不同，中国古代极少有圆形的地图，中国学者们开始动手摹绘圆形地图是在 17 世纪耶稣会士带来欧洲地图后的事情，中国社会主流的地图依然是传统的方形式样。

在制图方面，以善于学习中国文化而著称的利玛窦，虽能够借鉴明人的地图中有关中国部分的地理资料，但在绘法方面依然采用他所熟悉的欧洲科学模式。如他根据中国资料以地图投影的方法来表示中国，测量了中国若干地点的经纬度，但是他以每度长250华里计算，导致发生误差，而实际每度正确的长度是194华里。无论如何都可以断定，利玛窦有办法可以教授中国人欧洲地图的投影方法，而他的中国朋友们和赞赏他的人也都应该有机会学习投影法。但除了对利氏地图的复制以外，明代地图完全没有使用经纬坐标或任何类似的坐标体系。[11] 此外，中国人复制的地图也暴露出他们对利玛窦地图并不完全了解，除了在有些情况下省略了经纬线，他们还写错若干国名。在《方舆胜略》中，法国的经纬度被误写成45° N与5° E。[12] 明人无法按照西方地图的模式来画，并不是因为他们自身缺乏智慧，而是整个科学系统的问题。看到并临摹传教士的地图并不意味着明人已了解这些地图背后的制图因素，这涉及欧洲地理、数学、几何和科学仪器的应用。对明人而言，要掌握这些本民族"科学系统"所不具备的技术，的确是苛求了。

西方制图学的发展在埃拉托色奈斯（Eratosthenes，公元前276—前196）时代就已开始，他最先把一种坐标系统应用于地表，这是因为他确定了地球的曲率。他在西厄那（今阿斯旺）和亚历山大里亚进行著名的夏至暑影测量，使他得到地球周长为25 000英里这一大体上准确的数字。应当指出，希腊的制图学是以球形地面作为基础，而中国的制图学则是以平面地面（为基础）。[13] 查尔斯·辛格认为：古代帝国一直进行着对界线非常准确的测量。埃及和美索不达米亚就有这样的典型样本存世。希腊人认为埃及人是几何学或土地丈量学的鼻祖。尼罗河泛滥（导致）周期性地清除了地面界标，使测量界线变得必不可少。希腊人和罗马人规划城镇与法律机构核定财产所有权时，也进行不同程度的这类测量，不过这些测量内容似乎都没有被保存下来。对于更大地理学范围的测量，古人的装备对专门意义上的测量来说是远远不够的。古代的地理学者可通过基本的天文观测来确定纬度，如夜间的恒星中天，或是太阳在春秋分正午的高度。较为困难的问题是测定经度，这需要在比较大的天文事件（如月食或日食）发生时，通过让观测者从两个相距很远的地方来测定。或者通过使用标准的天文表，来对比历表编制地点的计算时间和要测量地点的观测时间。[14]

因此，对于所有长途旅行，不论是在海上还是陆地上，古人几乎完全依赖某种形式的方位推算法，这是一种本质上不可靠的方法，这也是古代地图变形的原因之一。然而，三角测量的原理早已为人所熟知。三角几何学由萨摩斯的阿里斯塔克（Aristarchus，约公元前310—前230）正式创立（公元前3世纪），但并未能在测量足够大的距离上应用。尽管有罗马帝国国家轮廓的问题急需解决等障碍，确定帝国省份的疆域、贸易的需求、舰队的分布显然都需要一幅清晰的罗马帝国地图。虽然我们可以从西塞罗（Marcus Tullius Cicero，公元前106—前43）、维特鲁威（Marcus Vitruvius Pollio，约公元前80或前70—前25）、塞内加（Lucius Annaeus Seneca，约公元前4—65）、普林尼、苏维托尼乌斯（Gaius Sueto Anius Tranquillus）和其他人那里了解到罗马地图，但是没有一幅完整的罗马地图被保存下来。比这更早的是，学者瓦罗（Marcus Terentius Varro，公元前116—前27）指出了这些地图和古代宗教的联系，他声称有一幅刻在大理石上的意大利地图被置于罗马忒耳斯神庙里的某个地方。[15]

西方人很早就认识到，科学测量和工具可用来保证地图绘制的准确性。第一次提到磁性罗盘是在1187年亚历山大·尼克哈姆（Alexander Neckham，1157—1217）的著作中。在阿拉伯世界最早提到罗盘是在1230年。但是有证据表明，这种仪器很早就被北欧人采用，也可能是他们独立创造出来的。在15世纪时，罗盘肯定已被广泛采用，在远离陆地的航海中已不可或缺[16]，测量工具在以建筑著称的古罗马时期就已被广泛地使用：

> 罗马人的建筑成就和维特鲁威的著作都说明了罗马人的测量水平应该是很高的，他们坚持认为测量的技艺至少和罗马帝国本身一样古老，而最初是僧侣为了宗教目的而使用它。帝国时代，这些方

图 19
（左）法雍的格罗马
（右）发现于都灵附近的罗马墓碑

法不断地为人们所知晓，在罗马还成立了一个正规的测量学校。人们主要使用的测量工具是"格罗马"（图 19），它由古埃及的工具稍加改制而成。该工具的一条直边用于照准，另一边则确定场地边成直角的方向，由于农业和城镇规划主要成矩形，这一工具得以广泛应用。[17]

此外，古罗马人还使用圆规、斜角规、测杆和侧链，这些就是罗马测量人员通常使用的测量工具了。在庞贝古城还发现了这一时期的另一些工具。特殊的精度标准由两种工具保证，一种为角度仪（图 20），另一种是亚历山大的希罗所描述的经纬仪（图 20）。这些工具代表了已知古代测量工具的最高发展水平。[18]

欧洲地图绘制发展的背后，隐藏着技术革命的巨大支持。如果没有这些技术，精确观测和绘制只能是空中楼阁，甚至那些装饰精美的地图也需要在准确性方面接受检验。同时，我们看到虽然自古以来中国地图的发展也伴随着相应的技术，但它们二者之间似乎总是若即若离，技术对中国地图的推动似乎缺乏内在的连贯性和系统性。例如桑塔雷姆（Santarem）或赫特曼（Huttmann）曾认为中国的制图学始自元代，甚至认为中国地图从来就没有达到过很高的水平。[19] 不过，质疑中国古代地图精确度的人恐怕都绕不开一个著名的案例，即宋代的《禹迹图》（图 4）。它的准确性非常高，特别是河流及海岸线的标志，而流传至今的该图之前的地图，几乎没有能达到《禹迹图》的准确程度的。[20] 然而《禹迹图》的制图精度和标准在古代地图中并非普遍现象，另外，这也涉及如何看待中国古代地图的科学与评价标准：

图 20
（上）希罗的角度仪（复原图）
（下）经纬仪
搁置经纬仪和水准仪的基座的上部

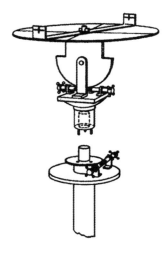

在中国文化中，地图不但用于表示距离，也用于显示权力、用于进行教育，以及美学的欣赏。将中国地图学视为一个理性的、数学的学科以了解空间，这一观念导致无法研究地图的所有功用。[21]

欧洲对测量学、制图学和航海学的认识，是建立在对距离和方向的含义及测量方式的清晰理解之上的，通过这两者共同作用确定绝对位置。对于某些目的，如画设计图或是确定一条海上航线，正

图 21
维格耐特
《沃里克郡地图》
1728 年
大英图书馆藏

确体现相对位置就足够了，但是一幅正确的地图必须标示出地球上的绝对位置。[22] 这就需要与测量技术保持更加密切的联系。来自亨利·贝格顿的维格耐特（Vignette）的《沃里克郡地图》（图 21）能告诉人们制图所需的工具：

　　画面呈现出三脚架上安置的平板仪及瞄准尺，一个瞄准镜和指南针，巡视者在使用道路测量车。其他仪器则放在地上。[23]

　　在一幅 16 世纪的图中，绘制地图的工具显示出常用的测量仪器在 16 世纪和 19 世纪之间区别不大：

　　亚伦·拉斯伯奈（Aaron Rathborne, 1572—1616）论文的标题页上展示出（图 22）被广泛使用的平面照准仪（图中上方，用以在地面测点上测量地平角度的瞄准尺）和地平式望远镜（图中下方），只有测量专家才可能知晓其原理和使用方法。[24]

图 22
亚伦·拉斯伯奈
《观测员》
1616 年
大英图书馆藏

　　在欧洲古代的地图中，时常会画出测量工具，中国地图则没有这种传统，也许是出于美观的考虑，地图上不会列出与绘图相关的仪器。1342 年普罗旺斯的数学家莱维·本·热尔松（Levi Ben Gerson，1288—1344）描述了一种 16 世纪的水手普遍使用的仪器，这就是十字杆（Cross-staff），最初为天文学家而设计，后来被称作"直角照准仪"。十字杆也可用于几何测量，即用相似三角形原理得出高度和距离。[25] 三角测量（图 23）的技术在 16 世纪时有所提升，此后有关测量和绘制地图的工具不断被发明出来，例如：

　　继三角测量[26]之后，测量史上又出现的一个重大进步就是平板仪的发明。平板仪最初于 1551 年被富隆（Foullon）称为测高仪，富隆是法兰西国王亨利二世家族中的一员，学习过数学。平板仪测量

图 23
《三角测量仪》
16 世纪末

的一个最基本的特点就是在测量员瞄准时，可以直接用尺子将位置线画在被固定在平板上方的一张纸上。[27]

此外，还有测量仪器如经纬仪（图 24）、数学表、高度方位仪（图 25）和水准仪，等等。其中，由于不需要数学知识，利用平板仪绘制一幅设计图或者地图是如此简单的一件事，因此测量员，特别是土地测量员的数量就多起来了。在 16 世纪结束前，一种带绘画比例尺的近代独立标准尺已被使用。[28]关注实证科学进展，尤其是绘制地图、星图的技术与工具运用是欧洲地图学的一大特色。在流传至今的各式地图和地图集中，这些刻画屡见不鲜，这表明欧洲人没有把地图绘制的图像之美与科学分割开来。

毫无疑问，在欧洲艺术中，也很容易寻觅到绘制地图的踪影。例如绘于 1740 年的一幅《战争的寓言》（图 26），表现战争女神密涅瓦在教授军事学与绘制地图的场景。画中有趣的描绘在于，即使是女神也似乎需要测绘仪器的辅助，散布于室内的仪器就巧妙地暗示出这一点。另一幅有关《托勒密与地理学》的细密画（图 27）绘于 16 世纪。从 16 世纪到 17 世纪中期这一百多年间，人们对于大地知识的了解突飞猛进，在确定空间位置上也取得了长足的进步。象限仪的发明使测角更加精密，这特别有利于天文的纬度测定，以

及一个地方正午时刻的确定。[29] 描绘地图最伟大的画家，当属荷兰
17 世纪的维米尔。在维米尔的作品如《天文学家》《地理学家》（图
28）、《绘画的艺术》（图 5）中不难看出艺术家已经开始将目光
聚集到当时的科学研究上，并将其作为绘画主题。在 17 世纪的荷
兰，画家直接表现科学家及其研究生活的场景非常少见，甚至在一
些风俗场景的作品中，维米尔也试图加入一些科学元素（图 5、图
28）。从书籍、文献卷轴、各式乐器、乐谱、信札、地图、天（地）
球仪、圆规、钟表、镜子、玻璃、画架到神话人物和作画中的画家，
这些出现在画中的仪器或科学场景，需要我们从不同角度来了解此
时艺术家对精英身份的自我定位，尤其是他们对地图的热衷。阿尔
弗雷德·赫特纳认为：地图绘制要求制图家拥有熟练的绘图技术以
及掌握复制方法，因为在某种程度上这种绘图技术比想象中要困难
得多。绘图员必须从手艺人提升成为艺术家，对一个好的绘图员提
出的要求如此之高，这并不是一个普通地理学者能够达到的。他应
该能够绘制自己使用的地图，并为制图学者绘制底图。但是，如果
他只是绘制可以复制的地图，那么他将只能做到业余爱好者的水平。
反过来，制图学者则必须掌握整个绘图技术，只有少数例外，如基
佩尔特父子只在有限的范围内有能力从事科学研究和文字表述……
必须保持狭义地理学和制图学之间的联系，因为制图学是地理学的

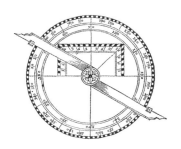

图 24
伦纳德·迪格斯
《经纬仪》
1571 年

图 25
托马斯·迪格斯
《几何学实践》
使用高度方位仪以测量垂直角度
1571 年

图 26

《战争的寓言》

图中的战神与智慧女神密涅瓦在教授军事学、地图绘制、地球仪使用和地形测量

1740 年

法国国家图书馆藏

十七世纪欧洲与晚明地图交流

图 27
《托勒密与地理学》
16 世纪
法国国家图书馆藏

图 28
维米尔
《地理学家》
1668—1669 年
德国法兰克福施泰德艺术馆藏

另一半。[30]

  欧洲地图和测绘在相当长的时期内，在普通测量方面采用的是几何学的原理，直到 16 世纪才有了新的变化。由于三角学开始从天文学中分离出来，平面三角学得到了很大发展，三角法在测量中变得重要起来。象限仪是测量角度的工具，它一被发明，便成为当时重要的测量仪器。依据三角学原理，使用象限仪一类的量角工具可以进行各种间接测量。

  明末到中国的意大利耶稣会士罗雅谷[31]（Giacomo/Jacques Rho，字味韶，1590—1638）曾编著《测量全义》一书，该书第二卷主要讨论用象限仪和另一种工具"矩度"作间接测量的问题。据考证，《测量全义》中的这些问题主要摘译自意大利著名地图学家、天文学家乔凡尼·安东尼奥·马吉尼（Giovanni Antonio Magini，1555—1617）著的《平面三角测量》一书，该书出版于 1604 年，其中对三角测量问题的研究基本可以代表欧洲当时测量术的水平。从《测量全义》所介绍的一些间接测量方法看，欧洲当时的测量术也并不比刘徽《海岛算经》中的测量术优越多少。[32]

  中国的科学制图传统较为复杂，尤其是近代中国科技的一度落

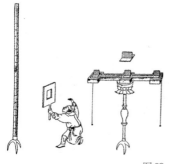

图 29
曾公亮、丁度
《武经总要》插图
1044 年

后，更使了解古代制图科学变得困难。与之相对应的是西方科学发展的独立性和系统化。李约瑟表示：中国人在汉初就已经有了巴比伦和埃及人当时已知的简单的古代测量工具。[33] 例如曾公亮和丁度于北宋庆历四年（1044）编辑的《武经总要》（图29）中出现的仪器：

> 乍一看像是一种平板仪或经纬仪。但是根据此图的说明，它是一个有三个浮标的水槽，每一个浮标都有一个基准观测点。[34]

在中国古代地志的传统中，对文字描述的重视往往超过图像表现。地图学的校勘不但是历史重建上的需要，还有助于加深对现在的了解。如《大清一统志》中虽有地图，但其内容主要还是文字叙述。甚至在利玛窦的世界地图传入中国，耶稣会传教士对中国进行测量以后，仍有相当多的中国知识分子不承认西方地图的优点。虽然地图对于表示各种地标空间关系很有用，但是有关距离和方向的详细资料却仍然喜欢用文字描述。[35] 虽有"左图右史"的学术标准，但对地图学来说，文字记录也许可以以清晰的表述获得与图像同样的功能。

赫特纳则认为，文字只能恰当地表达我们观念的一部分。用文字表达不出空间的观念，或者只能是大略地表达。莱辛在《拉奥孔》一书中讲过，叙事诗是不可能的，因为文字是按时间先后排列的，而被叙述的对象却是在空间上并存的。这种区别不仅适用于文字艺术和造型艺术，还适用于任何文字的表述和形象的表述，尤其对于地表的地理表述具有特别重要的意义。在这方面，文字也是不够的。[36] 关于中国地图为什么没有发展成为类似西方式样的地图（具有经纬度量，采用不同投影的数学和几何法则），这不单是因为科学路径不同，更主要的原因是中国的学术传统：

> 中国地图的绘制与文字考证纠缠在一起，量度本身变成了一个隐喻。这就涉及用参照物来衡量某一事物……作为"看"的一种方法，量度不一定被视为真实的标准。[37]

在绘制地图中，投影问题是中西方制图的主要不同点。怎样在平面纸上绘出地球表面弯曲的经纬网，引申出中国和欧洲的制图理

图 30
三种主要的地图投影
（上）圆柱投影
（中）圆锥形投影
（下）天顶投影

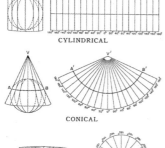

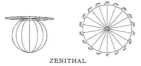

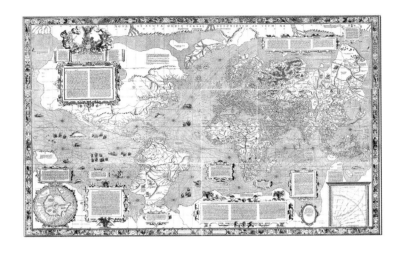

图 31
墨卡托
《世界地图》等角圆柱形
地图投影
1569 年

论与实践，甚至是地图绘法表现的不同。最早使用投影法绘制地图的是公元前 3 世纪古希腊地理学家埃拉托斯特尼，在他之前地图投影曾用来编制星图。他在编制以地中海为中心的、当时已知世界的地图时，采用了经纬线互相垂直的等距圆柱投影法（图 30）。

　　在解决如何将地表曲率转变为平面地图描绘的投影法上，欧洲人发明了各式各样的投影技巧。佛兰芒人杰拉杜斯·墨卡托（Gerardus Mercator，1512—1594）于 1569 年出版了长 202 厘米、宽 124 厘米的《世界地图》（图 31）。这是一种等角圆柱形地图投影法。以此法绘制的地图上，经纬线于任何位置皆垂直相交，使世界地图可以画在一个长方形上。由于可显示任两点间的正确方位，航海图、航路图大都以此方式绘制。在该投影中，线性比例尺在图中任意一点周围都保持不变，从而可以保证大陆轮廓投影后的角度和形状不变（即等角）；但墨卡托投影会使面积产生变形，极点的比例甚至达到了无穷大。[38]

　　有一种投影法在晚明时期进入了明人的视野，这就是奥特利乌斯的椭圆形投影，利玛窦当时带入中国的地图集正是奥特利乌斯制作的系列地图的副本。虽然中国知识分子大概在元代就已有了投影的观念，他们知道地球是球形的，也知道利用天文量度决定地表上

图 32
瓦尔德泽米勒
《瓦尔德泽米勒世界地图》心形投影
1507 年
美国国会图书馆收藏

地点位置的方法，不过在耶稣会传教士将西方现代地图学传入中国以前，这些要素并没有应用到地图学上。[39] 明朝晚期，有中国学者以利玛窦带来的奥特利乌斯式样《世界地图》或利氏所绘的地图进行摹刻，但看得出他们对地表经纬度、赤道或两极的概念实际上不够了解。在第五章中将继续讨论这个问题。

　　1507 年 4 月 25 日出版的《宇宙学入门》中，德国制图家马丁·瓦尔德泽米勒（Martin Waldseemüller，1470—1520）绘出了一幅惊人的地图（《瓦尔德泽米勒世界地图》[40]，图 32）。这是一幅世界上首次以亚美利加来称呼美洲的地图。《宇宙学入门》在法国孚日圣迪耶（Saint-Dié-des-Vosges）印刷。在这部书第一部分的第九章，瓦尔德泽米勒的好友兼助手，一位同样希望将新大陆命名为亚美利加的诗人马蒂亚斯·林曼，解释了为什么要以亚美利加称呼美洲：

　　自探险家亚美利哥起……就好像是亚美利哥的土地了，因此叫亚美利加。[41]

　　《瓦尔德泽米勒世界地图》的最大特点是将世界地图切割成三角形，这是将地图以三角形为单位，将球状的地球分割，以便绘制地图的方法。类似的地图还有意大利人弗兰科·贾科莫（Franco Giacomo，1550—1620）绘于 1586 年间的《世界地图》（图 33），他采用了心形投影。这个很著名的地图投影也称为彭纳投影（也叫

图 33
弗兰科·贾科莫
《世界地图》心形投影
1586—1587 年

等积伪圆锥投影），它得名于 18 世纪的法国制图家里格贝尔·彭纳
（Rigobert Bonne，1727—1795）。该投影法的纬线为同心圆弧，圆
心位于中央经线上；中心经线以及一根特殊的标准纬线保持为直线，
其余经线为对称于中央经线的曲线。通过变更中心经线，可以绘制不
同的映射地图。彭纳投影中的面积与实际面积相等，中央经线及标准
纬线没有变形，全尺寸的彭纳投影地图是一个复杂的心形图案。[42]

　　在耶稣会士尚未到达明朝中国时，由弗里修斯、奥特利乌斯和
墨卡托等制图家领导的一场制图业革命在低地国家爆发了。这次制
图中心的北移在很大程度上出于经济和商业原因，北欧最繁荣的港
口之一安特卫普取代里斯本成了欧洲香料贸易的中心，与此同时，
佛兰德斯和德国的银行家们则承诺给当时迅猛增长的远洋探险和考
察活动提供资金赞助。[43] 而中国疆域轮廓进入欧洲人视野的时间约在
16 世纪后：

图 34
亚伯拉罕·奥特利乌斯
《中国地图》
1584 年
铜版水彩

直到 16 世纪，西方世界对中国的认识还仅仅局限于托勒密的地理学说，而在马可·波罗（1254—1324）之前对中国内部的状况几乎是一无所知。13 世纪末至 14 世纪最初的十年间，相继来到中国的方济会传教士补充了马可·波罗关于中国的描述。其中最值得一提的有大主教孟高维诺（1247—1328），他是方济会修士，1289 年教皇尼古拉四世派遣他以教廷使节身份来中国，从此真正开始了天主教在华传教的历史。[44]

在耶稣会士未将中国地图的详细情况传入欧洲前，欧洲对中国的认识时常出错，即使是奥特利乌斯这样伟大的制图家也如此。在出版于 1584 年的地图中（图 34），有关中国的描绘使人感到很奇怪。但这幅著名样本，却成为当时欧洲竞相效仿的标准版中国及亚洲地图。1596 年法国人约翰尼斯·梅特鲁斯（Johannes Metellus，1520—1597）根据奥特利乌斯《中国地图》进行了重绘。这两幅地图存在共同的"变形"，这是绘图者当时对中国疆域认识程度有限所致，因为他们都没有真正去过中国：

> 中国的外形与实际差异颇大，沿海有两个较大的三角形河口湾，似乎是指长江口和珠江口。但辽东、山东及雷州半岛均未绘出，渤海亦无标示，内陆河流和湖泊大多相互连接，好像是随兴所画。（图中）C. de Linmpo（宁波）以南的海岸线与实际差别很大，应是当时西方人对中国内陆的认识不足所致。沿海包括南方的 Quantao（可能是广东）、Quancy（可能是广西）、Malaca（马六甲，即马来半岛）、Siamo（暹罗）、Chiampa（占城），北方的 Tenchco（可能是登州）、Cinchco（可能是青州）。岛屿部分则有 Borneo（婆罗洲）、Las Philippinas（菲律宾）及菲律宾右方的小琉球、台湾、日本，其正确性相对较内陆高出许多，足见当时欧洲人对沿海比内陆了解得多。地图符号有山脉、湖泊、河流及城市四种，关于中国的地名有六十多个。[45]

以上对中国疆域情况的不明是因为欧洲制图家无法亲历观测，这就不全是制图技术的问题，还有不了解中国的实际情况，对经纬度、地形以及海岸线轮廓都不了解等因素。而奥特利乌斯于 1587 年出版的《意大利地图》（图 35）可以证明，他对欧洲的熟悉保证了其绘制的地图可达到的准确程度。16 世纪末，来自意大利的耶稣会士罗明坚（Michele Ruggieri，字复初，1543—1607）在中国生活并绘制出精准度较高的各省图。他曾在澳门生活多年并数次访问广州，当他于 1590 年返回罗马时，随身携带许多中国地图，据说其中就有罗洪先的《广舆图》，并计划出版一本中国地图集。但是他没有能够实现这一目标，作品也仅仅停留在手稿的形式（在第五章中有讨论）。[46]奥特利乌斯在《意大利地图》等类地图中运用了球极平面投影[47]（Stéréographique Projection，图 36）、正射投影法[48]（图 36）和正方位投影[49]，球极平面射影（投影）模式归功于比利时耶稣会数学家、物理学家和建筑师弗朗西斯库斯·阿古隆（Franciscus

图 35
亚伯拉罕·奥特利乌斯
《意大利地图》
1587 年

Aguillon，1567—1617）。1507 年，修士古尔特鲁斯·路德（Gualterus Lud，1448—1547）首次在他的世界地图中使用了这种投影。德国卡尔特教团人文主义作家格雷戈尔·雷思切（Gregor Reisch，1470—1525）在他著名的百科全书《玛格丽塔哲学》[50]（*Margarita Philosophica*）中继续了路德的球极平面射影投影法。1595 年，荷兰制图大师约道库斯·洪第乌斯（Jodocus Hondius，1563—1611）也使用了相同的投影法，并以中央子午线划分大西洋和太平洋。[51] 奥特利乌斯至少使用过椭圆形投影、球极平面投影、正方位投影等几种地图投影法，以完成他的鸿篇巨制——人类历史上第一部真实的现代世界地图集——《地球大观》。

制图离不开几何学，欧洲社会中许多行业都需要更科学的方式来推进：

工程师、制图者、建筑师、土地测量员、画家，诸如此类的专业人员对几何学的需求日益迫切。随着作战方式的变革（15 世纪末开始使用大炮，建造棱堡[52]），弹道学与筑城术也对几何学提出更为专业的要求。许多佣兵队长都雇用了数学家，甚至亲自学习几何。[53]

16 世纪的意大利，数学研究分散于相对独立的地区和文化环境

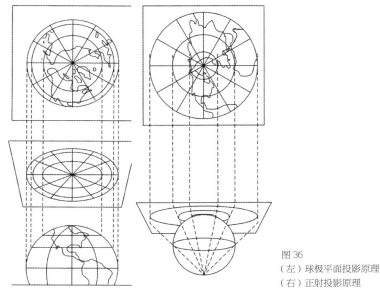

图 36
（左）球极平面投影原理
（右）正射投影原理

中，彼此之间联系甚少[54]，这也促成了荷兰在 17 世纪成为世界地图
中心。作为欧洲北部绘制地图的鼻祖之一，墨卡托具有良好的知识
背景和科学训练。他出生于佛兰德斯，就读于鲁汶大学，先攻读哲
学和神学，后来转而学习数学和天文学，又在无意中学会了雕刻技术、
仪器制作和测量术。他的处女作是一幅小比例的《巴勒斯坦地图》，
绘于 1537 年。接着，他花了三年时间为他的《对佛兰德斯最精确的
描绘》做了测量、绘图和雕版等一切工作。这部书胜过以前的任何
同类作品，因此皇帝查理五世委派他制作一个地球仪。1541 年墨卡
托呈上地球仪时，皇帝又向他订制了一套绘图及测量仪器。[55] 奥特
利乌斯是墨卡托之友，但与墨卡托不同的是，奥特利乌斯涉足制图
不是通过数学和天文学，而是缘于把地图作为商品出售。奥特利乌
斯在 20 岁时就已从事地图的装饰工作。生意发达后，他经常往返于
不列颠岛、德国、意大利和法国，买进当时生产的地图，然后卖出
由自己彩绘并加以装饰的成品。他用这种方法搜集到流行于全欧洲
的最佳地图，并将其带回到他在安特卫普的总店。[56] 他的《地球大观》

地图集之由来，似乎出于偶然。一个名叫埃吉迪厄斯·霍夫特曼的人鉴于地图尺寸大小不一，劝说奥特利乌斯为他们制作规格统一的地图：

> 安特卫普商人迫切需要可靠的最新地图，以报道宗教与王朝战争的最新局势。所选每幅地图都要印在一张纸上，每张纸长 28 英寸、宽 24 英寸。这是当时纸商所能提供的最大规格。然后每 30 张合订成一册，这种版式便于收藏也便于携带。奥特利乌斯为霍夫特曼效劳时，无意中生产了一种新书，那就是第一本新式地图册。他又与著名印刷商克里斯托弗·普朗坦（Christopher Plantin，1520—1589）合作，于 1570 年 5 月 20 日在安特卫普的印刷厂印成。其中有 53 幅铜版地图。普朗坦预示了一个新的渐进主义时代来临，从此人人都可以逐渐把点点滴滴的知识汇聚到知识宝库去，制图家不再需要将自己的作品附骥于托勒密（之名）以获得重视。[57]

奥特利乌斯成书之时距利玛窦神甫 1582 年携图入华约 25 年光景。可以说，明人也在同一时期获得这一领先的世界地图资料，与当时的欧洲国家是同步的。见到这部地图集的人，在肇庆知府王泮之后，就是居于南昌的建安王朱多𤊹：

> 建安王接收的礼物中，最使他高兴的莫如两部按照欧洲式样装订、用日本纸张印刷的书籍，纸很薄，但极坚韧，确实到了很难说哪部质量更好的地步。其中一部书附有几幅地图、九幅天体轨道图、四种元素的组合、数学演示以及对所有图画的中文解说。[58]

不过，据载利玛窦曾于 1595 年在南昌编纂装订过《万国图志》。学者们还列举了利氏在印度传教期间，曾在印书工场学过装订技术，此书用日本纸张印刷，按西式装订，甚美观。日本纸张系澳门进口，如同当时的西洋纸，可以两面印刷。[59] 这部书后来失传，不知究竟是何样式。据此来看，利氏有可能是自己编辑印刷他所献图册，据安国风的记述是《世界地图》的副本[60]，而非取自奥特利乌斯印于安特卫普的原版地图集。据研究表明，《万国图志》内容包括概论、九重天图及说明，介绍了古代托勒密宇宙体系；四元素图及其说明和古代哲学理论，以及其他历算之物的介绍。图志主要为欧罗巴、利未亚、亚细亚、南北亚墨利加、墨瓦腊尼加各洲分图及说明等。[61]利玛窦了解投影法的原理，归因于他早期接受过科学训练：

1572 年 9 月 17 日，利玛窦开始在罗马学院（Collegium Romanum）学习，由此开始了研修阶段，接受长期深入的智知教化……德裔耶稣会士、利玛窦的业师克拉维乌斯（Christopher Clavius，1538—1612）期望建立数学研究院，利玛窦尚在罗马学院的时候，已有机会学习一些高级课程。罗马学院创建于 1551 年，最初是向穷人无偿提供宗教教育的机构，很快便成为耶稣会教育系统的皇冠。1556 年，学院经教皇授权获得了大学资格，受命培养耶稣会的知识精英。此时的罗马学院与一般的大学并无根本差异，然而罗耀拉有意不开设四学院中的法学院与医学院。它的艺学院和神学院则提供了相当齐备的课程，同时具有某些鲜明的耶稣会特色。[62]

和天主教其他修派不同，耶稣会对科技如应用几何学，特别是天文仪器、测量工具的制造特别重视，这在很大程度上是由于相关学科在意大利的迅猛发展。此外，耶稣会必须考虑那些以军职为志向的学生，需要讲授相应的实用技术。[63]地学知识以及测量技术亦尤其受到强调，耶稣会士在中国用了欧洲的老办法。当然，培养传教士天文观测的能力，以便日后从各地搜集必不可少的观测数据，或许也在克拉维乌斯的考虑之中。晚年的克拉维乌斯虽拒绝了指导葡萄牙海军完成一份庞大的制图计划[64]，但这也证明了他具有绘制军事地图或海图的技术能力。一份克拉维乌斯制定的课程表使人们了解到包括利玛窦在内的耶稣会士都学了什么科目，其中有关地学测量的有：地理学，学习测量面积与体积；练习使用"矩度"、象限仪，如果有条件，再加补充其他测量仪器；实用算术，提供一部简编、一部三角学专论兼及表格之使用、透视画法、塞壬努斯关于圆柱体截面的某些命题和欧几里得的《几何原本》。[65]

利氏到达明朝中国后，看到不少中国自绘的地图，他为了把中国地图介绍到西方，当然要用拉丁文字、以西式投影法改绘。而要用投影方法，则非先测定经纬度不可。因此，利玛窦每到一个地方都进行经纬度测量。当时的纬度测量有两种方法：一是用利氏所谓的"量天尺"在夜晚观测北极星；二是在白天正午量日影长度，然后参照"时令表"查纬度值。经度的测定比较困难，要等到日食和月食时，记录见到它们的时刻，参照葡萄牙的天文年鉴从而得到该地经度与福岛的经度距离。他在万历十年给西方友人的信中说："澳门的经线在福岛以东约 125°，纬线在赤道北 22° 30′，后来又测定了肇庆的经度距福岛以东约 124°。他根据自己测定的数据，推算中国疆土的舆地位置为：中国东西之广为东经 120°到 137°，中国南部海岸线在纬度北纬 20° 至 28° 之间，中国北部边缘在纬度 44° 到 45° 之间。由于当时'时间'的测定精度不高，经度的数值误差较大。纬度的精度还是不错的。只要测定经纬度的地点越多，所绘的地图就越精确。"[66] 自 1584 年刻于肇庆的《山海舆地图》开始，利玛窦在中国反复刻绘了多幅《世界地图》。问题的关键在于中国人并不明白绘制地图投影法的原理，这就导致各种明人的摹本只是对图示模仿。目前尚未看到有关利玛窦向明人传授地图投影法的记载，只见王肯堂（字宇泰，1549—1613）《郁冈斋笔麈》一书曾数次提及利玛窦，记述利氏对日月交食的解说（附有图示）还有开方之法[67]，以及利氏本人所掌握的投影法。这样的结果是，虽然有较为先进的《世界地图》在中国各地面世，但明代的学者由于缺乏有关数学几何与测量的背景，也就无法掌握绘制《世界地图》的核心方法。

　　欧洲 16 至 17 世纪地图测绘的发展也可以从另一个侧面来看，这个问题自 16 世纪至今都始终备受关注——这就是台湾地图的演变。国人很早就用画山水的方式绘制台湾地图。但从明朝嘉靖末年（1557—1566）刊行的《日本一鉴》[68]《筹海图编》和施琅进攻台湾时（1683）所用的内府军机地图可知，中国人直到 17 世纪末，对台湾全岛的轮廓依然很模糊，仅是随便在海上涂抹几座山，附注几个地名而已；没有相互距离与比例尺的概念。[69] 欧洲人对台湾岛的认识在 16 世纪时并不比中国先进，因为欧洲人所绘的早期世界全图中，凡是成于

16 世纪初期者，似乎皆未见台湾。当时葡萄牙人在航海探险与测绘地图方面都比其他国家抢先一步，例如卡提诺于 1502 年完成的《世界地图》。他们对于欧洲与非洲沿岸的测绘已很近似，西印度群岛也已有一个粗略的轮廓；唯独对于东亚地理知识仍极缺乏。[70] 甚至在制图名家奥特利乌斯的地图中，台湾的轮廓也不够准确，在前述他的 1584 年版《地球大观》中，台湾不但大小比例画得不准确，岛屿也似乎被分成了两段。在整个 16 世纪的东亚地图中，中国沿海包括台湾的准确度都不够高：

意大利人康斯特里尼（Constrini）在 1506 年所制的世界地图中，远东部分虽已出现了爪哇与日本，但在日本、爪哇与中国海岸之间，仍空无所有；非但台湾，就连菲律宾与琉球也没有影子，结果是拿荒诞不经说明哥伦布曾到日本的谣传作为此处的补白。1520 年佩德罗·雷内尔（Pedro Reinel）的亚、欧二洲地图中以及 1527 年迭戈·里贝罗（Diogo Ribeiro）世界地图中，皆无改进。1554 年葡萄牙制图家罗珀·霍曼（Lopo Homen）所绘的世界全图中，约在琉球群岛的西南端北回归线以北，可看到一个像元宝似的岛屿；且已在旁边注明"台湾"字样。1558 年，其子迭戈·霍曼（Diogo Homen）所绘的世界地图，依然如故。1561 年巴尔托洛梅乌·维利乌 [71]（Bartholomeu Velho）所绘之地图，台湾开始被分成南北二岛，介于北纬 24° —25° 之间；北岛注明为台湾，南岛则注为 Lequeo Pequeño（小琉球），形状略似今日新西兰的南北二岛，周边有十多个小岛。[72]

梅特鲁斯模仿奥特利乌斯《中国地图》的图中台湾和小琉球岛（Lequcio Parua）成为一体，类似的问题在荷兰早期制图家手里也是如此。他们对中国沿海的理解前后多不一致。例如在奥特利乌斯所制的地图中，台湾皆被分为两块：他在 1570 年所绘的东印度图中，两岛却相距甚近，南岛南边注有小琉球（Quio Minor）字样；但他在 1584 年所绘的中国地图中，却把这两个岛屿的距离拉得很远，北岛注明台湾，南岛称为小琉球，中间好像缺了一个中岛。因为此后直到 1600 年之间，台湾在大多数原始世界地图上，仍被分成三块。[73]

图 37
《海上地图》
布劳 - 凡德尔·赫姆地图收藏
17 世纪

16 世纪末，台湾由于其地理位置的特殊，引起了多个殖民者的兴趣，不过最先进行实际测量的并非荷兰人：

西班牙人于 1569 年侵占菲律宾后，曾企图兼得台湾，故暗中从事测绘地图，作为军事行动的准备。所以当葡萄牙人、荷兰人与英国人在 16 世纪末连台湾到底分成几块还没有弄清楚的时候，赫尔南多·德·劳斯·里奥斯（Hernando de los Rios）上校在一封信中，已经附了一幅相当像样的《菲律宾与台湾以及一部分中国海岸图》（*Mapa de las Islas Filipinas y Hermosa parte de la Costa de China*），时间是 1597 年 7 月 27 日。这幅图（图 37），台湾被绘于北纬 22° — 26° 之间，略作长方形，从西南斜向东北；其在菲律宾、琉球与中国大陆间的相对位置已颇准确。澎湖岛虽然画得太大，且位置也太偏北，但对基隆港与淡水河口已经描绘得颇佳。据推想，当时他们的船只一定进入过这两个地方。[74]

荷兰人对台湾的测绘始于天启四年（1624）。他们入侵台湾之后，以安平与台南一带为据点，控制了台湾的产业与贸易，故对于海图的测绘甚为注意。1624 至 1625 年间所测绘的安平附近以及安平与澎湖间的海图已颇为准确。关于全岛地图的测绘工作，因基隆与淡水不久前为西班牙人侵占导致原住民的不断反抗，以及受到日本浪人滨田弥兵卫等的骚扰，一时未能顺利进行。直至 1641 年夏天，舵手西蒙·克劳斯（Simon Clos）环航全岛一周窥探沿海形势后，才完成了第一张有实用价值的台湾地图。1642 年荷兰驻台长官保卢斯·图拉奥第纽斯（Paulus Traudenius，？—1643）亲征东海岸的卑南时，似乎就利用过这张新制的地图。因为在巴达维亚城 [75]（今雅加达）1642 年 5 月 8

图 38
约翰尼斯·芬布恩斯
《马腊尼昂河》
1665 年

日的日志中，曾记载台湾长官派人携带此图向公司报告出征东海岸的经过。[76] 在阿姆斯特丹工作的水彩画家与制图家约翰尼斯·芬布恩斯（Johannes Vingboons，1616/1617—1670）曾于 1640 年完成过一幅台湾地图，题为《澎湖岛及台湾海岛图》，芬布恩斯擅长画具有透视感的海景图。在荷兰东印度公司的海外地图集里有不少这样的地图（图38），这个从事远洋贸易的机构很重视地图勘测：

> 为勘察北港（Packan）或台湾岛，我们于 3 月 5 日派出高级舵工雅各布·诺尔德劳斯（Jacob Noordeloos）统帅的辛坎（Sinckan）和帕坎（Packan）两条帆船，测出岛北端至北纬 25.1°，南端至北纬 20.5°。两船只有帕坎一船于 3 月 25 日返回大员[77]，另一条在岛北被风浪卷走（这正是我们所担忧的），再未能露出水面，船上 9 人全部遇难。兹有上述岛屿地图一张，由诺尔德劳斯亲自勘察而设计绘出。[78]

自 1624 至 1662 年，荷兰殖民者在台湾近 38 年的统治期间，对岛屿地图做过多次勘测，其绘制准确度也不断提高。尤其是 1642 年夏，西班牙人被逐出台湾北部，荷兰人随即进行台湾东北部的金矿探勘与地图的测绘。西班牙人撤离基隆港不出三个星期，荷兰的探险船便向东海岸进发。当时探险船所奉的命令主要是：船出基隆港后，要详细观察东北部的海岸，绘为地图；遇到港湾应即进入测量，并注意其地势。1644 年，又测绘台湾的西北部海岸；同年 9 月被派遣至基隆、淡水讨伐原住民的皮特·古斯（Pieter Goos，1616—1675）上尉，受命在完成任务后开通淡水到台南的道路，用武力使中途的

观测地点	利玛窦实测数据		今天测量数据	
北京	40°	111°	40°	116°
大同	40°	105°	40°	113°
南京	32°	110°	32°	119°
西安	36°	99°	34°	109°
广州	23°	106°	23°	113°
杭州	30°	113°	30°	120°
太原	37°	104°	38°	113°

图 39
利玛窦在华实测经纬度数据

原住民部落归顺，并将这一带所有的道路、村落及山川完全绘成地图。在安平方面，为完成这项测绘工作，曾增派测量人员协助。制成的新地图于 1645 年 1 月 16 日被送至巴达维亚。此后荷兰人所制的台湾地图，大致皆以此图为蓝本。[79] 17 世纪的荷兰人在绘制地图方面似乎有比其他民族更多的自觉性，抑或是作为世界制图中心所培育的一种敏感，尽管这这些地图是在经济利益[80]的驱使下而绘制的。

在耶稣会士入华后，利玛窦在华的勘测数据（图 39），尤其是纬度方面几乎与今日无异。这些资料与地图后来传入欧洲，修正了 16 世纪欧洲人对中国、东亚地图轮廓的模糊理解。卫匡国返回欧洲之后，与阿姆斯特丹的职业地图商布劳合作，绘出《中国新地图集》（ *Novus Atlas Sinensis* ），收入了布劳出版的《世界地图集系列》（ *Atlas Novus* ）第六册，这是 1655 年出版以后 80 年间中国地图的范本。[81] 图中台湾的位置与形状和中国海岸线的精准度都大大提高，卫匡国因参考了明代罗洪先的《广舆图》，故将中国区分为两京和十三布政使司。图上有经纬线，应是圆锥投影；有七种地图符号，包括山脉、河流、湖泊、沙漠、界线、长城及城市；河流、湖泊的位置大致无误，同时也注意到黄河夺淮河入海；台湾、澎湖群岛及东沙岛的位置相对正确。图上可见沙漠、长城，这些图示是《广舆图》特有的资料，（卫

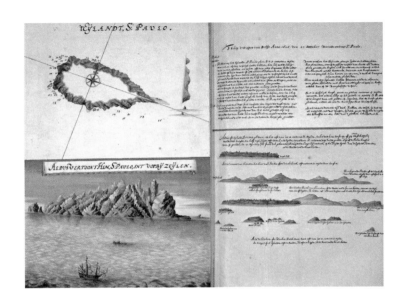

图 40
约翰尼斯·芬布恩斯
《圣保罗岛的描述》
17 世纪

匡国的地图）无疑是 17 世纪欧洲有关中国最佳的小比例尺地图。[82]
荷兰人在世界各地绘制海洋地图，形式很多样，既有文字描述，也
有详细的多角度地图绘法（图 40），这些地图多不为外界所知，但
可以看出它们具备很高的测绘水平。对台湾西部沿海及澎湖的测绘
已颇精确，唯东部海岸及恒春半岛部分与现实有差别。同样是海岛
图，有时只标出主要的轮廓，其他部分画得很简略（图 41）。在台
湾地图中最值得注意的是苏澳以南的金河（Rio Duero），目前尚
难判断葡萄牙人是否曾经登陆台湾，但葡萄牙人知晓台湾东北部产
金较荷兰人更早。[83] 中国人开始正式绘制台湾地图已是康熙五十三
年（1714）的事。此后的台湾地图为当时台湾兵备道夏献纶（字筱
涛，？—1879）命余宠测绘，部分参照王熊彪之图稿，完成于光绪
五年（1879），名曰《前后山总图》。此图之整个轮廓已较荷兰人
所绘图正确，只是经纬度颇有偏差，罗盘方向亦不符合。此外，图
中未列澎湖列岛，火烧岛之方位与形状皆误。[84] 究其原因还是中国
舆图的绘制传统与欧洲制图科学的测绘方法的差异问题，明亡后清
代处于这样一种状况：

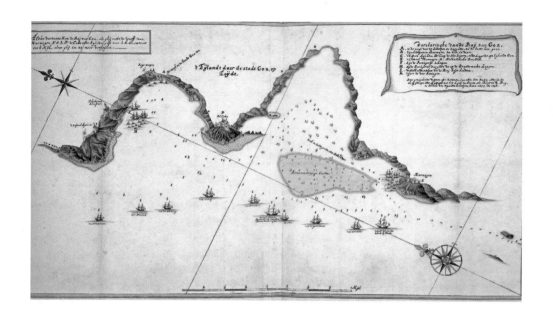

图 41
《果阿海岸图》
1657—1658 年
布劳－凡德尔·赫姆地图收藏

朝廷中央受外国地图学方法的影响，而地方上反对外国的影响一直持续到 19 世纪末叶。[85]

学者们指出，在 1584 年利玛窦的《世界地图》刊印之前，中国人对于在地图上画线以表示经纬的欧洲绘图传统并不太懂。他们更不清楚欧洲人以经线、纬线构筑的网格其实是以球状来设计的，而不是平面的棋盘格状。[86] 明代地图完全没有使用经纬坐标或任何类似的坐标体系，中国人复制的地图暴露出他们对利玛窦地图并不完全了解。比较正确的说法是，利玛窦的影响似乎是在欧洲，欧洲人所绘的地图对中国的表示比以前正确就是直接受到了利玛窦的影响。[87] 这方面的例子还有卫匡国等其他耶稣会士。具备完善测绘体系的欧洲制图界只要看到传教士们在中国绘出的地图，就把它们当作素材从而能够制作出更加准确的亚洲、中国地形地图。

利玛窦曾悉心研究过中国式舆图。利玛窦的网格图因为与罗洪先的地图集相似，所以中国读者很容易接受，相信它是一幅精心制作的地图。可能正是出于这个原因，一直试图在自己和中国人之间寻找沟通方式的利玛窦，认识到中国网格绘图的意义。毕竟，利玛窦知道，当其绘《坤舆万国全图》之时，罗洪先所作的地图是中国最好的地图。[88]

晚明时期的欧洲科学

晚明时期，欧洲的科学已发生了巨大变化。前文已述，科学测量早已进入制图者必须考虑的范畴，公元2世纪的托勒密的《地理学指南》一书共八卷。第一卷讲地图投影，并根据他自己对马里诺斯进行的实际天文观察数据做了几处修正；第二卷到第七卷是纬度和经度的表格；第八卷是根据地名词典制成的世界各部分的地图。[89]与此同时，普雷斯顿·詹姆斯认为，地理学科仍然吸引着那些掌握语言修辞和写作能力的人。制图技能和对位置的分析能力紧密相连，即使地图已经用计算机来绘制了，作为分析手段的地图应用，并没有失去其重要性。[90]制图学在西方的发展体现出科学的系统性，恩斯特·卡西尔（Ernst Cassirer，1874—1945）认为，就人类精神这些基本的理论活动而言，我们必须同意笛卡尔的话：

> 全部科学合在一起就是人类的智慧，这种智慧尽管能用于各种不同的科学，但始终是一个整体，不会因此被分化为不同的东西，正如太阳光不会由于照耀在不同的事物上就会被分化成不同的东西一样。[91]

在古代，地图绘制的过程始终不被大众知晓，无论是科学或艺术因素都会影响地图绘法。同时，没有一种科学是孤立地发展起来的，而是基于思想的普遍进步和其他科学的进步而发展的。但是，在地理学上，这种依附关系尤为显著，因为它的组成部分都必须依靠有关的科学系统。一切知识的巨大进步，即使是那些相去甚远的知识的进步，也都影响到地理学。此外，地理学的进步，也有利于其他各种科学的发展和对世界认识的增多；而且，若不是其他诸科学，尤其是关于历史和人类的诸科学时常还拘守着某种片面性，并且过少意识到它们的地理学基础，一定还能作出更多的事情。即便人类与宗教和道德的关系，随着关于大地知识的不断增进，也产生了变化。[92]欧洲 17 世纪地图测绘取得了惊人的成就，因此在当时波澜壮阔的科学浪潮中进行观察就很有必要。

首先，制图者的工作既是科学的活动又需要绘图的技巧，必须手脑并用。许多制图人员只是绘图，仅停留在手艺人的水平绝不能圆满地完成任务。一个好的制图学家必须受过地理学的教育，科学地掌握资料，并懂得他所要描述的地表形态和状况。从很多地形图、专门图以及一览图中，人们可以觉察到其绘图员缺乏对地貌的了解，例如带有宽阔高原的古陆山地经常被画成山脉一样。真正绘图员的工作主要是绘制地形图，因此，他必须在如何表现地形图中的地貌方面受过训练。但是，地图集和期刊也逐渐登载自然地理图和人类地理图，这就是为什么绘图员必须胜任这类地图工作，也必须深入地研究过地理学的整个领域。[93]在艺术领域，奥托·本内施（Otto Benesch，1896—1964）在其代表作《北方文艺复兴艺术》中指出：如果有人询问，16 世纪末的欧洲，当各种理性力量面临挑战时，我们知道能够满足文明世界的最根本需要的，既不是艺术与宗教，也不是诗歌和人文主义，而唯能够满足这一需要的只有科学。科学在 17 世纪的欧洲建立起它的统治地位……但它不是 16 世纪前半叶泛神论思想家建立的那种直观体系的科学，而是最富理性、体系最为严密的科学，即天文学、数学和人类学。[94]17 世纪伊始，诗人成了反对科学因果论和逻辑学的首要力量。随着科学"战胜"了宗教，可以看出当时的理性已经凌驾于艺术和灵感之上。诗人蒲柏（Alexander Pope）在 1728 年长诗《愚人志》中这样感叹科学的胜利：

> 徒劳，徒劳，
>
> 这曾经带来的一切时光，
>
> 如今毫无抵抗地坍塌，
>
> 文学艺术得听命于力量。
>
> 美狄亚来了，美狄亚来了，头上戴着王冠，身上配着长剑。
>
> 这原初的黑暗与混沌，

她使幻想的金色云朵萎缩失色，

令色彩变幻的想象虹霓消遁无形。

……

美狄亚她来了，发出神秘的力量，

各种艺术逐一消亡，

世界是漫漫的永夜。[95]

威廉·丹皮尔（William C. Dampier，1867—1952）在《科学史》中也说，在希腊人看来，哲学和科学是一个东西，中世纪时两者又和神学合为一体……拉丁语词 Scientia（Scire，学或知），就其最广泛的意义来说，是学问或知识的意思；但英语词"Science"却是 Natural Science（自然科学）的简称；而最接近的德语对应词 Wissenschaft 仍然包括一切有系统的学问，不但包括我们所谓的Science（科学），而且包括历史、哲学和语言学。所以在我们看来，科学可以说是表达自然现象各种概念之间关系的理性研究。而伟大的古希腊哲学家几乎全对地理学有所贡献。地理研究有两种基本传统：数学传统和文学传统。数学传统始于泰勒斯（Thales），包括希帕库斯（Hipparchus）（他创立了用经度和纬度来确定事物位置的理论）在内，而由托勒密集其大成；文学传统始于荷马，包括赫卡泰（第一个散文作者）在内，而由斯特拉波集其大成。[96]

我们非常清楚，艺术史上没有绝对的进步。在漫长的历史长河中，某种艺术的价值会增大或缩小。艺术天才会在传统形式逐渐衰亡的同时，不断创造出新的表现方式……[97]如果我们可以在荷兰画家维米尔的时代找出一些在科学上有成就者，那么就可以列出以下这些人物的名字：伽利略、开普勒、培根、莱布尼茨、笛卡尔、克里斯蒂安·惠更斯（Christiaan Huygens，1629—1695）、牛顿与列文虎克，等等。地图绘制在 17 世纪的荷兰达到了当时西方世界的最高水平，同时荷兰有很多一流的画家，例如伦勃朗、彼得·德·霍赫和哈尔斯等，但是却不能将维米尔笼统地和他们归为一类。艺术史家罗伯特·D.霍尔塔（Robert D. Huerta）在对维米尔进行长期研究后，把他定义为一位手持画笔的自然哲学家、智者和知识分子，这显然和通常对 17 世纪艺术家的定位不同。霍尔塔说道：（维米尔）生活在这个富于发现的时代，他具有理性概念，无疑意识到且受到新兴科学、哲学的影响，他的作品与列文虎克、惠更斯和伽利略的研究相同，从而证明了奥托·本内施的观点"在这个特定的时代，艺术与科学考虑具体事物的方式一致"[98]。而查尔斯·塞伊摩尔也认为：

探索与实验性的社会文化背景在 17 世纪的罗马、巴黎和英国普遍存在，这一风尚不仅在维米尔毕生作品的创作中闪烁光芒，而且在 17 世纪绘画和自然哲学更普遍的联系中放射异彩。[99]

雅克·巴尔赞在《从黎明到衰落：西方文化生活五百年》中表示：谈论 17 世纪的科学和科学家，这本身就犯了一个时间性的错误。当时的科学指的还不是某一类知识，而是已有的所有知识，当时有学问的人都能掌握其中的一大部分。主要研究自然的人被称为自然哲学家，他们在工作中使用的是"哲学工具"；数学家们通称为几何学家，因为几何学是当时最先进的数学的分支，在纸上做计算是一项较新的发明。科学家这个词是从 1840 年才开始出现的。这些区别很重要，因为它们证明现代人所说的科学不完全来源于哥白尼和伽利略的发现，也包括从中世纪开始出现的大量思想。天文学、炼金术和魔术都是严肃的行业……[100] 一个最典型的例子就是达·芬奇，他无所不包式的研究自然少不了地理学和地质学，在第四章中我们可以看到他手绘地图的实例。毫无疑问，在绘制地图方面他也是最优秀的绘者之一。

16 至 17 世纪，一部分科学家将目光投向广袤的宇宙，欧洲各地的占星术已不能满足他们对全新世界探索的要求。哥白尼在 1543 年发表了巨著《天体运行论》（*De Revolutionibus Orbium Coelestium*），第谷·布拉赫于 1598 年出版了《天体力学的复兴》。这种情形正如卢克莱修（Titus Lucretius Carus）在诗中所描述的那样：

派伊利亚遥远的仙境，

那里从来人迹不至；我乐于

来到那里的处女泉边吸饮清泉，

我乐于采摘这个地方的新的花朵，

为我自己编织一个光荣的王冠，

文艺女神还未曾从这个地方

采摘花朵编成花环加在一个凡人头上；

……

我们所发现的那个广大的虚空，

那任何事物皆存在其中的场所或空间，

它的整体是否是有限的，

抑或它是向各方面无限的展开，

毫无止境，深不可测。[101]

1632 年，伽利略发表了《关于托勒密和哥白尼两大世界体系的对 话 》（ *Dialogue Concerning the Two Chief Systems of the World, the Ptolemaic and Copernican* ）。在这之前，伽利略于 1609 年制造了一架荷兰式望远镜，并首先把它当作一种科学仪器。他利用望远镜获得的最重要发现是木星周围有四颗卫星围绕它转动。[102]

实际上，这份荣耀不仅被伽利略和意大利所获得。在整个欧洲，人们普遍认为 17 世纪经历并完成了一场非常根本的精神革命。近代科学是其根源又是其成果。这场革命可以（并且已经）用种种不同的方式加以描述。例如有些历史学家认为这场变革最明显的特征莫过于观念的世俗化，即追求目标由超验转为内在，关注对象由来生变为今生今世。[103] 正如哥白尼的理论和空间概念在阿尔特多费尔和勃鲁盖尔的绘画中得到了展示——这种空间概念使人类位于偏离宇宙中心的位置，并以此暗示宇宙的宏伟。[104] 在天文学领域，伽利略对月球和天体做了反复的观测，这是他人所不及的……他确信只有在理智和逻辑理性计算能力的支持下，视力和聚焦成像的能力才能提升。笛卡尔可能极少留下图绘之类的稿本，不过在他于 1656 年所绘制的地理学图谱——《地球发展的四个阶段》中，画面虽仅以点、线构成，但它们排列有序、富于装饰感，极好地表明了他关于地球演化的理论。这是经过一定手法训练后的结果，而非对绘画一无所知者所能具有的表现。

　　科学家的艺术能力和背景在他们的科学研究方面发挥了巨大的作用，著名的科学家都受过造型艺术的训练。例如，英国博物学家、发明家罗伯特·胡克（Robert Hooke，1635—1703）曾受过绘画的训练，他和插图画家以及雕刻家曾一起工作创作微观图像；科学巨擘、荷兰人克里斯蒂安·惠更斯系出名门，受过极其良好的教育[105]和深入的审美训练，教育的内容包括唱歌、弹鲁特琴和拉丁诗的写作……他喜欢画画和制作动力学模型[106]，在完美揭开土星神秘的面纱方面，运用了他的透视和素描知识；显微镜之父、维米尔的好友列文虎克曾请很多德尔夫特的艺术家来帮他破译奇妙和陌生的微观图像。自然主义和光学的遗产易于使得荷兰艺术家提出要求，即不仅接受微观图像作为一种真实的存在，而且能够更容易地把图像转译为素描表达，这样就可以被我们的心智所理解。[107]虽然笛卡尔曾说"真理更可能是由个人而不是由民族发现的"，但是在17世纪，科学的前进可能更多地依赖于合作。欧洲的国家中出现了一种新型的机构——科学社团：在一个相当短的时间内，为了促进实验科学这个特殊目的，一批有影响的机构在它们成员的合作下被组织起来。许多成员由此受到激励而进行他们自己的各种重要科学研究。这些科学社团中，最重要的有佛罗伦萨的西芒托学院、伦敦的皇家学会和巴黎的科学院。科学社团在那时形成并不是偶然的；它是那个时代精神的重要标志。正是这种精神促使弗朗西斯·培根在他的《新工具》的扉页上，刊载了一艘帆船无畏地扬帆穿越直布罗陀海峡——旧世界界线的照片。这是开拓者的黄金时代。人的精神长期受传统和权威的禁锢；人们对知识的渴求只能在权威认可的寥寥几本书里得到满足……事实上，这个时代的鲜明特点是绝大多数现代思想先驱都完全脱离了大学，或者只同大学保持松弛的联系。为了培育新的精神，使之能够发现自己，就必须有新的、本质上真正世俗的组织。[108]

　　16世纪后半期，受数学支配的空间思维方式在美术和科学领域逐渐流行……我们没有必要假定这两个领域有直接的互相影响。然而，这些重大问题和观念渗透在那个时代的精神之中，并且分别在艺术和科学中找到了它们的表现场所。[109] 近代科学的主要特征之一在于对科学仪器的使用，科学仪器已经从诸多方面对科学的发展提供了极其重要的帮助。

到 17 世纪末，科学已成为人们所广泛关注的普通事物。[110] 在维米尔那里，他所运用的暗盒、镜头、镜子以及他的透视制图和绘画技巧透显示了傅立叶（Joseph Fourier，1768—1830）式的综合方法。早在中世纪，荷兰研磨玻璃和宝石的技术就已非常出色。至 16 世纪末，（荷兰）眼镜透镜制造业已是一个十分健全的行业。可以想见维米尔获得暗盒所需的光学镜头和一些透镜设备并无难处，某些精良的光学仪器在品质方面甚至不输给今日的仪器。例如维米尔的挚友、显微学之父列文虎克磨制了大约 550 片透镜，最好的一个有 500 倍线性放大和一百万分之一米的分辨率……他说来访者在他店里见到的东西，与他自己通过精良透镜观察到的东西是无法相比的。[111] 克里斯蒂安·惠更斯在年轻时接受过笛卡尔[112] 的指教，对笛卡尔的《哲学原理》十分熟悉。

霍尔塔表示，维米尔继承了北方观察事物的方法，他的作品反映了深邃的哲学与科学观。皮埃尔·德卡尔格（Pierre Descargues，1925—2012）曾把维米尔的作品描述为象征着各种不同的分析性实验，并且把他的作画步骤比喻为荷兰水力工程师的工作方式，更为突出的是，对惠更斯而言，类似的技术被认为运用于发现土星光环。德国艺术史家威廉·莱因霍尔德·瓦伦丁奈尔（W. R. Valentiner，1880—1958）在他关于伦勃朗和斯宾诺莎的研究中亦描写了维米尔的艺术，认为它是才智和计算的结果，并使人回想起达·芬奇所作的科学研究。维米尔严谨的精神以及始终如一的探索使他隐身于其后所谓的"完善的系统"，即斯宾诺莎哲学概念中的数学公式之中。[113] 德国画家卢卡斯·克拉纳赫（Lucas Cranach，1472—1553）在其作品《圣哲罗姆的忏悔》中，运用了将具体的森林和山川河流作为小宇宙这一哲学概念，而维米尔是在司空见惯的风俗场景中表现出这一内涵，其作品意义就像本内施所描述的那样：

在哲学家和科学家看来"小宇宙"主要是指人类，他们集中反映了大宇宙所包容的万象万物。这一概念的另一层意义是大宇宙也被视为有机体。正如在风景画中，近景借助有机构造和大气背景结为一体那样，细小局部与整体不可分割地结合在一起。因此泛神论认为：上帝不仅存在于宇宙的无限之境，同时也存在于宇宙最细微的部分中；小宇宙反映大宇宙。[114]

在维米尔的《军官与微笑的少女》等多幅作品中，对器物、人物与地图上高光区域所进行的表现，即高光处扩散的光晕球，它的密集排列不禁使人联想到遍布苍穹的星辰。在这里，柏拉图在《蒂迈欧篇》所表达的大宇宙和小宇宙中似乎找到了它们的物质载体，维米尔的绘画无需太多真实的外在景观，只需在封闭的室内透过微微开启的彩色窗户，使冷静而深邃的光线抹去器物的物质属性。康德对这种宇宙的观照曾发出诗人一般的赞美：

宇宙以它的无比巨大、无限多样、无限美妙照亮了四面八方，使我们惊叹得说不出话来。如果说，这样的尽善尽美激发了我们的想象力，那么，当我们考虑到这样的宏伟巨大竟然来源于唯一具有永恒而完美的秩序的普遍规律时，我们就会从另一方面情不自禁地心旷神怡。[115]

一般认为新宇宙论的发展在 17 世纪起了重要的作用：古希腊和中世纪天文学的地心宇宙以及以人类为中心的宇宙，被近代天文学的日心宇宙以及后来的宇宙观所取代。不过在一些对精神变迁的社会含义感兴趣的历史学家看来，这一过程主要是人类思想从理论（Theoria）到实践（Praxis），从静观知识（Scientia Contemplativa）到行动和操作知识（Scientia Activa et Operativa）的转变，它把人从自然的沉思者变成了自然的拥有者和主宰者。[116]惊心动魄的科学之力呈现在维米尔的地图中，也反映在画里的天文学家、地理学家、天体仪以及象征心智的途径——明亮的窗户之中。正如幻想大师柯特·冯尼格特的描述：艺术将人类放在宇宙的中心位置，无论我们是否真的处在这样的位置上。[117]

与此同时，知识的传播途径也与传教活动巧妙地联系在一起。在中世纪前期，基督教的传教活动比别的任何活动都更多地把地理知识传播到北欧；这个时期的战争多半也夹杂着信仰热情。在东方，如印度和中国，宗教盛行得更早。西班牙人和葡萄牙人的军事进攻也总是有僧侣伴随，他们为传播基督教服务。耶稣会传教士从中国带回了第一批地图和地理文献。传教士们如利文斯通和其他许多人都参与了近代的非洲发现工作。[118] 16 世纪末到 18 世纪期间，来到明朝和清朝的耶稣会士实际上也是欧洲科学体系的组成部分：

耶稣会是组织极为严密的教团，耶稣会士不是质朴无知的乡民，而是欧洲 16 世纪最具学养的才智之士。面对宗教改革一方博学的人文主义者，耶稣会士依靠神学造诣和世俗学识，组成一道知识阵线，捍卫信仰，传播教义。不仅如此，耶稣会正式成立后不久，教育便成为修会的主要活动领域。[119]

尽管耶稣会士以坚持保守主义的科学理念而著称，但这并不影响他们在华所进行的地图测绘。甚至在利玛窦 1609 年 2 月 17 日写于北京的信札中，他依然请求罗马的阿尔威列兹神甫能够帮助他找到一些地图，这是迄今所保留的他人生中的最后一封书信：

我已多次写信，表示需要有一张铜镂蚀刻《古罗马地图》，以便展示给中国人。但我不知道他们是否寄出？因为你们已多年收不到我的来信，也许是找不到地方购买？因此我不得已向您张口，因为您已经为我们筹划到许多东西，请带我们向会方申请，如找到，直接寄至北京。地图到时，您想不到这对我们是多么有用。[120]

第一代耶稣会士来华后面临的问题是，怎样在这个陌生国家绘制地图？到国外的地理学旅行家如果找不到现成的地图，就必须自己画。[121] 李约瑟曾把中国地理著作分成八大类：一、人类地理学的研究；二、中国各地区的记述；三、外国记述；四、游记；五、关于中国河川的书籍；六、中国海岸的记述，对船长特别有用；七、小区地形（地方志），包括隶属于和受制于垣城、名山或某些城镇与宫室等；八、地理百科全书，对中国地名的起源与变化极为重视。[122]

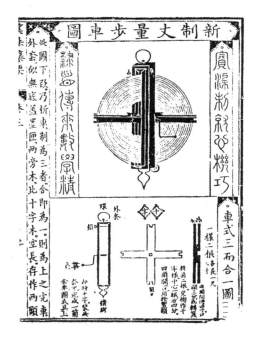

图 42
程大位
《算法纂要·丈量步车》
明代

从中可以看出，类似世界主要大洲、各国的地图不在中国地理的关注之列。

　　明代中国对测量和绘制地图的工具也有记载。历史上由于欧洲科学仪器的广泛介绍和使用，人们几乎不怎么了解明代测量仪器的形制。如明代的距离测量工具多以竹、木和绳索为主，这使测绘的准确性不那么可靠，从这些仪器中也可以看出西方与中国科学路径的不同。许多水利著作中都提到了一些工具，例如"丈杆"。清代麟庆所撰《河工器具图说》、清李世禄《修防琐志》等书中都载有《丈杆图》。关于丈杆的形制，《修防琐志》第一卷"器具"中载："以杉木为之。取细直者，尺寸务必画得准，侧边每尺画红圈，圈内注数目，杆头分上下，丈量时一目了然。书中还载有与丈杆配合使用的五尺杆。广然须如此式再做五尺杆一根，做法亦照此式。"用有尺寸标记的杆来测量距离是一种基本测距方法，明程大位的《算法统宗》中介绍过丈量步车（图 42），它的构造和工作原理与现代的丈量卷尺相同。这种步车是用竹篾制成软尺来度量长度。原书对测尺的记载是：

"择嫩竹，竹节平直者，接头处用铜丝扎住。篾上逐寸写字，每寸为二厘。二寸为四，三寸为六，四寸为八，不必厘字。五寸为一分，自一分至九分，俱用分字。五尺为一步。依次而增，至二十步以上，或四十步以下可止。篾上用明油油之，虽泥污可洗。"[123] 耶稣会士对明人的测绘工具作过考察，利玛窦说："这个国家只有少数几种测时的仪器，他们所有的这几种都是用水或火来进行测量的。用水的仪器，样子像个巨大的水罐。用火操作的仪器则是用香灰来测时，有点像仿制我们用以滤灰的可以翻转的炉格子。有几种仪器用轮子制成，用一种戽斗轮来操作，里面用沙代替水。但是所有这些都远不如我们的仪器完美，常常出错，测时不准确。至于日晷，他们知道它从赤道而得名，但还没学会怎样依照纬度的变化摆正日晷。"[124]

耶稣会士身兼多职，他们在明朝传教的使命促使他们成为科学、语言乃至艺术的多面手，以寻找最有效的传教路径。当一种方式会被中国人接受，哪怕这种可能性再微小也会被传教士重视，地图传播就是一个生动的例证。这些传教士是中西交流真正意义上的"开拓者"，他们不是来进行买卖交易，而是以已知的文化和科学模式来"熟悉"另一种文化与科学模式。一个简单的事实是，没有地理概念就没有对地理学的理解；而没有图像就不可能有概念。正如博尔丁所指出的，图像是我们解释一切认识的性质的中枢，科学知识也毫不例外。约翰·赖特也说："世界上积累起来的智慧中，有很多是这样获得的，即不是从科学研究的严格应用中，而是通过哲学家、预言家、政治家、艺术家和科学家的直觉图像或洞察。"[125] 地图在晚明中西交流时代已成为耶稣会士最主要的科学利器，他们以此深入涉及晚明社会、知识和官吏系统的关系网络。

第二部　交流

第三章　耶稣会对明代地图的策略

为了使中国人臣服在基督的足下，我们的表现就得像中国人。

——罗明坚

文化适应

中国疆域轮廓进入欧洲人的绘制范围，不是从晚明利玛窦绘图才开始，欧洲自 16 至 17 世纪时已经出现较多的中国地图。据说第一张由欧洲人印制的亚洲地图，出现在日耳曼制图家塞巴斯蒂安·缪斯特[1]（Sebastian Münster，1481—1552）于 1528 年编辑出版的拉丁文法学者盖乌斯·尤利斯·索里努斯（Gaius Julius Solinus）的一本著作中，索里努斯是活跃于 3 世纪的学者。

意大利籍耶稣会士卫匡国到达中国之时，正是风雨飘摇的崇祯十六年（1643）。[2] 此时距他的前辈利玛窦神甫去世已有 33 年，他历经明清两代，在华约 17 年，亦和利玛窦一样广泛参与明末中国的社会活动、地图绘制与学术研究。卫匡国，字济泰，意属罗耳首府特兰托人，师从吉尔切尔（现译阿塔纳斯·基歇尔，Athanasius Kircher，1601—1680）神甫专门肄习数学。[3] 作为另一位专门制作明代中国地图的传教士，卫匡国制图与利玛窦不同。利氏以奥特利乌斯的《地球大观》为蓝本向明人展示了世界原本的面貌——"天下之大"，但没有进一步介绍中国境内各省的详细资料，而卫匡国的《中国新地图集》（*Novus Atlas Sinensis*）则侧重于介绍明代中国各省之间的异同，它的详细程度是其他耶稣会士的地图不具备的：

> 卫匡国撰《中国新地图集》，包括 15 幅分省地图与全国、日本地图各 1 幅，共 17 幅。各图之后都有详细的说明文字，共 171 页，比地图多 10 倍以上，（文字）与图互配是中国地理志。[4]

纳唐·瓦絮代勒（Nathan Wachtel）指出：文化并不是抽象的实体，而是由一些适应地理环境并参与一个历史过程的人类群体所体现的。此外，文化接触并不总是展示同一社会的所有典型，西班牙耶稣会传教士、淘金者、皇家军官、加拿大法裔狩猎人或英美移民等，他们身上都带有他们所来自的那些社会的部分痕迹。[5]耶稣会士们在中国的传教实践，使他们意识到地图具有超越地图功能本身的文化亲和力。中国人的不信任或敌意可以在一幅幅世界地图前被有效地消解，科学图示对传教活动十分有利。

耶稣会具有活力的规则也是促使传教士在中国实践他们使命的保障。耶稣会不仅向文艺复兴开放，而且他们自己就是文艺复兴精神的宣扬者和鼓动者，他们之中产生了一批一流的科学家。由于选择文化精英作为他们传教的重要对象，所以耶稣会士定居在精神生活丰富的地方，如城市中心、大学等。年轻并组织十分严密的群体对外部世界往往更富有弹性，更加开放，耶稣会便是这样一个组织。[6]

就制图而言，先后来华的耶稣会士在地图制作的理念方面并不相同。例如卫匡国没有照搬利玛窦的《世界地图》模式，实际上他的制图环境完全不同。卫氏明代中国地图的绘制和出版在中国境外完成，地点恰好是处于地图制作技术顶峰时期的荷兰。这说明地图并不针对中国的知识分子和官吏阶层，而是欧洲读者。试图出版明代中国地图者不只卫氏一人，同为意大利籍的耶稣会士罗明坚规划过更精确的中国地图，但最终他的地图仅仅是手稿形式[7]，这些手稿更真实地表现出绘图过程的原始痕迹。波兰籍耶稣会士卜弥格

（Michael Boym，1612—1659）是在欧洲出版中国地图的又一人，他于南明弘光元年（1645）来华，1652年回到罗马，在华期间支持南明政权。在梵蒂冈图书馆有18幅由卜弥格绘制的中国不同地区的地图手稿，后来他的《中国全图》在1658年由法国制图家尼古拉斯·桑松（Nicolas Sanson，1600—1667）出版。[8] 由于受众的不同，地图在明朝境内和在欧洲制作的最后呈现方式有很大不同。利玛窦在肇庆、南昌、南京等地制图主要读者皆是明人，他极高的才智使地图本土化变得自然天成。对明人读图习惯和对中国舆图本身的详加考证是利玛窦的擅长之处，在第五章（水纹部分）我们将看到他的具体制图方法。

耶稣会的制图传统并非来自教廷的要求，或是耶稣会内部规定，而是出自耶稣会士科学训练的背景。梵蒂冈无疑是促使人们对中国产生兴趣的中心，有文献记载：

1648年，一位葡萄牙传教士塞巴斯蒂安·马里奎（Sebastian Manrique）在罗马出版了一本关于东南亚的书。两年之后，著名法国耶稣会士罗历山（Alexander de Rhodes，1591—1660）造访罗马并出版了现今越南地区传教的一份报告。教皇们对中国很感兴趣。1583年，教皇格里高利十三世邀请修士胡安·冈萨雷斯·门多萨收集所有关于中国的信息。两年之后，门多萨在罗马出版了《伟大中国的历史、礼仪与习俗》（Historia de las Cosas más Notables, Nitos y Costumbres del Gran Reyno de la China）一书。大量关于中国的信息则来自耶稣会士谢务禄（Alvaro Semedo），他于1641年在里斯本用葡萄牙语出版了《中华帝国》，次年在马德里出版西班牙语版本，随后是意大利语版（罗马，1642）、法语版（1645）和英语版（1655）。[9]

耶稣会也并非第一个进入中国境内的天主教修派。13世纪，教皇们尽其全力唤醒欧洲人去了解中国，但是马可·波罗的著名游记被轻蔑地看作是虚假的幻想。值得注意的是，曾经繁荣一时、由后来成为北京第一位大主教的若望·孟高维诺（John Monte Corvino，1247—1328）建立的方济会传教事业，随着1368年元朝的灭亡而消失。到此为止，正像欧洲所认为的，这里就像一片处女地。当17世纪方济会传教士随着耶稣会士的脚步来到中国时，他们根本不知道其他圣·方济的孩子们早在三个世纪之前就已经在这里传播福音了。[10] 在耶稣会士到达中国时，明人对欧洲的宗教背景毫不知晓，他们必须从头开始。

　　有一点是肯定的，任何让中国人接受外来思想的尝试都会困难重重，尤其当他们长期处在一个封闭的环境中时。裴化行神甫说："当第一批葡萄牙人，尤其是沙勿略抵达远东时，在中国这一封闭的世界里似乎没有什么方便能够让他们进入。没有栖身之地，没有行程中可以换马的地方。"[11] 传教士们最初进入中国的尝试均宣告失败，不仅是沙勿略，类似的例子还有不少：

　　1555年，葡萄牙耶稣会士巴瑞托（Melchior Barreto，1520—1571）试图进入广东，但失败了。1563年，有八位耶稣会士在澳门工作。这时的澳门有5 000居民，其中900名是葡萄牙人。1565年，他们的会长弗朗西斯科·派瑞斯（Francisco Peres）携带一份要求允许他们在中国开教的正式申请书，来到广东巡抚衙门。他受到非常有礼貌的接待，主人通情达理地劝告他学习中文，然后将他送回澳门。三年之后，西班牙籍耶稣会士里贝拉（Juan Ribeira），在孤立无援、未经批准和不精通语言的情况下，提出要在中国传教的申请。但是他招致的不仅是中国人的不高兴……他向总会长报告说："我做了所有能做的一切，力图进入这个大陆。但是我认为，我没有得到任何有价值的东西。"（在他所说的"所有能做的一切"中，显然不包括通过尊重中国的文化而接近中国这一项。）在同一封信中，他拥护和鼓吹使用武力，这一点对他来讲是不奇怪的。他说："让中国人改变信仰是没有希望的，除非是依靠武力，在军人的面前给他们指出这条道路。"[12]

　　与此同时，晚明所面临的国内和国际局势均不容乐观。当耶稣会士来华时，外国和本国异族对中国人的威胁不仅表现在心理影响方面，而且采取了实际行动。北方受到满族的严重威胁，1644年明朝就落入其手。东北（经朝鲜）则受到日本的威胁。东海岸诸城则受到倭寇的骚扰。南部则有来自欧洲的威胁：葡萄牙占据澳门（1552），西班牙占据马尼拉（1567），荷兰占据爪哇，后来又占据台湾（1626）。尽管北京从未受到直接攻击，但一些传教士（如耶稣会士桑切斯和里贝拉）都认为只有采取武力才能让中国接受基督教，在他们的支持下，（传教士）曾在澳门和马尼拉策划如何入侵中国。[13] 在1552年后的20多年间，传教士入华始终没有什么大的进展。[14]

耶稣会需要在传教策略上进行调整，因为向明朝政府表示进入中国只为传教的主张屡屡碰壁。不过，策略调整不全是耶稣会在16世纪的应景之举，因为利玛窦在《基督教远征中国记》中谈及宗教团体必须"依基督教的方式修正和适应"，其中有更古老的历史依据：

> 早在使徒时代就实践了适应的方法。所谓的耶路撒冷大公会议（《使徒行传》15:1—31）、保罗面对非犹太人的方法和在雅典的布道都运用"适应"这一方法。许多教父和早期护教士跟从并发展了它，他们从希腊哲学中借助于理智的论证为基督教教义作辩护和解释。[15]

梵蒂冈对基督教东传方面提出了指导意见。1658年，教皇亚历山大七世（Pope Alexander VII, 1599—1667）向东方各传教团颁布了一部重要法令：《论果阿及相邻岛屿基督信徒的精神》。根据这一文献，传教士必须具备充分的语言能力，能够用当地语言做好他们的传教工作。传教士在信仰方面必须胜过非基督徒，不过，不是通过武力或种种许诺，而是依赖于传扬天主的圣言。每次询问都必须考虑到慕道者的性情和他们的皈依动机。圣洗指导必须明确，从而使慕道者不至于混淆基督之律和非基督徒的习俗、真信仰和偶像崇拜。在指导过程中需要有极大的耐心，行为上必须文质彬彬；最好不用或极少使用体罚。[16] 在耶稣会整合所有可能的传教方式时，早期的三位耶稣会士——范礼安（Alessandro Valignano, 1539—1606）、罗明坚和利玛窦起了主要作用。

未能进入明朝的沙勿略实际上是第一个认识到为了达到目的必须去适应其他文化的耶稣会士，但由于缺乏经验[17]，他最终没有实现这一想法。范礼安和罗明坚已经开始关注在中国传教可能遇到的问题，范礼安是远东第二位著名的耶稣会士。他以整个东方观察员（或监会铎）的身份于 1574 年抵达日本。他伟大的历史贡献在于实现了沙勿略的夙愿，即找到适应于中国的传教方法，在中国开始了传教活动[18]：

> 范礼安认识到学习中文的重要性，他让罗明坚学习中文，用中文写第一本《要理问答》。此后，他又让利玛窦重写《要理问答》，要去参用更多的中国古代经典。[19]

这是十分关键的一步，意味着要从了解中国的文化开始，逐步摸索适合的方法。学者 J. 贝特雷（J. Bettray）将耶稣会士的"适应法"列举为六个方面：

> 外在的、语言学的、美学的、社会行为的、思想的和宗教的。[20]

J. 西比斯（J. Sebes）则认为耶稣会士的"适应法"包括四个方面：一、生活方式，包括语言、穿着、食物、饮食方式、旅行（模仿文人学士使用轿子）等。二、思想观念的翻译，使用儒家经典以及富有中国文化特色的东西，如俗语、民间故事、文学典故，其目的是表达基督教教义的某些方面。三、伦理，运用为中国人所熟知的西方道德思想，如友谊。利玛窦相信，基于共同的伦理基础即自然道德，沟通是可能的。传道者的正直和所传之道的可信性相一致。（西比斯有一个奇怪的看法，认为利玛窦最大的错误可能是：他自己及其同伴的高尚道德乃是基督教真理的见证。利氏的继承者不能跟从这样的高标准。）四、礼仪，在一定程度上，容许实践儒家文化中的各种仪式。利玛窦逝世后，这一点成了众人皆知的中国礼仪问题。中国耶稣会士的传教方法还有一些其他特征，其中包括：试错法；向高层人士传教；运用科学、技术、艺术和其他西方知识。[21] 上述所有适应中国的方法，耶稣会士都身体力行，服饰从一开始的僧服转为儒服、学会讲汉语、用中文写作著书、广泛结交晚明社会的高层人士、运用科技参与历法的修订、输入包括绘画在内的天主教艺术，其中还有一个主要方面，就是地图的绘制。

自晚明时期耶稣会士到达广东初始，在传教的同时参与绘制地图者计有罗明坚、利玛窦、卫匡国、艾儒略、卜弥格和毕方济，以及清初的南怀仁等。这些著名的传教士都深知地图是十分有效的传教武器。此外，天主教在适应策略上的调整，有效地保证了传教士们在各种复杂的环境中能够立于不败之地。例如神职人员应接受良好的训练，这是特伦托会议（旨在回应新教的挑战）达成的共识。（天主教）教士的愚昧无知，很容易成为新教攻击的把柄，被视为造成教会处境不利的主要因素之一。[22] 其实17世纪，文化适应表现在地图上的案例不只发生在中国，另一个突出的例子体现在秘鲁编年史家古阿芒·波马的作品中。约1600年，他画了一幅地图：

> 这张图的轮廓颇似西班牙地图，既有经度又有纬度；但实际上波马是按两根对角线来画的，恰好画出了旧时印加帝国的疆域：钦查苏尤在西部、安地苏尤在北部、科拉苏尤在东部、康地苏尤在南部，两根对角线的交叉处是库斯科，因为在印加帝国时代，库斯科标志着宇宙的中心。按照一个有限的数字或逻辑对立的原则（如双重或四等划分、位置高低、文化和自然的概念等）。波马在再现世界时，反映了同样的心态结构，建立了宇宙系统，使包含在这一系统中的基本模式具有双重性质。但在从部分结构（印第安世界）向普遍结构（宇宙世界）的过渡中还有一系列逆反现象，这既是西班牙征服，也是原有系统的内部逻辑所造成的。[23]

波马提出了另一种进程，这一进程与整合类型相对应：当地的思想系统吸收了西方元素，在做了一系列调整后保持原来的结构。实际上，虽然波马写作时用的是西班牙文（即使不那么准确），而且明确宣扬着基督教的信仰，他还是通过那些支配印加帝国组织的时空范畴来继续认识殖民世界。[24] 欧洲系统的海外传教策略，使明末清初入华的耶稣会士带来了大量的欧洲科学文化。这种目不暇接的西洋景无疑给晚明社会带来不同程度的震荡。一般而言，关于文化适应的研究，大都涉及一些力量不平等的社会，即一种是占统治地位而另一种是处于被统治的地位。因而文化适应这个概念从殖民时代起，就保留着两个补充特征：一个是内在的，即存在文化的异质多重性；另一个特征是外在的，即一种文化对另一种文化的统治。[25] 晚明中国的情况要复杂一些，实质上，即使是耶稣会在中国最鼎盛的时期，欧洲文化在中国也远达不到可以"统治"的程度。相反，传教士们始终具有一种不可预测的危机感，他们如履薄冰、小心翼翼地以科技知识接纳那些有可能皈依基督信仰的中国精英。17 世纪的历史天平已经倾斜，晚明国祚渐衰，这个庞大帝国生活在自己封闭的幻象之中太久，对欧洲富于生气的科学发现已无力解读了：

（在 14 世纪时）地图和航海图不是西方的专利，中国、日本和鄂图曼帝国在这个时期的政府都已有这样的工具。1450 年前后，大多数的欧洲政府，在收集资讯的服务方面尚比中国和鄂图曼帝国落后。但是 1600 年以后，欧洲的若干政府却领先于亚洲。[26]

最大的问题在于，一个人的知识和他的生活环境有很大关系。譬如，1518 年第一个把哥伦布的发现告诉俄国人的，是在意大利住过几年的修士马克西姆·格瑞克（Maxim Grek）。早在 1513 年，土耳其海军将官皮里·瑞斯（Piri Reis）所绘的地图上已经有了美洲（瑞斯从一名西班牙俘房处拿到哥伦布在第三次出航时绘的地图副本，根据这个副本绘出其地图）。[27] 明代的知识阶层无论多么有造就，传教士所带来的欧洲科学和地图都不涵盖在他们的知识体系内。明人所面临的困难不仅是知识的不对等，还有中国社会到明代时也未建立起一个被彼得·伯克称之为"知识首都"型的城市核心。这样的城市核心在搜集政治、时事和经济贸易的信息方面十分有效，同时还是一个知识集合体，使社会整体能够分享最新的地理发现和科学研究。例如教廷在 17 世纪就发挥出它的优势，甚至比一般的国家都更高效：

首先，梵蒂冈是天主教世界的总部。日本、衣索比亚（埃塞俄比亚）及欧洲其他各国的大使都来到这个中心。教皇派驻外地的大使，他们定期的报告也寄到这里。其次，罗马是道明会、方济会，以及耶稣会等传教修道会的总部所在，其中最重要的是来自世界各地的耶稣会士和大学要向罗马修道会长作定期的报告或寄"年简"。17 世纪的教廷传信部是另一个获取传教地区消息的中心。[28]

罗马也是学术资讯的中心，其驰名欧洲的著名教育机构包括智慧大学（La Sapienza）、罗马学院（Collegio Romano）以及为训练外国学生及传教士而创办的日耳曼学院、英国学院、马隆乃学院和爱尔兰学院。罗马城也是林采和乌默瑞斯提（Umoristi）等学院的所在地，是古物专家福尔维奥·奥尔西尼（Fulvio Orsini，1529—1600）、艺术品鉴定家卡西阿诺·波佐（Cassiano del Pozzo，1588—1657）和博学者基歇尔等组成的非正式的学术圈之所在，它吸引了来自法国、西班牙、日耳曼各地的学者。[29]此外，各个城市的公共图书馆也十分重要，在传播知识方面可以使普通人受益。巴黎市的居民比较幸运，到 17 世纪后期，巴黎的图书馆数量甚至已超过了罗马。12 世纪的圣维克多图书馆（Saint-Victor）于 1500 年前后已完成图书编目，并于 17 世纪正式对民众开放。维也纳的帝国图书馆（Hofbibliothek）在 1600 年已拥有一万册左右的藏书，1680 年有八万册，在 18 世纪早期被重建，十分宏伟，且不久后便开放，供公众使用。[30]众所周知，中国古代社会几乎没有公共图书馆，只有私人藏书楼，皇家与文人士大夫的藏书基本不对外开放。公共图书馆在 20 世纪开始建立，光绪三十三年（1907）两江总督端方于在江苏创立了江南图书馆。在欧洲社会和城市文化体系中，耶稣会士也是知识圈的组成部分，他们在亚洲传教的过程就体现出这种知识传播系统的巨大优势，即普通人也可以获得超越其阶层的东西。耶稣会士主要针对明朝社会的中上阶层，正是这个阶层才对新鲜知识保持着敏锐的嗅觉和旺盛的兴趣，尽管他们也处于那个虽然封闭但自身系统发达的知识链内。

耶稣会士初至中国的主要传教活动，是由南至北在当时的城市中心展开的，开始是在肇庆，遇到了地图迷王泮，一个最先主导了耶稣会士利用地图在华传教的官员；接着是南昌、南京和北京等地（图 43），传教士在这些城市遇见了晚明社会的统治者、各级官吏、著名学者和当时有趣的有名与无名人物。耶稣会的适应策略需要在中国构建一个类似欧洲社会的知识系统，耶稣会士无疑是最先试水者，

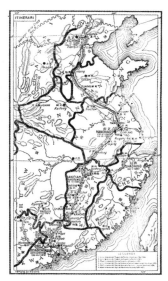

图 43
《利玛窦行迹图》

从《利玛窦行迹图》中可以清楚看到这样的考虑。华南是欧洲人最早到达和人数最多之地，江南一带人文荟萃，北京则是帝国权力的中心。他们希望中国的城市可以像欧洲城市一样发挥类似作用：

> 这个吸收（知识）的过程大致是在城市的环境中发生。有人说城市是思考的中心，由不同区域而来，关于不同课题的地方资讯在城市转化为地图、统计数字等形式的一般知识。古代的亚历山大港是早期的例子，像地理学家埃拉托色尼这样的学者，在其著名的图书馆中把从各地来的资讯转化为一般知识。[31]

近代早期的城市也同样可成为思考、批评和综合的中心。这时期的地图集清楚显示出综合的情形，如墨卡托在安特卫普、荷曼在汉堡、让·巴蒂斯特·唐维勒（Jean Baptiste d'Anville，法国地理学家和地图学家）在巴黎所绘的地图集。制图家唐维勒的若干文稿流传至今，说明他在综合的时候，援引了像商人和外交官等旅客口头或文字报告。[32] 遗憾的是，中国城市不具有上述的职能，没有职业制图者的结果是，地图的更新十分缓慢；作为地学知识的传播方式，学者们可获得的地图和前几个朝代的绘法、样式与理解没有本质区别。以至于利玛窦描述当中国人第一次看到欧洲的世界地图时，发现他们的帝国并不在地图的中央而在最东的边缘，不禁有点迷惑不解。[33] 而他也发现这与中国人的知识获取来源有关：

> 在这个国家，以文为业的人们从小到老都要埋头学习他们的这些符号（汉字），毫无疑问这种钻研要花去大量的时间，那本来是可以用来获得更有用的知识。[34]

一个国家如何看待地图，是个关键问题。长期不理朝政的万历帝觉得那些世界地图很新奇，也很悦目，便打算给皇子们也制作一些作为装饰，仅此而已。倒是远离京城的知府、巡抚一级的地方官吏很关注地图，即使他们中很多人可能都无法真正意识到地图具有的巨大力量（王泮是个例外）。相比于中国，从古至今的欧洲君主和执政者都非常清楚地图的功效：

> 恺撒（Julius Caesar，公元前100—前44）曾计划对帝国进行全

面测量，就如他的历法改革一样。这也许是亚历山大学派的主意，到头来这一计划的执行落到了奥古斯都的肩上。测量最后由奥古斯都的女婿阿格里帕监督实施，历经近 30 年。阿格里帕基于这一地图写了注释，其描述意大利、希腊和埃及的省份都相当精确。这次测量之所以成为可能，是因为帝国当时已经有很多具有里程碑意义的道路，并且有技艺熟练的土地测量者进行定时巡查。他们的工作由各省长官的报告汇总起来到总部便可利用。利用这些大量的材料，一幅巨大的罗马地图绘制出来了，同时还兴建了一幢建筑以专门展示这幅地图。这也许就是后来战略测量的基础，皮尤廷厄地图就是一个幸存的副本。[35]

1560 年，西班牙国王菲利普二世曾鼓励绘制伊比利亚半岛的地图。在法国，黎塞留枢机主教是当时实际的统治者，他委托人画了一幅尺幅有 30 张纸大的法国地图，这幅地图于 1643 年画成。1679 年，路易十四采纳柯伯特的建议，下令绘制一幅更准确的法国地图（由于画起来很费事，这幅地图到 1744 年才画成，这时路易十四已崩逝了 30 年）。路易十四朝末期的乌特勒支会议结束了西班牙王位继承战争，在会议上大家画出地图以确保日后对会议的决定没有争议……1504 年，葡萄牙国王曼纽尔（Manuel）禁止绘制地图者画出超越刚果以外的西非海岸，并规定已有的地图必须送检。因为 1561 年，法国驻葡萄牙大使受命贿赂一名葡萄牙制图人，以便取得一张南非的地图。意大利一位住在巴西的耶稣会士安东尼尔（Antonil，化名）发表的有关巴西经济的论著《巴西的文化与丰饶》（*Culture and Opulence of Brazil*）1711 年被查禁，显然是葡国政府害怕外国人得知前往巴西金库的路线。[36] 城市同样也是最新的科技和仪器交流的场所，对仪器日益增长的爱好约在一个世纪内传遍西欧其他地区。在 16 世纪的最后 25 年里，英格兰、法国、意大利、低地国家与德国一样，都已拥有大批的学者和工匠。促使仪器制造技术从一个地方传播到另一个地方的因素很有意思。例如奥格斯堡能跻身到与纽伦堡相提并论的地位，部分原因是丹麦天文学家第谷·布拉赫定购了大批专业的仪器，因而向奥格斯堡仪器工场注入了大笔资金。随着仪器制造从学者向工匠的传播，仪器使用也旋即出现了类似的传播。同样，这种传播的动力部分来自于印刷书籍。印刷书籍不仅阐明了仪器的设计方法，同时还介绍了这些仪器的使用方法。更为重要的是社会变革的影响，它引起的土地重新分配产生了测量土地的需求；还有军事技术上的影响，它强调生产出更为精密的武器；最后是大规模航海探险的影响，它对航海方式和航海仪器产生了日益增长的浓厚兴趣。[37]

近代早期的海上强国如葡萄牙、西班牙、荷兰、法国和英国，都依靠信息的收集。葡萄牙帝国需要获得前往东印度群岛和非洲的路线信息。因此，葡萄牙和西班牙都任命皇家寰宇志学家，希望这些专家提供有关天文学、地理学以及航海的信息。信息的记录往往是以航海图的形式，并且贮存在里斯本的几内亚商号和印度商号以及塞维尔的商会。例如，16 世纪初期非洲和印度的货栈总管华斯康赛罗（Jorge de Vasconcelos）也主管航海图。当驾驶员和船长离开葡萄牙时便发给他们使用，他们回来时再缴回。[38] 所有这一切，都是在一个资讯十分自由流通的社会中进行。显然，晚明社会中任何一个城市都不具有欧洲已经规模化的知识流通和分享的基础，这是耶稣会士来华后的现实情况。

彼得·M. J. 海斯（Peter M. J. Hess）与保罗·L. 阿兰（Paul L. Allen）两位学者表示："在现代世界，天主教与科学之间的关系源于复杂的知识生态圈。它们相互纵横关联，深深地植根于多元的西方传统土壤。没有一个简单方法能够描述基督教在不同历史时期的信仰，在不同的地理环境下，通过改变政治、经济和社会情况触及对自然世界的研究。"[39] 以晚明观之，地图并不是耶稣会士入华后的优先选项，语言和礼仪在传教之初发挥了主要作用：

罗明坚首先设立了几条为后来者所遵循的基本原则，其中最要紧的便是努力学习中国语言和文化，以期最大程度地迎合中国礼仪习俗，与精英阶层建立联系。罗明坚或许可算是第一位研习汉语的欧洲人。利玛窦到达澳门之前，罗氏已获得了一些初步成果。葡萄牙人被允许一年两次溯珠江而上，至广州开市贸易，罗明坚随之同行。尽管商人晚间只能蜷宿舟中，罗明坚还是成功地结交了几位中国官员，三棱镜、钟表、天球仪等礼物自然派上了用场。传教事业初期，已出现西人擅长数学（天文）的传闻。[40]

关于西人擅长科学的猜想具有意义，同时也是在服饰礼仪方面未取得预期的效果后[41]，就更加凸显了科学的力量。试错法在刚刚接触明人和明代社会时很有效，毕竟传教几乎没什么先例，也没有经验教训可以借鉴，一切都是新的实验。那么耶稣会士为何在中国绘制地图，是出于个人还是耶稣会的要求？学者洪煨莲认为：欧洲的16世纪是探险航行的世纪，是新大陆发现和地理学勃兴的世纪，是新地图屡出而屡变的世纪。利氏生于1552年，受过高等教育，又出海远行，越重洋而至当时地理学家所欲知而未能周知的中国，他虑心养志、超世绝俗，时代风气所熏陶，个人经验所适合自能使他到处留心地理，"喜闻各方风俗，与其名胜"。后来他曾说："且予自大西洋浮海入中国至昼夜平线，已见南北二极皆在平地，略无高低。道转而南，过大浪山，已见南极出地三十六度。"在他未到澳门前的四年，已注意到航海测量，可见他是带着地理癖东来的。[42]此外，对欧洲世界整体而言，耶稣会士的开拓行为也符合瓦伦·赫斯汀斯（Warren Hastings，1732—1818）的名言："任何知识的积累都有利于国家，与我们所统治民族社交沟通所取得的知识，尤其有利于国家。"[43]

万历十二年（1584）在肇庆的一次实验揭开了欧洲地图进入明人视野的序幕。利玛窦谈到他在1584年绘制的《世界地图》为改善传教团的处境起到了关键作用[44]：

利氏拿了一幅他从澳门带来的新佛兰德斯《世界地图》给来访的人看，试验他们的反应如何。这幅地图上有欧洲、北美的东西海岸，南美的全部，非洲、印度、印度尼西亚、日本的轮廓；中国从广东的海岸一直到西北，和马可·波罗描述的一样。这幅地图的主要特点之一是假设中国的南部大洲，占了地图下面四分之一的地方，这一洲的两处向北突出的部分，被靠近马来亚群岛的深湾分开。跑来的中国客人看了大惑不解，有人以为这张地图是一幅特别的图画，另外的人以为是道教的符箓，等利玛窦告诉他们这是地图以后，他们绝对不相信他的话。有一个官员叫人回家去取一幅地图来。取来以后，就把那张图展放在桌上，这幅图的名称没有错：《天下图》（可参考第二章之罗洪先《广舆图》和《王泮题识舆地图朝鲜摹绘增补本》），可是全幅只有十五道的地方。中国像一只布谷鸟，把所有别的国家全从这个巢里赶走了。右首朝鲜和日本倒也挤了进去；底下和金边在一条在线，画着婆罗洲、苏门答腊和爪哇等岛屿；西方是天竺，上面是沙漠；顶上写着喀拉科陇。西北角上有一段传说，提到东方有九夷，南方有八蛮，西方有六戎，北方有五狄。所有的外国国家，加在一起，比中国一个小的省份还要小。看了这幅地图，使人感到中国的疆域，奇大无比，四面八方都无远弗届，东方半圆的海岸为海洋环绕，北方是沙漠地带，西方有崇山为垒。利玛窦注意到山的高度是注出了的，中国人以为地是四方的，照这种想法，他们用直线在地图上分成了许多部分。[45]

肇庆知府王泮本是对地图有极大兴趣之人，他对利玛窦带来的欧洲地图持赞同态度，提议用中文出版该图并主动出资刊印。挂在客厅墙上的《世界地图》引起了人们的好奇。通过回答参观者的提问，利玛窦得以讲解欧洲的情形，同时介绍一些基本的天文知识（甚或天主教教义）。此外，制造日晷和天球仪的技艺也很快为他带来近乎"托勒密第二"的名声。[46]

由于利玛窦的地理学知识是丁先生（即克里斯托弗·克拉维乌斯[47]，Christopher Clavius，1538—1612）教授的，他有奥特利乌斯和墨卡托的学问。利氏在航海和在印度的时候，已经观望地理形势，以便修订他随身带着的地图，把它尽量补充完备。他仔细地以正弦曲线投影法画出了一张简单而又相当完备的《山海舆地全图》，用东经170°本初子午线把中国移到中央，白色表示陆地，黑点表示海。这幅地图有经纬线、赤道、子午线，所有的国家名字都写着中文，中国的官员看来觉得很有道理，承认地图虽然把世界扩大了，但和他们所知道的并无不吻合之处。[48] 利玛窦在华初刻的这幅地图早佚失，以上描述从章潢《图书编》中的摹本可观利氏早期地图的面貌，此外，这幅地图还涉及利氏制图风格的转变问题（见第五章）。

应王泮之邀制作中文版世界地图，是获得官方和知识界肯定的第一步。从中可以看出利氏"仔细"制图的想法：新图的比例比原图大，从而留有更多的地方去写比西方文字更大的汉字。还加上了新的注释，那更符合中国人的理解，也更适合于作者的意图。当描叙各国不同的宗教仪式时，他趁机加进有关中国人迄今尚不知道的基督教神迹。他希望在短时期内用这种方法把基督教的名声传遍整个中国。[49] 利玛窦地图的原型之一——奥特利乌斯的《地球大观》是大开本的地图集，但依然是书籍的装帧形式。由于考虑到中国文人的诗书题跋习惯，利氏将地图的尺寸放大了许多，到后来他的地图就演变成类似在阿姆斯特丹出版的那种壁挂式大幅地图。

此后，自万历二十三年六月到万历三十六年间，利玛窦在南昌、南京和北京时，通过地图这个十分有效的媒介，与庞大的明朝上层社会保持了十分密切和持久的联系。可以说在肇庆的地图初试已经使利玛窦明确意识到地图具有的巨大福祉：

> 这种地图被印刷了一次又一次，流传到中国各地，为我们赢得了极大的荣誉。[50]

与利氏的《世界地图》有关系的中国人，首先是从万历皇帝开始，利玛窦和庞迪我神甫到宫里时，他们发现历算院掌院（按：为钦天监监正）由于一道圣旨而有点不安。皇帝下令用丝织成 12 幅世界地图，安放在 6 对大屏风内。这幅地图是利玛窦神甫的作品，由李我存（即李之藻，1571—1630）长官在不久之前刊印的。掌院被告知要向利玛窦神甫索取这些地图，因为他的名字作为绘制者出现在原图上。他只是最近才送了一幅地图给太监们，当他们把它呈给皇帝时，皇帝非常喜欢它，所以要给他的儿子们每人一张，还有其他住在宫里的亲属们，好让他们把地图作为欣赏的装饰品，挂在墙上。[51] 在利氏的札记中，仅有此一处记载了神宗皇帝与耶稣会士地图之间的故事，遗憾的是除此以外再无详述。如果是这样，可以肯定耶稣会士的地图是被当作艺术品在宫内展示的，万历帝倘若对世界其他地域感兴趣的话，也许会召见传教士来作说明。虽然自隆庆后，海禁一度开放，到万历中期，甚至明朝的一些官员也出海经商[52]，但国家的最高管理者早就无心于此，已懈怠朝政很久了，神甫们的想法也就成空，但好在他们的顾虑也不会发生：

> 直到这时候，神甫们始终因一种想象中的担心而克制自己，不肯把他们的地图献一份给朝廷。他们害怕廷臣们会认为自己对于中华帝国版图辽阔的想法受到轻视。也是直到这时候，中国人声称并且相信，中国的国土包罗整个的世界。神甫们的担心是错误的，因为皇帝本人按照他一贯的英明判断，并不认为揭示真相会使他的国家受到任何轻蔑……神甫们希望，可能到时候皇帝或他的某一个继承人在观看地图和阅读上面的解说时，会有意询问一下基督教的信仰。[53]

地图起到的真正影响是在宫城之外。皇族中南昌的建安王朱多㸅见过耶稣会士带来的地图。"所献诸物中，王所最喜者，为二书，皆以日本硬纸依西式装订，甚美观。一书为世界图志，其中有欧罗巴，利未亚，亚细亚，南、北亚墨利加，墨瓦腊尼加各州分图，而附画九天，四行，及其他历算之物，此中国前此所未见者也。而皆以中文释之。"[54]除前述肇庆知府王泮，利氏地图在诸多京城和地方官员中颇具影响，从图44可以扼要地看到地图在耶稣会士人际交流中起到的关键作用。还是在南昌，万历二十四年（1596）十一月十三日利氏致罗马总会长克劳迪奥·阿奎维瓦（Claudio Acquaviva，1543—1615）的书信中提到：

> 另一天，我赠送给南昌知府王佐两架石制日晷，他以重银回赠我，并希望我能给他制造其他具有智慧性的器物，因此我正着手绘一幅世界地图，上附有许多注释说明，目前尚未竣工。许多智慧高之人前来观后，无不殷望赶快印刷出来，这在中国将大受欢迎。多年前（1584）我曾绘一幅世界地图，只因注释不够详细，尤其印刷时我不

在跟前（由知府王泮在其府中刻板），因此不如这一幅受更多的人喜爱。这些工作及其他类似的科学工作，我们获得中国人的信任与尊重，希望天主尽快为我们打开一条出路，就是在这些科学的工作上，我们也尽快把天主的要理与教会的规律渗入其中。[55]

王佐（？—1622），宁波府鄞县人，累官至工部尚书；万历十一年，登进士，授工部营缮主事；万历二十一年，授南昌府知府、后升江西副使。利氏为王佐绘制的《世界地图》至今已下落不明，也不知其面貌如何。据信札中的描述，这幅地图应该没有像肇庆地图一样印数较多，而更像是给予王佐的私人馈赠。耶稣会士在南昌的影响不仅涉及政要，他们还与学术界建立了联系。利玛窦在南昌受到高人雅士敬重的最大原因，在于他同书院（白鹿洞书院）院长章潢结为知交。[56]一个众所周知的结果就是章潢在《图书编》中保存了利氏早期地图的大致面貌：

利玛窦在南昌编绘的世界地图，无论是刻本还是绘本，现在都已失传，但有一种世界地图的摹本保存在章潢的著作《图书编》中，这是目前能见到最早的利玛窦世界地图摹本之一。[57]

此后，耶稣会士往来于南京、北京各地传教，与地图有关的主

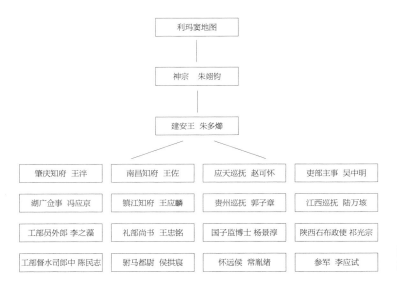

图44
利玛窦地图与晚明皇族、官员关系图

要人物有赵可怀、王应麟、吴中明、冯应京、李之藻、郭子章等人，他们都是万历朝的中高级官员，也是明史中的重要人物。还有一些人，例如杨景淳、祁光宗、陈民志、侯拱宸、常胤绪和李应试等都在传教士的地图里留下了题记。在晚明学术圈中，摹刻耶稣会士的地图的中国学者也不少（见第五章）。至少在利玛窦的传教经历中，以地图为适应中国的策略已起到了积极作用。

李之藻的情况与王泮有些类似，他们在接触传教士地图前就对舆地学颇为关注。李之藻年轻时绘过十五省舆图，详述中国地理。1606 年，任职工部期间，受命前往山东监修水利（打井浚泉、开挖运河、更立闸堰）。据利玛窦记载，1601 年李之藻在北京见到《山海舆地全图》时大为惊叹。1608 年，《畸人十篇》付梓，李之藻作序，倡言他对利氏之态度如何由疑惑转为敬佩不已。显然，利玛窦传授的科学知识起了关键作用。一旦了解到地球说这类新知，李之藻即在公干之暇钻研科学。他的第一项工作就是扩大比例尺重刊《世界地图》，此图（《坤舆万国全图》）附有更为丰富的注释，解说天文地理。世界地图实际上也是重要的传道工具。[58]

罗明坚也绘过中国地图——《罗明坚中国地图集》（*Atlante della Cina di Michele Ruggieri*），但他的地图没有对明代社会造成影响，甚至被遗忘了很久（1987 年被发现），其中的一个原因是地图绘在他返回欧洲之后，所以无法像利玛窦绘制的地图一样被广泛传播。罗氏地图多为手稿形式，所绘皆是中国各省图：

……是一部 37 页的地图集，其中的 27 幅地图详细呈现和描述了中国十五省的自然和行政地理，包括府、州和县的说明以及军事力量（卫、所）的分布。首次向西方读者详尽展示了中国的地理情况，该作品一直以手稿形式保存着。[59]

罗明坚对 15 个省份都进行了介绍，从该省的农业生产、粮食产量、矿产，到河流及其流向、各省间的距离、各省边界、方位、皇家成员居住的地点诸如茶叶等特殊作物、学校和医科大学以及宗教方面的情况。[60]

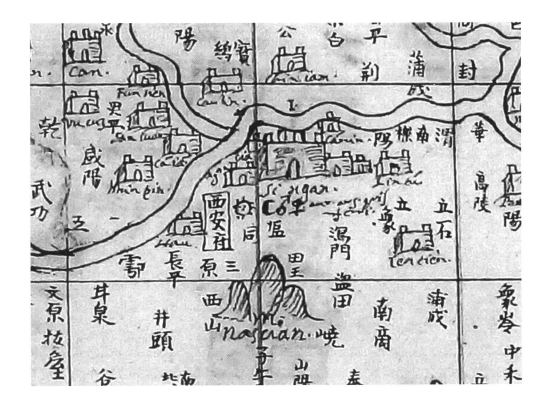

图 45
《罗明坚中国地图集·陕西省》局部

　　这部地图集的独特之处在于，罗明坚未采用欧洲制图学惯用的近代地图投影方法，而是像《广舆图》那样，采用中国传统的"计里画方"的方法。在对中国的介绍上，罗明坚体现了西方人的观点，不是首先从北京或南京这两个帝国的首都和中心开始，而是从南方沿海省份逐步展开。当时的欧洲人更关心的是与他们贸易相关的中国南部省份。[61]地图集中有几幅汉字标注地名之图，例如陕西省局部（图 45）。将罗洪先的《广舆图·陕西省》（图 46）和罗明坚地图中的陕西省作比较，可以发现它们的绘法存在某些近似之处。罗明坚为何没有采用欧洲人所擅长的地图投影画法不得而知，也可能是各分省内小范围的大比例尺地图、地面曲率不足以影响到地图的绘制或是观看。罗洪先《广舆图》的模式主导了这部给欧洲人看的中

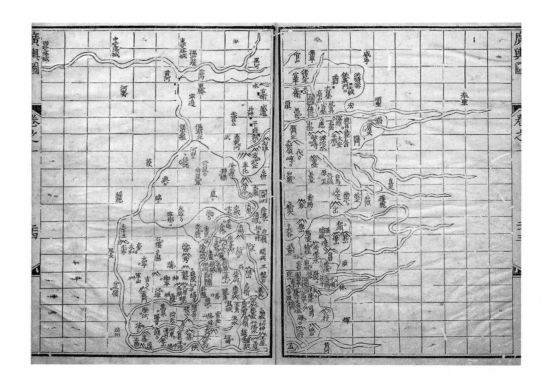

图 46
罗洪先
《广舆图·陕西省》
1579 年
国家图书馆藏

国地图集。由于范礼安将罗明坚派回罗马，万历十六年（1588）11 月20 日罗明坚启程回去后就再没有来到中国。罗氏未能目睹后辈利玛窦运用地图在明中国所取得的惊人成就，"适应"策略对利氏而言应有更深的体会：

1588 年罗明坚被派往罗马。利玛窦在北京奋斗了十余年，试图影响皇上。利氏最后认识到，官方使团在中国是需要的。皇府不是由皇上直接管理，而是通过一个由宦官和文官组成的巨大官僚机构运行。此外，中国人不熟悉西方外交思想：他们宁愿进贡而不喜欢契约。一旦认识到中国人喜欢通过沉默的容忍而不是采取法律行动表达一致看法时，利玛窦就放弃了使官方承认基督教的念头。[62]

卫匡国的中国地图与罗明坚的相仿，他没有打算在中国出版并用以结交官员学者，也只绘明朝的各省图而没有世界全图。卫匡国的《中国新地图集》由于在阿姆斯特丹的布劳地图公司制作出版而声名远扬。他们的地图集还包括各地地理、物产、风俗和民族状况的描述，这也是与利玛窦地图的不同之处。利氏自从在肇庆绘制的世界地图被高度认可后，后来的制图形式变化很小，只有例如增加文人官员们的题跋、刻绘水平的提高等变化。他没有去作中国各省地图：一方面在繁重的教务和社会交往重负下，他很可能有心无力；另一方面，鉴于世界地图已取得士大夫阶层的一致青睐，也就无需再耗费时力，毕竟传教是第一位的。

明人对西来地图的着迷也可能存在着这样一种潜在因素，正如学者们所描述的：介绍西学被认为提高了利玛窦和同伴们的声望，表明西方文化的优越性，并因此也表明传教士们所主张的宗教教义具有优越性。[63] 利玛窦并非唯一想与上层社会结交并传教的耶稣会士，例如 1642 年，耶稣会士乔瓦尼·玛丽亚·莱里亚（Giovanni Maria Leria）曾沿着这一艰难崎岖的路线前往老挝首都，沿途饱尝千辛万苦。抵达万象后，他便向国王苏里亚旺萨建议修建一些堤坝以促进河上贸易[64]，采取的也是类似举措。

地图，在以利玛窦为代表的耶稣会士笔下，印证了西方在将"当地原始"社会整合为一种渐进图景的同时，自身也以某种方式接受着"文化适应"。具有文明模式的欧洲高踞在等级系统的最高层，这一观念在启蒙时代哲学崛起后获得了蓬勃发展，其残余现今还在影响着我们。当代世界的深刻变动、欧洲霸权地位的终结和非殖民化运动都使这一图景遭到破灭，确切地说，今天西方已经意识到了文化和历史时间的相关性，正通过另一种危机承受着一次新形式的文化适应。[65]

儒士、精英与图像演绎

万历十年（1582）七月二十日利玛窦从印度的果阿抵达澳门。

与其他传教士不同的是，利氏对传教沿途之地理状况悉心留意，自云"喜闻各方风俗与其名胜"。在漂洋过海之时曾写下"且予自大西洋浮海入中国"[66]之语，此时他可能无法设想来到明朝后的景象，对地理勘测的热衷和早年在罗马学院对数学、几何的学习似乎预示了他来华之后的重要使命。时隔18年后，即万历二十八年（1600）十二月二十四日，明神宗收到了来自意大利的礼物。在《上大明皇帝贡献土物奏》中，利氏自述谨以原携本国土物，所有天帝图像一幅，天帝母图像两幅……《万国舆图》一册，西琴一张等物进奉明皇室。

来自教皇国（Civitas Ecclesiae，罗马教皇752—1870年统治的世俗领地，已不存在）马塞拉塔城（Macerata）的耶稣会士利玛窦深谙图像的力量，懂得视觉图像会比文本的影响来得更直接有效。其实耶稣会士在他们的诸多著述之中也秉承这一宗旨，他们极重视图像的绘制。无论是从欧洲带至中国或是在明境内刻板印刷的天主教书籍、科学图籍和诗文集都考虑到图文并茂，地理书籍几乎都要辅以地图：如1667年基歇尔的《附图中国志》（China Monumentis Illustrata）、1662年卫匡国编纂的《中国新地图集》、艾儒略（J. Aleni）的《玫瑰十五端图像》、汤若望的《远镜说》（Sur les tubes optiques）、卜弥格的《中国植物》（Flaora Sinensis）和南怀仁的《进呈铸炮术》（Traité en Chinois sur la Fonte des Canons et Leut usage）以及雷孝思（Jean Baptiste Régis）的地理图籍《皇朝舆地总图》和《根据西藏地图所作的地理历史观察》（Observation Géographiques et Historiques sur la Carte du Tibet）[67]，等等。有一点尚需说明的是，耶稣会士们身兼多重技能的主要原因在于，17世纪的天主教不仅进行宗教实践，还倡导整合世界观，从而带来了今天所说的"科学"：天文学、数学、医学、植物学和制图学。[68]自文艺复兴以来，教会中始终不乏具有多重技能的传教士。他们16至17世纪来到明朝后，传播科学仪器和书籍图像，确实影响了中国历史的某些进程，但只是在一定范围内，传教本身在明末引起的社会波澜使这种交流更加引人注目。

欧洲与中国学术的规模化交流出现在晚明时期。凭借博学、西洋贡品和对科学的熟识，16 世纪末至 17 世纪初，耶稣会士们在中国逐步形成了一个纵横交错的人际网。晚明知识阶层抑或普通的读书人对帝国之外的世界充满好奇，耶稣会士的出现使遍布各地的儒士、官员、皇室成员乃至神宗本人——这些不同的坐标产生了关联，他们逐渐有了各式各样的联系：交往、矛盾甚至对抗。实际上，晚明中西交流仅作用于明帝国中有限的人群，交流在明显不同规模的群体间展开，然而这个重要群体中有限的精英却能够为今日的观察提供便利。[69]

耶稣会士所面临的最大困难，也是最突出的挑战在于他们来到了中国——一个文明高度发展之地。如耶稣会士一样的传道团体在很多国家都以办学校而闻名，但在中国他们遇到了一个高质量、根基稳固的教育体系……在中国不是传教士们引进了印刷，因为印刷系统此前已经被广泛使用了。由于这种相似性，欧洲人和中国人可以在某种水平上进行沟通。[70] 尽管此时明朝内部已危机四伏，但似乎仍不失大国风度，因为他们有效地在自己的领地上接待外国人，通过文化强制的策略迫使传教士适应（明朝）本土化。[71] 正是缘于这种情势，耶稣会士们遇到了比其他东亚国家更复杂的环境。这一切都要求他们的传教策略符合中国人的文化要求和社会习俗。礼仪之争的指责使耶稣会士经常面临一种小心翼翼的选择，而不会招致罗马教廷的不满，但在科学与艺术方面，他们有从容选择的自由。在来华后的岁月中，与官吏和儒士学者们的交往更加验证了这样的路径如何有效和深入人心。

自万历二十八年（1600）始，来华耶稣会士对明朝社会的影响逐渐开始显露，并在明末清初不断地渗透和发展。在华耶稣会士通过聚焦数学、天文、地理学等科学调和了欧洲与中国知识之间的差异。欧洲领先的科技理论逐渐进入到晚明中国，使知识阶层看到迥然不同的东西。此时的科学图像具有多重功用，作为这类视觉艺术的受众，明代中国的儒士阶层对西来图像反响强烈，他们对欧洲的宗教科学图像有多元的解读方式，并增添了其所不曾有的中国文化含义。

卡尔·曼海姆认为：不同的精英团体试图创造出文化理想并采取许多不同的形式。他强调："教士曾是中世纪占支配地位的文人群体，具有严密的组织和特殊的学问。"[72] 相同的情况也发生在中国，知识群体主要集中在由科举获得特定身份的士大夫阶层。这是中国封建历史中一个乐观的情况，因为这并不是一个世袭的、排外的集团，而是通过公开的竞争考试便可进入其中的。一项对 1600 至 1900 年间"士"的统计分析表明，大约有百分之三十进入统治阶层的人来自普通家庭，即来自精英以下的社会阶层。[73] 精英阶层的多元化有助于他们对社会文化、科学与艺术产生广泛的兴趣。

耶稣会士来华之后携带的各式书籍图册、科学仪器都成为当时知识阶层炙手可热之物。作为儒家文化体系的传承者，中国的文人，特别是贵族阶层中最优秀的群体，凭借学术修养、宗族礼法知识和文学艺术创造活动，维护着自身作为文化精英的地位。[74] 从儒家的角度来看西来的精英模式，即欧洲科学与文化以及它们的精英传播者和传播的载体——图像，都与自身的科学、宗教与图像之间不断发生接触和对抗，自万历二十八年到明末的 40 余年间，此种状况始终存在。明廷朝野的精英群体：高级官吏、士大夫阶层都不同程度地了解甚至介入了耶稣会精英文化的扩张，东林党争中两派在对待这一问题时也表现出明显不同的态度，并成为相互角逐与倾轧的阵地之一。

回顾历史，基督教曾有三次传入中国：第一次为公元 7 世纪唐太宗时的"景教"，约两百年后就消失了；第二次是 13 世纪的元朝，当时除了景教随蒙古人重新进入中国本土外，尚有从欧洲来的天主教方济会传教士，蒙古人统称这两派基督教为"也里可温"；第三次即 16 世纪末，明朝万历时期，耶稣会士又纷至沓来，他们的活动约为两百年。[75] 而对中国社会造成深刻影响的时期是 16 世纪末。历数明朝前几次基督教来华，方济会传教士和景教士一样，到中国以后，在历史上自成一章。方济会传教士的来华，是有文字记载以来传教史上最伟大的史诗之一。13 世纪，因为蒙古人威胁基督教在欧洲的生存，教皇与欧洲国王乃纷纷派遣传教士和使者穿越亚洲到大可汗宫廷中来联络[76]：

最早前来中华的，是两位方济会传教士，柏朗嘉宾和罗伯鲁。这两人都是欧洲的开路先锋，并把中国的消息带回去。在他们之后是马可·波罗。在此同时，在相反的方向，有两个来自汗八里（北京）的景教隐士到了耶路撒冷和欧洲朝圣。他们两人的出现，引起了欧洲莫大的好奇心。在这些初步接触之后，"圣教"在中国有一段欣欣向荣的日子，孟高维诺被任命为汗八里总主教。在中国各地，传教区也纷纷设立起来。然而，好景不长，中国的圣教会很快便又衰微了。[77]

尽管教廷不仅一再任命主教东来，更曾一批又一批地派出传教士，但是他们一到东方，就如石沉大海，踪迹杳然了。1371 年，有一批会士随同威廉·伯拉笃（William di Prato）出发，他们也不知去向。[78] 明代以前的传教士来中国，未能如愿以偿实现其传教愿望，是因为这些传教士们无法融入中华文化，以至于 16 世纪末，在中国再也找不到任何"圣教"的痕迹，甚至连记忆也不复保存。科鲁马·C. 埃尔韦斯（Columa C. Elwes）认为，由于中国与罗马两地相距太远，教廷方面无法当机立断。失败的原因似乎是没有把就地自立自主的大权给予赴华传教的主教。再者，旅程艰险异常，很多传教士远未能抵达他们的目的地。即使在葡萄牙扩张的时代，旅程的艰险仍然是传教的一大困难。不过，传教不利的最大原因，可能还是皈依率过低，尤其是中国人皈依的不多。传教士寄回来的信件中，很少提到当地的中国人，也没有提起中国人特有的问题，例如敬祖、家族关系和他们对天主的观念等。在那个时候，（在华）教会似乎只是一个在中国的"外国教会"，一个为暂居的欧洲人、为随着蒙古征服者而来的外国佣兵，特别是阿兰人[79] 设立的教会。[80] 如果不能有效地消除文化上的隔阂，壁垒也将无法消除，晚明耶稣会士来中国之前的教派显然未能完成这个任务。天启三年（1623），《大秦景教流行中国碑》的出土使来到中国不久的传教士们备感振奋：

耶稣会神甫们于 1583 年抵达中国，1601 年开始在北京定居，他们深知一个事实：对一切事物，尤其是思想，只要能证明它是历史悠久的，能证明它是本地所产的，一概能获得中国人的尊敬。因此对这些传教士而言，有一件事很令他们抱憾，他们不能对他们的新教友或有心奉教者指出某一圣教碑石、某一圣堂或塑像、书本或寺院在以往的年代即已属于圣教，从而对他们证明儒释道并不是唯一有史可稽的三教。中国人有一种顺理成章的势利方式，他们认为，一种经得起时间考验的生活方式才值得审慎地加以研究，基督教不仅是外国来的，甚至可说标新立异。[81]

初至明朝的耶稣会士所面临的困难十分巨大，并非仅靠古代石碑就可以打开传教局面。而耶稣会士也并非是那时来到东亚传教的唯一教派，另外三个修会，即奥斯定会（1565）、方济会（1579）和道明会（1587）也定居在马尼拉（而耶稣会士于1581年抵达菲律宾首府），目的是进入中国。在沙勿略逝世和罗明坚与利玛窦抵达中国之间的30年间，好几个传教团体都试图进入中国。至少有25名耶稣会士、22名方济会士、2名奥斯定会士和1名道明会士试图定居中国但都未成功。失败的主要原因在于他们缺少语言和思想方面的准备。1565年，一位中国人直截了当地告诉耶稣会士贝雷士（Perez）神甫："先学我们的语言，再来教导你们的宗教。"[82] 这样的事情已发生不止一次了。

明代的视觉材料是如何形成、如何被大规模生产及利用的？事实上，它们是产生了社会、文化和政治的意义，而非只是表现了这些意义……如果这些意义的确存在并在明代社会发生过微妙互动的话，就可以将目光转向晚明历史中的一个角落：耶稣会士们自万历二十八年（1600）以来，带来的那些被称为"图像"的各种西来艺术和科学的视觉材料。

耶稣会士的科学图像，对晚明个体知识分子所起到的作用恐怕要超过对社会整体的影响。除几个较为活跃的官员学者外，知识精英们大多散居于不同地区，未在整体上取得学术上的共识，甚至不知道还有其他具有相同兴趣的学者，这些中国学者对传教士带来的科技的理解无法构成一股足以影响社会的力量。耶稣会士们本身不是制图家，也从未试图将自己的身份转变为制图家，而是借用当时已充分发展的西方各类科技与学识来叩开明代中国精英——"士"阶层心中的壁垒。

具体而言，耶稣会士精英文化的启蒙方法和手段囊括当时欧洲学术所有的重要方面，以天学、地学、数学、物理和军事等诸多方面为主：

耶稣会士尽管不是第一批与中国建立学术联系的天主教组织，但他们把自己独特的、亚里士多德式的自然研究纳入到了把宗教和"专门的学问"（Scientia）统一起来的"西学"范畴中，他们与中国同伴把这些研究翻译为"格物致知"。[83]

耶稣会士来华带来了一些绘画作品，他们实际上最期望展示的图像是圣像画。不过在 400 余年后的今天，除去几幅地图和几本书籍外，上述画作踪迹难觅。《上大明皇帝贡献土物奏》之中列在礼单首位的即是天帝图像一幅、天母图像两幅：

两幅圣母像，一尺半高；一幅天主像较小一些。其中一幅圣母像是从罗马寄来的古画，它仿效圣路加所画圣母抱耶稣像。另外两幅为当时人所画，万历皇帝和太后瞻仰后将其锁入内府。[84]

目睹过圣像画之人还包括与教士们关系密切的官员，例如艾儒略《利先生行迹》中记述，利氏见应天巡抚赵可怀时就出示过天主像。另载："徐光启在万历三十一年（1603）秋，复至石城（南京），因与利子有旧，往访，不遇。入堂宇，觐圣母像一。"[85]圣母像究竟为哪位罗马画家所作似无可考，然而可从一位著名旁观者的描述中获得印象。万历时国子监祭酒、吏部左侍郎兼翰林院侍读学士顾起元（1565—1628）在其著作《客座赘语》中谈到：

所画天主，乃一小儿；一如人抱之，曰天母。画以铜版为（通帧），而涂五彩于上，其貌如生。身与臂手，俨然隐起上，脸之凹凸处正视与生人不殊。人问画何以致此？答曰"中国画但画阳不画阴，故看之人面躯正平，无凹凸相。吾国画兼阴与阳写之，故面有高下，而手臂皆轮圆耳。凡人之面正迎阳，则皆明而白；若侧立则向明一

图 47
《西字奇迹》中的拉丁拼音
《程氏墨苑》

边者白，其不向明一边者眼耳鼻口凹处，皆有暗相。吾国之写像解此法用之，故能使画像与生人亡异也"。[86]

姜绍书的《无声诗史》、徐光启的《徐文定公行实》中也记述了观看圣像画的感受。使晚明文人感触很深的是，西洋画具有写实和逼真的绘法。据德裔美国汉学家贝特霍尔德·劳费尔（Berthold Laufer，1874—1934）记述，宣统三年（1911），时任芝加哥菲尔特人类学博物馆主任的他曾发现：

在西安见圣母抱耶稣像一帧，圣母似西方妇女，耶稣俨然中国儿童也，画署唐寅作，当系伪托。顾其画与罗马圣母殿卜吉士小堂现存圣像极似。考教宗（教皇）庇护五世，曾以此像之仿作五帧赠玻尔日亚（Fr. de Borgia），玻氏为利玛窦同时人，且同会修道，或曾转赠利氏一二帧，则西安圣母像之由该像临摹而来，似颇可信。[87]

更有人决定将《圣经》人物和故事刊刻入集，就是著名的程大约与他的《程氏墨苑》。程大约字幼博，又名君房，生卒年均不详，约神宗万历十年前后在世。制墨家，被誉为李廷珪后第一人。他与利氏于万历三十三年（1605）在京结识。《程氏墨苑》的制作团队成员非等闲之辈，君房邀请当时著名画家丁云鹏、吴廷羽绘图，刻板圣手黄鏻、黄应泰等镌，辑刻成书。而所收录的四幅圣经西画就更有来历了：利玛窦应君房之邀在《程氏墨苑》中辑录若干西方美术与书法手迹。次年，利氏的四幅画连同拉丁拼音（图 47）注释一同出现在程大约精美的集子里。[88]被称为《西字奇迹》的中文与拉丁拼音的对照除梵蒂冈图书馆藏本外，恰巧也出现在《程氏墨苑》之中。利氏将汉语拉丁化的研究成果反过来，用拉丁化汉语的形式向中国士大夫推广，宗旨仍在传教[89]：

利玛窦尝以宗教画四幅赠大约，并题拉丁字注音其上，合所附短文，得三百八十七字，为字父（声母）二十六、字母（韵母）四十三、次音四、声调符号五。题明季之欧化美术及罗马字注音，注音法既出，国人颇惊新奇，乃有错综摹绘，颠倒排置，以夸耀于人者，亦以见受人注意之深。[90]

圣像画伴以拉丁拼音的音韵学方式，使明人可获得文本、听觉与视觉的三重感受，引起明知识精英阶层的广泛关注不足为奇。天启六年（1625）在《西字奇迹》刊行20年后，利玛窦同会士金尼阁（Nicolas Trigault，1577—1629，字四表，法兰西人，耶稣会士及汉学家）亦撰《西儒耳目资》，"国人欢迎甚，张问达、王徵、韩云、张緟芳皆为之序……方以智之《通雅》、（卷五十）亦有《切韵声原》一编，述及金尼阁及《西儒耳目资》者凡四次，可窥其深研拉丁切音之迹。王徵自序《远西奇器图说录最》曰：得金四表先生为余指授西文字母字符二十五号，刻有《西儒耳目资》一书，亦略知其音响乎"[91]。凡此记述在明人著作中屡见不鲜，及至清初百年仍不绝，杨选杞之《声韵同然集》、刘献廷之《刘氏家藏墨苑序》和全祖望之《鲒埼亭》等著作中均有述录，足见明清文人对欧洲文字之关注。

《程氏墨苑》之中圣像画的来历则更为复杂。画像共四帧，计为：《信而步海，疑而即沉》《二徒闻实，即舍空虚》《淫色秽气，自速天火》《圣母怀抱耶稣像》（图48）。据贝特霍尔德·劳费尔的研究表明，在《信而步海，疑而即沉》的下方，可以看到如下记载：原始作者为马汀努斯·德·沃斯（Martinus de Vos，1532—1603）；铜版刻图者为安东尼斯·威尔克斯（Antonius Wierx，1555—1624）和埃杜阿尔杜斯·奥布·霍斯温克（Eduardus ob Hoeswinkel，生卒不详）。沃斯为佛兰芒画家，生于安特卫普，油画与素描作品众多，尤以600多幅铜版画闻名于世。威尔克斯是当时著名的刻手，他的多产令人不可思议。霍斯温克为安特卫普的艺术商和出版商。[92]不过，劳费尔与方豪看法不同，方豪认为：《淫色秽气，自速天火》作者非上述几位，而是来自乌特勒支的艺术家德·帕斯（De Paas，1560—1637），他是活跃在科隆、阿姆斯特丹、乌特勒支、巴黎和伦敦之间多产的铜版画家。第四幅画据伯希和考证《圣母怀抱耶稣像》下方所附的拉丁文，被断为万历二十五年（1597）日本画院出品，并考修士尼格劳（F. T. Nicolas）1592年至日本，服务于长崎耶稣会士所设画院，故认系尼格劳所作。[93]

图48
《西字奇迹》中圣母怀抱耶稣像
《程氏墨苑》

作为集汉化策略之大成者的利玛窦十分重视与程大约的此次出版合作，在圣像画的本土化方面再次显示出他的过人之处，其中缘由是复杂的，以《信而步海，疑而即沉》为例：

　　在不脱离《圣经》原意的情况下，利氏自由地按照自己的想法编撰了这段故事，因为当时《圣经》尚未翻译至中国。利氏谢绝了翻译《圣经》这一重任，理由是压力之大且必须事先征得教皇的同意。但君房希望他提供一则由图片构成的故事，并且用汉语来说明，利氏根据自己的了解对故事进行了改编，尽量使之迎合中国人的道德观和宿命论。[94]

　　据信，《信而步海，疑而即沉》之插图来源于杰罗姆·纳达尔（Jerome Nadal，1507—1580）的《福音故事图像》（*Evangelicae Historiae Imagines*）。利氏十分喜爱此书，始终带在身边，他在万历三十三年（1605）五月写给耶稣会会长阿奎维瓦的助手阿尔瓦雷斯的信札中表示：从某种意义上说，这本书的使用价值远比《圣经》还大，在交谈中让中国人直观地看到事物，比单纯的语言有说服力。[95]第二幅画出自该书第44幅图，利氏原本想将这幅描绘彼得故事的图画送给程大约，但不巧的是在程大约拜访他时，此书早已借与了葡萄牙籍的阳玛诺神甫。于是，利氏决定以在北京寓所的21幅木版画图册代之。可能是考虑到中国人的读图习惯，画面做了如下的调整：

　　将《马太福音》原文中耶稣踏着海浪的情节改为耶稣站在海岸边，将抓住彼得的手改为朝彼得伸出手，还有刻图者威尔克斯在原图中清楚展现的耶稣手脚上的钉眼、一名罗马士兵用长矛刺在耶稣身体右侧的伤口，等等，都被很快地修复了。当图注与插图吻合之后，它们就会被程大约制成售价昂贵的水墨画，卖给有钱的文人墨客，或会被印在其他书籍中。[96]

　　《程氏墨苑》的制作汇聚了丁云鹏和沃斯、黄鳞与威尔克斯等明代和欧洲著名的画家及刻手，雕版木刻与欧洲铜版画分享了《圣经》主题的描绘，开西洋圣像画在明朝翻刻行世之先河。观其画法，前三幅多以点线结合的方式，圣像人物与作为背景的风景符合西方绘画的透视法则，人物比例适中。如上所言，《信而步海，疑而即沉》中的耶稣像去除了受难时身体创伤之痕迹，显得伟岸与睿智，左手持十字形杖而非人们通常以为的牧羊人的曲柄杖。利氏的配图文字以中文与拉丁拼音对照书写，描述简练有力：

> 伯多禄（彼得）一日在船，恍惚见天主立海涯，则曰："倘是天主，使我步海不沉。"天主使之。行时望猛风发波浪，其心便疑而渐沉。天主援其手曰："少信者何以疑乎？笃信道之人踵弱水如坚石，其复疑，水复本性焉。勇君子行天命，火莫燃，刃莫刺，水莫溺，风浪何惧乎！"[97]

后来以此类图像著述者更为可观，计有：明耶稣会司铎著述多种，如艾儒略的《出像经解》，毕方济有《画答》单印本及《睡画二答》合印本，工部员外郎、光禄寺少卿李之藻为《睡画二答》作引。方豪评道：画像虽为教会仪式之要具，而宣传之力尤宏，故明清之际来华教士携画颇多，并不时向欧洲求索。[98]正如崇祯时南京工部主事、山阴人王思任（1574—1646）作《程氏墨苑》序曰："古人左图右书，未以书废图也。"同为《程氏墨苑》作序的顾起元对西洋图像的来由还做了追踪报道：

> （利氏）后其徒罗儒望者来南都，其人慧黠不如利玛窦，而所挟器画之类亦相埒。[99]

《程氏墨苑》序跋中可见当时诸多社会名流、各部官员、文人墨客和耶稣会士的品评。如吏部右侍郎兼东阁大学士申时行、累官至南京礼部尚书的画家董其昌、中书舍人潘纬、礼部左侍郎翁正春、礼部侍郎郭正域、书法家薛明益、教育家涂宗睿、翰林院修撰兼学者和藏书家焦竑、书法家兼少詹事兼侍读学士黄辉、学者兼按察使曹学佺，等等。如此人文荟萃、中西合璧见诸于程君房制墨之版画图籍，蔚为大观！其精美尤见于万历三十三年歙县程氏滋兰堂所刻的彩印本：

> 施彩者近五十幅，多半为四色无色印者，此书各彩图皆以颜色涂于刻版上，然后印出，虽一版而具数色，五彩缤纷，文采绚丽，

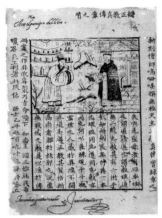

图 49
中国刻工雕印
《辩正教真传实录》插图
1593 年
西班牙国家图书馆藏

夺人目睛。[100]

与《程氏墨苑》四幅作品有异的是晚明天主教圣像画，万历二十一年（1593）中国天主教徒胡安·德·维拉（Juan de Vera，卒于 1603 年，原来的汉名已不可考）木刻雕印的中文版《辩正教真传实录》（图 49）在马尼拉出版，这部书的作者是道明会传教士高母羡（Juan Cobo，？—1592）。方豪在西班牙马德里图书馆亦发现中文本，全书 62 页配有精美插图。[101]维拉被称为菲律宾早期著名的刻工，实为华人。有关他本人的资料极少。不过他的雕版木刻中的《圣经》人物图像却和利氏图稿与《程氏墨苑》中的形象迥异，图中圣徒面容更似中国儒士，却无欧洲人形象的特征。画面左侧人物身着明儒士服装，头戴冠冕，呈作揖行礼状，身边有些简单的树木花草作为点缀，此人应是信徒。右侧为着黑色披肩之教士，手持《圣经》似宣讲教义。地面刻画了稍具透视感的格状地砖，背景建筑物类似古希腊围柱式神庙结构，其中三角楣饰与多立克柱式清晰可见，这些描绘可能旨在强调教士的西来身份。尽管不清楚维拉是参照何种圣像画版本翻刻，但确定无疑的是它具有更多的中国气息，亦无拉丁拼音为辅，刻板采用上图下文，边栏之外亦刻字，它的读者应主要是华人背景的教众。

晚明时期，欧洲制图学、制图家及画家三者之间的关系体现出科学与艺术结合的具体方式。耶稣会士们所掌握的欧洲的科学、艺术手段在中国都经历过一个实验阶段，以发现哪一种方法更有助于传教，其中圣像画的例子不可不提。柯毅霖（Gianni Criveller）描述："1620 年以前，中国基督教艺术的创作只限于很有限的一些尝试。16 世纪晚期，传教士们办起一所铜版雕刻学校。利玛窦虽对中国绘画评价不高，但很欣赏木版雕刻技术。意欲以欧洲艺术之美来激发人们对孕育了如此杰作之宗教的好感，利玛窦满腔热忱地投入将西方宗教艺术传播到中国文人学士和皇宫中去。圣母像尤其受欢迎，作为利玛窦这种特殊活动的结果，我们看到了几位中国画家根据欧洲题材创作的几幅作品。虽然这些作品赢得了传教士和中国人双方的赞赏，但它们并没有表现出任何适应性迹象。"[102] 圣像画实际上远没有地图那样广泛流传和被人们接受，原因在于明人对科技图像的接受程度更高。利氏在初至中国时也发现这种情况，在 1585 年的一封信中，他表示基督受难的画像创作尚不是时候："基督受难的画像不需要，因为他们（中国人）尚不理解它……郭居静和阳玛诺在 1599 年也持同样看法。传教士们要把宗教礼物分送给非基督徒，如送给皇帝本人、有影响力的官员和朋友，以求他们对基督教事业多些慈善。这些画不是散布给慕道者或新基督徒的。"另外，这也只是一些耶稣会士在中国早期传教舞台上所采取的有限而暂时性的谨慎举措。正如我们看到的那样，连这种谨慎态度也很快被放弃了。[103]

　　地图中所出现的中国化倾向，例如中国位置的变更，借助中国古代地理知识来完善中国地域内容的绘制等本土化的方法在圣经图绘中也有类似情况。例如耶稣会士罗儒望（Joao da Rocha）第一次看到纳达尔的《福音故事图像》约在 1605 年。后来，罗儒望可能将这本书带到了南京（他在南京工作多年），在那里，他委托董其昌或他的一位学生，以该书为底本，制作了《玫瑰经》中的 15 个神秘故事的木版画。罗儒望所著《诵念珠规程》于 1619 年出版，其中的版画表现出强烈的艺术性，中国读者对这些艺术品的风格易为熟悉，因此尽管这些作品包含的内容十分新鲜，作品描绘的场面却能在中国读者的头脑中活灵活现起来。所有人物（包括耶稣、马利亚和使徒）的面部特征、装饰物和服装，建筑物及建筑物上的绘雕，花园、风景以及场景说明，全都富有中国特征。此外，每幅画的场景都从中国人的角度加以再诠释，如把画的内容缩减为单个场景。插图很好地再现了董其昌的风格（须知是他或他的一位学生制作了这些版画），董其昌总是把画面的构想作为对人类内在情感的表达。在他的画中，他只着力表现基本主题，主要场面之外则留出许多空白。空白不只是要突出主题，也是为了表现神性。[104]

　　利氏之后的耶稣会士在圣像画方面同样倾向于中国化的制作模式，艾儒略《出像经解》出版三年后，1640 年 9 月 8 日，汤若望神甫向崇祯皇帝进贡了一些欧洲宗教礼物。其中有一本画册，由 45 幅版画组成，描绘了耶稣事迹。画册的卷首插画上有一银色匾额，上书一段拉丁文（中译如下）：“依据四圣福音书，天主的独生子、圣母马利亚之子、我们的主耶稣基督的生活。献给伟大的中华帝国及其皇帝。马克西米利安（Maximilian）皇帝、莱茵河（Rhine）的巴列丁（Palatine）皇储、巴伐利亚（Bavarias）皇储敬。耶稣降生救世第 1617 年。”与此同时，汤若望出版了《进呈书像》一书。此书收入 48 幅画像，其中献给崇祯皇帝的画像都附有简短的说明。但它不完全是马克西米利安一世画册的翻版，其中也有改编，对原画作了再诠释。这是在中国出版的以纳达尔之书为模本的第三部作品。虽然事实上此书的画有一些直接取自纳达尔之书，但一般来说，汤若望受艾儒略的影响更深。汤若望的版画中，许多人都是中国人的长相，中国式的装饰尤其突出。[105] 在《程氏墨苑》中，几幅圣像画的人物还都是西人模样，到了汤若望时期已经全面中国化了。

在欧洲地图学于 16 世纪末传入中国之前，中国的舆图绘制已有长期独立的发展体系，但始终未形成具备“地图投影”的欧洲科学样式。甚至到开始采用西方科学测绘时，许多中国地图的描绘仍然体现出传统舆图的强大影响。以欧洲地图学理解和评价中国古代舆图的绘制的难度在于中国舆图是中国古典学术、科学和视觉艺术的组成部分。[106] 相同的状况也发生在地图绘制过程中。例如舆图绘制的空间感表现，嘉靖三十年（1551）罗洪先的《广舆图》、隆庆五年（1571）惠安知县叶春及编辑的《惠安政书》、万历八年（1580）肇庆知府王泮求利氏所作的《山海舆地图》以及万历三十年（1602）利氏的恢宏巨制《坤舆万国全图》，这些地图表现各异。欧洲和中国两种知识与制图体系初识即在此时。欧洲地图学传入中国时，与中国地图学的主要差别在于，传统中国地图学认为大地是平坦的。据利氏记载，中国人“可能无法了解地球怎么会是球形，又有陆地和海洋，而且球形的特性，既无起点，也无终点。因此，中国地图绘制大都是根据一个平坦的大地，将各种详细的情形从一个平面转移到另一个平面上，并且转移过程只是将真实世界缩小以符合书的一页或卷轴的大小，既不存在变形问题，也不需要数学公式以配合地球表面的弯曲"[107]。这种观看的方式与中国绘画中的透视法相一致，也是由于这个原因，中国历代舆图之中类似山水画法的制图案例从不少见。

在与耶稣会士有密切接触的官员中，王泮和李之藻是其中的代表。王泮强调：经世者披图按索，而疆理之宜，修攘之策便可了然于胸。晚明学者对地图功用体悟之深刻莫过于他。前文述及耶稣会士与明朝知识阶层之地学知识不对等的问题，通观明朝学术与知识阶层的形成过程，即可知晓。当时，科举之路几乎是获得知识的唯一途径，这与知识分子个体的选择关系甚微。尽管明代被誉为科举制度的鼎盛时期，然而传统的八股文格式、儒学内容的命题，加之程朱派注解的传统，和前朝并无本质区别，自然科学基本上只属于学者的业余爱好范畴，国家没有提供系统化的科学训练和实践，也就不可能形成完整的科学系统。只有像徐光启、王泮和李之藻等一类的知识精英，才会去关注晚明时期涌入中国的欧洲科学图籍和理论，这是基于他们自身的研究兴趣。

16 至 17 世纪耶稣会修士的自然科学研习训练科目，内容广泛且十分系统，即使在今天试图掌握这类科目也不是一件易事。1576 年 8 月 23 日，罗马学院院长致耶稣会总会长的书信中提到克拉维乌斯（利氏之业师）在学院开设了研究课程。克氏所制定的《数学教育大纲》（ *Ordo Servandus in Addiscendis Disciplines Mathematicis* ）要目摘录如下：

1. 欧几里得《原本》前四卷，用克氏译本，省略评注和增补。（按：徐光启与利氏大都没有译出评注部分。）

2. 实用算数。提供一部简编。此书亦有汉译《同文算指》。

3. 简要学习萨克罗波斯科《论天球》或其他天文学入门要籍以及宗教历法计算必需之方法。

4.《原本》第五、六卷。

5. 练习使用矩度、象限仪，如有条件再加补充其他测量仪器。

6. 代数。需编写专论（克氏，《代数》，1608 年）。同时参考施蒂费尔《德意志算术》。

7. 一部三角学专论兼及表格之使用。

8. 塞奥多西《论天》，使用毛罗利科译本。

9. 一部球面三角学概论、阿波罗尼乌斯《圆锥曲线论》前 14 个定理。以上内容为星盘制作所必需。

10. 星盘。

11. 介绍所用类型的日晷。将写成简短专论。

12. 地理学。

13. 学习测量面积与体积。需编写。同时参考菲奈乌斯。或可加入一篇关于等周图形的专论，在此之前需学习阿基米德《论圆的度量》。兼习欧几里得《论图形的剖分》、萨克罗波斯科《论天球》中讨论等周图形的内容。[108]

除教会本身的宗教修行课业之外，这份教学大纲的目的基本是为培养一名合格的耶稣会修士兼自然科学家。耶稣会士需要具备数学和几何造诣，并且通晓天文、地理、透视图绘，这些学养在耶稣会士进入中国后，成为他们攻克这个文明高度发达国度之利器。

自利玛窦于万历十二年（1584）作肇庆版《山海舆地图》伊始至明末，计有毕方济、卫匡国、卜弥格、南怀仁等诸教士相继绘制地图，皆以世界舆图和中国地图为主。晚明学者喜爱在自己的著作中翻刻西洋世界全图，在学界，许多倡导西学的人士同时也是东林书院的成员。之所以存在这种关联并非直接源于东林书院的哲学思想或政治观点。首要的原因应是书院的人脉网络。在许多案例中都会发现，精英阶层中那些最为重要的纽带——亲族、乡党、同年、师生——将关注或提倡翻译西方科学的人士联系在一起。[109] 作为晚明文化的一大特征，实学思潮对于引进西方科学至关重要。大量经世类著作的出现同样值得注意（涉及农学、地理、实用数学）。由此可见，对西方科学技术的兴趣全然符合实学思潮，至于徐光启致力农学，李之藻尽心地理……上述种种发展或许相对独立于理学思想，不过也需为占据统治地位的意识形态认可，至少也是学者们深思熟虑的选择。降及晚明，所谓"实学"是指那些增进社会物质财富的实用之学。政略、经济、农业、水利、地理皆属于"实学"，其含义无疑十分积极。由此可见，利玛窦有充分的理由将自己期望最高的著作命名为《天主实义》。[110]

德国历史学家 W. 莱因哈特（W. Reinhard）认为：利玛窦的策略是少数几个可以取代（那种）扩张世界的、残忍的欧洲中心主义的方法之一。耶稣会士，尤其是人文主义的耶稣会士如利玛窦、艾儒略和汤若望，在中国发现了一个思想和文化的世界，这个世界与他们的欧洲世界很接近。文化人的优先性、对哲学和科学的热爱、超乎教条、乐于讨论道德及其实践问题，基于共同思想兴趣和友谊的社会关系以及如城市、学校、研究机构和学术团体这些文化中心的特殊作用……所有这些都是这一独特的历史相遇中的共同要素。由于少数人文主义者通过友谊之桥而使这两种文化相遇……换言之，两个世界（空间上）相隔如此之远而（文化上）又是如此接近。他们的适应态度不能仅仅贴上"策略"之标签，这还是更深层的东西，属于人类精神领域的东西。[111] 谢和耐（Jacques Gernet，1921— ）则表示：

明末的传教士们比我们具备更大的优越性，即他们可以与当时的中国文人直接交往。但我们不应对这样一种友好关系的特惠产生幻想。耶稣会神甫们从外部遇到了他们未能准备好理解的文化传统。此外，"传入"一词并不能很好地反映现实：如果欧洲科学从16世纪末起就传入了中国，那主要并不归功于传教士们的积极性，而是由于中国人自己的要求，中国人自动地对西学表现了好奇和兴趣……利玛窦发现上流社会的人一般都对宗教的东西很少感兴趣。如果我们理解了为什么利玛窦及其教友只在中国归化了如此之少的基督徒，那么也就可以理解他们为什么可能归化一小批文人，而这些文人本来就信仰一种其教理和实质精神与传教士们的全部传统都彻底矛盾的宗教。中国当时的政治形势和文化发展为他们提供了一种出乎预料的帮助。[112]

万历三十二年（1604）徐光启跋《二十五言》曰："昔游岭嵩，则尝瞻仰天主像，盖从欧逻巴海舶来也。己见赵中丞（可怀）、吴铨部前后所勒舆图，乃知有利先生焉。"自万历十二年至三十六年，除利氏自绘自刻外，国人亦纷纷为之翻刻。[113]奥特利乌斯的《地球大观》经耶稣会士传至明朝，亦被国人翻刻为不同的面貌和形式，万历二十八年（1600）前有王泮刻板，赵可怀在姑苏驿将之摹镌于石，而所有重要的作品均是在此年直到万历三十六（1608）间刻制，最著名者即万历三十年（1602）李之藻刻板的《坤舆万国全图》。在晚明的一部分人文精英不断揣摩西洋地图和努力摹刻之时，明朝各地州府的方志舆图还是按照先前模板来描绘和刻印。余定国开诚布公地表示，据过去的讨论，耶稣会士将不同的世界模式和托勒密式的地图学方法传到中国以后，中国地图学就开始发生变化。不过，他也认为明代中国学者对耶稣会士的地图研究罕有反应，能够对世界地理范围管窥者，只包括很少的晚明文人。保罗·鲁尔（Paul Rule）得出这样的结论：耶稣会士们在明末的中国知识界形成了置身于西方科学中，一个从内外均可以看得清楚的边缘集团。[114]中国地图的传统甚至发展到清代之时，其变化也十分有限。各省和地方上的制图人员并没有受到朝廷里地图学创新的影响，因为与耶稣会传教士们的接触主要限于朝廷，1773年中国耶稣会解散以后，有一段时期中国文人跟外国学者互动的机会更加有限。清朝接受外国理念的开放情形在乾隆朝后期开始消失，因为当时的学术转而越来越强调内向，以保存中国文化。[115]

这种情形好比两条平行线，距离很近但不相合。中国舆图传统的力量依然有效控制着晚明社会各种地图的绘制，无论在测绘活动、还是在各类方志地图中，此趋势一直延续至清代。如果我们将翻刻世界地图这种初步的科学尝试看作附庸风雅的话，恐是对晚明知识精英阶层的科学理想不存敬意。毕竟，在神宗、建安王与乐安王这些天潢贵胄那里，地图与圣像画、多棱镜、自鸣钟之间并无多大区别，仅仅是把玩的乐趣。然而也正如前述，欧洲科学和艺术对晚明个体精英所造成的冲击前所未有。地图与中国舆图的实践者们勾勒出一番景象：试图在东、西方两种庞大的知识体系、社会习俗和文化壁垒中进行文化调和，这也是 17 世纪世界其他地区西学传播未曾遇到的状况。图绘或者晚明的地图图像是这洪流中的沧海一粟，关注文化交流不仅需要知晓明代文人在 400 年前遇到西方科学时的兴奋与困惑，还需了解已经失去的经典语境、知识背景和图绘传统。

第三部　艺术

第四章　图与画

在科学研究领域之外，还另有一条接近大自然的道路。

——亚历山大·冯·洪堡

当代文化和历史地理学的一个重要方法，在于寻找对"世界"视觉图像的描述和解释。将这样的表现作为社会的布景，并使之呈现在文化、历史和政治的语境中，并伴随揭示出通常所隐藏与象征含义的意图。[1]我们已经了解，欧洲地图非常关注制作过程和它的装饰效果，这使艺术家可以参与地图的制作，甚至按照自己的绘画风格设计地图。在中国，历代山水画也成为地图绘制可参照的图像样式。王庸认为：以是两晋时描述山水之作尤夥。此后山川寺观之作，盖滥觞于此时焉。[2]地图是一种特殊的图像，其本身具备的科学量度和视觉表达特征在不同的历史时期面貌各异。《说文解字》中对"图"的阐述为：

画计难也……故引申之义谓绘画为图。"画"的解释则是：界也。象田四界。[3]

南唐徐锴也说"图"字：图画必先规画之也，有规画之意。最初的《山海经图》是原始形式地图，在图上面一定画着简单的山水。现在看到明朝刊印的《山海经图》绘有各种神人事物，它们后面都画着山水背景，还保存一点古图的规格。战国时兵家都讲究地形，那时候的地图，尤其是应用在军事方面的，应该都画着山水关隘之类。[4] 19世纪以前，中国地图学跟视觉艺术是分不开的，因为在中国传统地图的绘制中，艺术技巧（在某种程度上）是"核心"，不是边缘。[5] 不过，在中国古代的社会、政治生活中，地图常常被束之高阁，自然无法像17世纪的欧洲那样成为社会文化传播的积极力量。地图背后的设计与绘制环节更不被知晓，不少著名的地图往往是由个人而非职业团队完成的，又由于个人制图的标准与参考体系不同，导致同时期的许多地图面貌迥异，这也为分析地图的成因带来了困难。此外，中国和西方的地图表现方式和自身的视觉艺术传统有关，绘制方法都属于自身的体系，地图与绘画都通过视觉图像来观察和欣赏，都需要"画"这个过程，它们共享视觉的经验、技巧甚至是情感。

中国舆图和绘画的关系十分密切。唐代吕温说："粉散百川，黛凝群山，元气剖判，成乎笔端。"此即他对地图的观后感。至少自宋代以来，地理景观就形成了一种最有价值的绘画类型，又如张衡与裴秀所绘的地图被收录在张彦远《历代名画记》之中，证明自唐代以来，地图逐渐成为一种特殊的绘画类型。[6] 例如乾隆四十三年（1778）上呈的一份奏折里曾仔细描述过地图绘制之法，乾隆帝对如何绘制地图尤为注意：

> 塘内用深绿，中泓用深蓝，阴沙用水墨，各色绘图分明。今次所进之图，仅用淡色勾描，不分深浅，未能一目了然，着并谕该抚，嗣后进图，仍照旧式分别颜色绘图。[7]

中国舆图具备中国绘画的所有特质，如用墨和毛笔画（刻）在绢、纸、石板等载体上，序跋题识在古代各类舆图中十分常见，也使用传统山水画的设色和线描样式，并经常将地图刊刻成册以便查阅，甚至表示空间的透视法也不例外。这样的舆图传统发展到明末时期出现了前所未有的变化，究其根源，乃是西方地图学的传入所带来的影响：

> 欧洲与中国地图学的主要差别，就是传统中国舆图视大地为平

面。耶稣会士将不同的世界模式和托勒密式的地图学方法传至中国以后，中国地图学"开始"发生变化。[8]

我们已经讨论过，中国地图绘制是内容超越形式，加上地图的传播面十分有限，且总是藏于秘府。而战乱和朝代更迭又会不断地摧毁这些图文档案，没有职业化的制图师和机构出现，以及长时期的闭关政策，都影响了中国地图学的发展。正像利玛窦的观察：因为他们从不曾与他们国境之外的国家有过密切的接触，这类交往毫无疑问会极有助于使他们在这（技术）方面取得进步。[9]这些因素都使古代中国地图的图示长期以来相对稳定，因为它只在自身的系统中发展。书画传统自然会影响到同样使用毛笔画图的制图学，有能力制图和品鉴地图者基本是历代的社会精英和官吏阶层，在欧洲地图学及其平面和抽象的表示方式传入中国以后，中国地图仍然使用多向透视和形象表示方法，这两者被视为正当的地图绘制方法。[10]

贝特霍尔德·劳费尔通过分析王维的《辋川图》，认为唐代山水画大师的作品"从当时高度发展的地图学中得到了很强烈的动力"。劳费尔又说王维的作品"目的不是表示任何山水景观，而是要表示王维珍爱和长期观察得出的辋川地形"，画家不得不用跟地图学家一样的方法。[11]中国画家与制图家的身份概念时常没有明确的界限，而不少著名的制图者并非画家，或并非以绘画而著称（如罗洪先），但由于他们几乎都具备学养，题诗作画的才能也并非画家们所独有，所以很多地图都是由这样的制图者所画。中国和欧洲的最大不同之处在于，社会中的职业或商业制图没有出现。

德克萨斯大学的 S. 霍尔斯切尔（S. Hoelscher）认为：除了少数例子被用来说明地理学家曾研究过风景的象征含义外，学者们又将目光转向了发达的艺术史领域。艺术史学家阿比·瓦尔堡（Aby Warburg，1866—1929）、恩斯特·贡布里希（Ernst Gombrich，1909—2001）、欧文·潘诺夫斯基（Erwin Panofsky，1892—1968）以及地理学家丹尼斯·科斯格罗夫（Denis Cosgrove，1948—2008），都在努力研究意大利文艺复兴时期的视觉图像。尤其是潘诺夫斯基，他制定了明确的艺术作品主题或含义的图像学方法（相对于作品的形式而言）。这一理论在地理学家试图解释一幅风景的多重语境和背景因素（Multidimensional and Contextualized）意义时被证明是有用的，而不仅仅是它的地貌学图示（Morphological Patterns）。[12] 地图图形往往是表现内涵的载体，如果忽略它们，有可能丧失进入一个迷人世界的机会，虽然制图史家们通常有一种忽略地图中隐喻、诗意或象征内涵的倾向。[13] 风景画家和制图家面对的是相同的素材——自然界本身没有什么不同，并按照对自然的不同理解来进行表现。至少从文艺复兴时期到 17 世纪，地图和风景画的近似度要远大于它们之间的差距。此外，深刻的科技与社会变革也导致人们对地图的理解发生变化：17 世纪欧洲在地图的制作、认识和消费方面已出现革命性的变化。这些都是对风景看法改变的原因，同时也伴随着对导航及天文理论的巨大兴趣，以及军事科学与工程学、农业变化的发展，涉及对地产和新开垦土地的测绘方面的影响。1500 年时，在欧洲许多地方，人们对地图还知之甚少，而到了 1600 年，地图对广泛的知识精英阶层来说已司空见惯了（晚明的知识阶层恰好也是在这一时期了解到了欧洲绘制的世界地图）。艺术发展对地图绘制有着不容忽视的作用，特别是在意大利和低地国家，每一个识字的人在 1600 年都是地图出版业迅速扩大的潜在顾客。[14]

看得见风景的地图

"风景"（Landscape）这一术语，起源于 15 世纪后期文艺复兴时期的人文主义。风景的历史始终与通过观测和制图的空间分配（Appropriation of Space）、弹道学和城市防御科学以及地图投影的实践息息相关。在艺术与园林设计中，风景取得了观测和地图制图实践的视觉化和思维体系，即控制与支配空间。绘画和制图使用相同的技术，应用欧几里得的几何学，在这种情况下就要借助线性透视理论方法。[15] 地图曾具有非凡的视觉表现和惊人的图像描绘形式，近代以前的地图具有宏大内涵，它代表疆域、国家形象甚至霸权，象征着财富、权力与秘密，更是宗教和神话的隐喻。艺术家将地图和地球仪作为象征的历史可以追溯到古典时代。

众所周知，地图在绘画中具有领土象征。例如意大利文艺复兴时期的壁画地图，几乎是一个关于当时知识、权力、影响力的视觉图解大全，它包含一部分宗教内容，但主要部分则是世俗题材。在帝王、君主、政治家、将领和教皇们的画像中，地图同样也作为他们期望执掌的社会权力和领土的地理速记。如伊丽莎白一世（Elizabeth I，1533—1603）站在 16 世纪英格兰的地图前，而路易十四的肖像中有制图家卡西尼所绘制的法兰西王国，教皇庇护四世则时常观看有关蓬蒂内沼泽[16]（Pontine Marshes）的测绘和排水图示。[17]

大卫·伍德沃德（David Woodward，1942—2004）指出：在 20 世纪特别是 60 年代，人类绘制地图的本能被现代绘画演绎到令人吃惊的程度，例如错觉图形大师 M. C. 埃舍尔（M. C. Escher，1898—1972）、大地艺术家理查德·朗（Richard Long，1945—？）等许多艺术家，运用地图作为他们的创作主题或其绘画装饰。[18]文艺复兴时期到 17 世纪的发展见证了欧洲制图的巨大变化；作为欧洲地图三大学派之一的意大利地图学派，不仅在地图绘制领域打开了前所未有的精彩局面，而且也在艺术、建筑、人文主义和科学方面取得了辉煌成就。

德尼斯·科斯格罗夫表示：近来，地理风景的概念被人文学者们采纳了。但风景概念史表明，它的起源远在文艺复兴时期，与其说是个人主观的媒介，还不如说是人文主义者对确定性的探索。风景是资产阶级、个人主义和超越空间、权力的观看方式，观看风景的基本理论和技巧是线性透视（Linear Perspective）。在绘画艺术中，阿尔伯蒂的透视直到 19 世纪都是写实主义绘画的基础，它甚至与社会阶层和空间等级都紧密相关。透视运用的几何学与商人们用于核算、导航、土地调查、制图和火炮术采用的技术没有什么不同。透视首次应用在城市，再到征服国家、管理城市和被看作风景视图。

在都铎王朝、斯图亚特和乔治王时代的英国，风景画的演变与几何学类似，它们体现在社会关系对土地的改变上。[19]

赫尔曼·瓦格纳指出，"读地图"十分切中看图的状态。读地图就像读文件一样是一种通过学习才能掌握的艺术；这一点不仅适用于地形图，也适用于自然地理图和人类地理图。[20]事实上，文艺复兴时期的地图绘制领域有艺术家的广泛参与，一些名家都绘有地图手稿。意大利文艺复兴时期的制图学和艺术通过相似的方式联系起来。测量师兼制图家克里斯托弗罗·索尔特（Cristoforo Sorte，1506—1594）撰写过关于风景画艺术的专论，艺术大师达·芬奇也有测绘活动并绘制成图，他画的城市鸟瞰地图盛行于16世纪初。达·芬奇穿梭于艺术和制图之间；索尔特也是艺术家，他编著的有关风景画的论文详细论述了线性透视理论。[21]1502年，达·芬奇作《伊莫拉镇》（*Town Imola*）地图（图50），伊莫拉位于博洛尼亚，创作时间正是他在佛罗伦萨的时期（1501—1507），这幅瑰丽的地图是现代制图学的第一个成就。留存至今的测量图表明达·芬奇的城市地图是由他本人完成的。他还绘制了《托斯卡纳与契亚纳谷地图》（*Map of Tuscany and the Chiana Valley*）（图51）和《海岸鸟瞰图》（*Bird's*

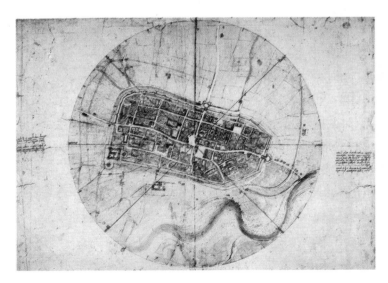

图50
达·芬奇
《伊莫拉镇》
1502年
意大利达·芬奇博物馆藏

Eye View of Sea Coast）。《托斯卡纳与契亚纳谷地图》是达·芬奇效力于切萨雷·博吉亚家族（Cesare Borgia）时绘制的，据推测是为博吉亚家族而作的一幅战略地图。其中地点与河流名称已详加记载，这也许和达·芬奇计划修建从佛罗伦萨至海边的运河有关。在契亚纳湖筑坝是为了保证即使在干旱的季节，运河亦有足够的水储备。《海岸鸟瞰图》则是达·芬奇在罗马为梵蒂冈工作之时所画，他计划在罗马南部的摩莱兰修建排水系统。[22]

16 世纪，意大利各地连环壁画地图的绘制亦开制图之先河。毫无疑问，这与意大利的湿壁画[23]（Fresco）绘制传统有关。湿壁画技术在古代就已应用，与文艺复兴绘画有密切的联系。[24] 从罗马帝国时期的庞贝壁画，到文艺复兴早期的乔托、契马布埃，再到文艺复兴三杰，壁画都是最具表现力的艺术形式。达·芬奇和丢勒都活跃在制图学领域，荷兰曾出版过丢勒的相关著作。1540 年，意大利的军事工程师将比例尺地图的理论传入英国，都铎王朝具有绘画般的防御工事地图，让当时的人们初次目睹了英国式的风景画。[25] 雅各布·布克哈特认为："在 15 世纪，佛兰德斯画派的大师胡伯特·凡·艾克和扬·凡·艾克兄弟忽然揭开了大自然的帷幕。他们的风景画力图用艺术来反映真实的世界，虽然使用的是传统表现手法，却具有

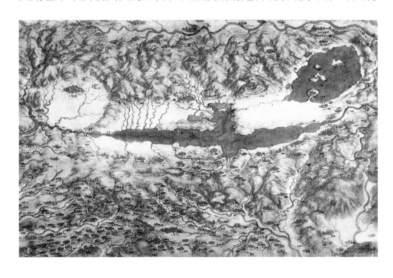

图 51
达·芬奇
《托斯卡纳与契亚纳谷地图》
1502 年
温莎皇家图书馆藏

某种诗意——简单说来，具有一种性灵。他们对于整个西方艺术的影响是无可否认的，并且影响到意大利人的风景画创作，不过他们并没有妨碍意大利人观察自然特有的兴趣，目的是找到意大利式的表现方法。"[26]

无独有偶，在《宇宙结构学图册》这部杰作中，彼得·阿皮安（Peter Apian，1495—1552）在这本书开头就把地理学与宇宙结构学和地图绘制术区别开来。宇宙结构学研究整个宇宙，按照天文圈划分地球；地理学可以说是为具有山脉、海洋与河流的（作为一个整体的）地球画肖像；而地图绘制术或者地形测量学则研究各个特定地方，相当于一幅肖像画的细部。不应忘记的是，意大利有着深厚的地图绘制传统。约在 1364 年，法齐奥·德利·乌贝蒂在他用韵文写的地理书中描写了远眺奥弗涅山的广阔全景。诚然，他的兴趣只在地理和考古上，但他仍然清楚地表明他亲身看到了这些景色。伟大的莱昂·巴蒂斯塔·阿尔伯蒂（Leon Battista Alberti，1404—1472）据说看到参天大树和波浪起伏的麦田就会感动得落泪。当他生病时，不止一次因为看到了美丽的自然景色而霍然痊愈。[27]自然景观在文艺复兴时期被认为具有神奇之力。

托勒密的《地理学指南》于1475年在维琴察（Vicenza）首次出版，附加地图后又在 1477 年于博洛尼亚出版，另一个版本是 1478 年在罗马出版的。[28]意大利最著名的连环壁画地图位于佛罗伦萨的韦奇奥宫（Palazzo Vecchio），罗马的梵蒂冈宫（两组壁画）和卡普拉罗拉的法尔内塞宫[29]（Palazzo Farnese）三处。至 16 世纪末，欧洲对地图感兴趣的人已经包括受过教育的普通公众。应他们的需求，现代意义上的地图册和地图集开始出版。意大利作为地图绘制的领导者，在文艺复兴时期已绘出了完整的壁画系列地图。需要指出的是，地图在文艺复兴时期不单纯是地理测绘，它还具有艺术性以及更深的内涵，人们却对此知之甚少。艺术史家埃米尔·马勒和阿比·瓦尔堡提出图像学研究的方法，试图描述现有的地图，他们始终在寻找那些隐含的复杂观念：

在艺术史家关于艺术与制图学的研究中，他们仅关注地图的作者是谁、什么时间绘制、依据的地图学基础和某个战役的部分建筑和装饰。[30]

在印刷机出现之前，欧洲绘图法有两大传统。宇宙志学者制作富丽堂皇的地图以装饰宫廷和图书馆，海图制作者则为领航员们提供航海所需的港口指南。[31]意大利壁画地图显示出地理、基督教、神话与天文学之间复杂的联系，它不仅是人文主义与科学的一种结合，还是图像的宝库。法尔内塞宫壁画绘于 1560 年、1570 年和 1580 年，是邀请来自意大利中部的艺术家完成的。之后，这些壁画经过了仔细的边框处理。它们是为艺术赞助人、人文主义者及红衣主教亚里桑德罗·法尔内塞（Alessandro Farnese，1520—1589）而绘制的。最初的主题是夏厅的"行动的生活"（Vita Activa），冬厅的"沉思的生活"（Vita Contemplativa），在冬厅绘制的地图被称作世界地图之屋（Sala del Mappamondo），它完成于 1573 至 1574 年，由来自瓦雷泽的壁画地图画家乔凡尼·安东尼奥·瓦诺西诺（Giovanni Antonio Vanosino）所作。

法尔内塞宫的墙壁上展示出令人惊异的景象，地图甚至可以描绘出一个充满神秘感与神话的世界：

在拱顶中，可以看到《黄道十二宫图》（Zodiacal Signs）的星座。它们被半圆壁的神话场景相框包围，图示各种黄道十二宫的神话故事（双鱼座、白羊座、金牛座等）（图52）。在神话墙壁间绘有先知的形象，由七幅巨大的地图构成（图53），代表一个整体的世界、四个已知的大陆、意大利和巴勒斯坦。侧翼的地图包括了从马可·波罗到麦哲伦的五位探险家肖像。[32]

欧洲文艺复兴时期以来的壁画在绘制时常借助地理图像，Atlas（阿特拉斯）一词今指地图集，他原是希腊神话里的擎天神，属于泰坦神族，被宙斯降罪用双肩支撑苍天。传说中，北非国王是阿特拉斯的后人，北非的阿特拉斯山脉正是以他的名字来命名的。[33]神话内容完美地融合在大师的笔下，表现出了更加宏观的视野：

图 52
乔凡尼·安东尼奥·瓦诺西诺
《黄道十二宫图》局部

此处，地图所展示的显然是已知更大世界的一部分。好奇的人会发现，它们是由星座来统领，这幅地图在总体上基于宇宙志式设计，而非单纯的地图集。蒙田在 1581 年时发现了它。地图中的基督教元素是圣地耶路撒冷和意大利，它们都以单独的地图表现，使人想起早期宗教在人类历史上发挥了至关重要的作用，这两个地方构建了作为世界性宗教的基督教的早期历史。半圆壁中的先知暗示了神圣原则，即所有的法则最终将通向基督的胜利……画家的巧思以一种令人印象深刻的方式表现，尽可能从古代历史、寓言、传记和科学的结合之中获得参照。[34]

线性透视的构想源于 15 世纪的托斯卡纳（Tuscany），第一位讨论线性透视的是阿尔伯蒂，他在 1435 年出版了著作《论绘画》(Della Pittura)，将欧几里得的几何学运用于艺术中，对风景画的探索更加深入。新画派与权力控制的概念有关，对绘画视错觉的控制可以提供一个全新的方式，并通过风景艺术来构建世界，这往往与艺术赞助人拥有实际的权力和对牧场产业的控制相关。[35] 文艺复兴时期的地图对基督教精神与世间学术给予了更多关注。不同于罗马时期的地图对帝国权力的强调，这时期的地图反映出艺术家作为知识分子的

图 53
乔凡尼·安东尼奥·瓦诺西诺
《世界地图之屋》
1537 年
意大利法尔内塞宫藏

觉醒和他们对科学的理解。

　　这种风尚在耶稣会传教士到达明朝依然在延续，传教士显然带给晚明文人们一个完全不同的体验。地图作为艺术的表现方式，并非文艺复兴时期的独创，雅各布·布克哈特认为，15 世纪中叶，除意大利外，还能从哪里找到像在伊尼亚斯·希尔维尤斯的著作里那种综合的地理学、统计学和历史学知识呢？不仅在他的伟大地理著作中，还在他的书信和评述文章中，对风景、城市、风俗习惯、商业和物产、政治情况和政治制度等的评论都同样出色……[36] 学术、制图与艺术的联系从来没有像在文艺复兴时期那样紧密，除达·芬奇曾描绘地图之外，学者、诗人和早期的人文主义者弗朗切斯科·彼得拉克（Francesco Petrarca，1304—1374）也是一个有名的地理学家，据说意大利的第一张地图是在他的指导之下画出来的。他是一个自然美的亲历者，在进行学术研究的同时，也喜爱享受大自然。[37]

　　托利认为，在艺术与科学诸多方面，意大利对地图的绘制在理论和技巧方面的贡献都十分显著。有很多原因促使意大利在早期成为制图行业的中心：它处于文明世界地理位置的中心；其探索者和航海者们的勇气和技巧以及意大利艺术家们的艺术传统。[38] 此外，还有一个十分重要的原因，这也是意大利和古代中国制图家最大的不同之处，即其职业制图家联盟和他们（学者）之间的往来，不管在学术上还是私下都很密切，以文艺复兴时期威尼斯制图家为例：

彼得罗·本博（Pietro Bembo）、吉安巴蒂斯塔·拉姆希奥（Gianbattista Ramusio）、贾科莫·伽斯塔尔迪（Giacomo Gastaldi）和尼科洛·塞诺（Nicolò Zeno）之间不仅相互熟识，还保持着联系。他们具有共同的哲学、科学和文化兴趣。有时在非正式的场合中聚会，他们讨论相关的问题。对于发现、理解和规范不断扩大的世界、领土、海洋和物质，他们都很感兴趣。[39]

近代西方地图主要是以数学法则、定量和比例尺等科学法则为基础进行绘制的。不过，只是在文艺复兴以后，地图的艺术传统才渐渐变得不再重要，西方地图学的主要内容逐渐趋向数学化。[40]地图也是知识体系的一部分：如佛罗伦萨僭主科西莫·美第奇和教皇格里高利十三世不仅把地图作为阅读《圣经》和古典著作的图像辅助，还视地图为了解欧洲战况的工具。[41]和作为海外扩张的地图一样，16至17世纪佛兰芒地图学派的发展，也显示出艺术传统与科学之间的密切关系。

早期文艺复兴艺术家对地图的描绘耐人寻味，画家乔瓦尼·迪·帕奥罗（Giovanni di Paolo，1403—1482）在作品《创造世界与逐出乐园》（The Creation and the Expulsion from the Paradise，图54）对宇宙的描绘可能出自于古代文献。然而，地球表面的图像已偏离了中世纪传统，并明确无误地传达出文艺复兴思想。地图不再作为地球本身的示意图，而是反映出现实的世界，显示出15世纪探险家和航海家们地理观测的影响。事实上，这就像为威尼斯总督所作的那幅著名的《世界地图》一样引人注目（弗拉·毛罗的《世界地图》，图55）。需要牢记的是，早期的制图者有时将南方放置在地图上方。从乔凡尼的地图中可以识别欧洲、亚洲和非洲大陆的形状，这是乔凡尼时代已知的世界形状。放置在地图上方的是所谓的"月亮之山"，其中基督教制图师推想的伊甸园现在已成为凡人世界。雪覆盖的山峰被认为会季节性融化，滋养地球上的江河，描绘了一条蜿蜒的溪流穿过陆地。可以说，乔瓦尼是一位文艺复兴时期的探险者，他对地球的

图 54
乔凡尼·迪·帕奥罗
《创造世界与逐出乐园》
1445 年
美国大都会博物馆藏

延伸和改变做了颇具现代感的自然规划。[42]

  西方历史上，科学测绘法在地图绘制中扮演了重要的角色，但艺术技巧在 17 世纪前始终是地图制绘的要素。由于具有相同的工作流程，铜版画家自然承担了地图制作的任务。有时，地图的设计者和地图图版的刻手是两个人或更多人，这就形成了一个地图制作的团队；地图设计者可以在地图的图案设计、字体设计和度量方面精工细作。大卫·伍德沃德直言地图是一种"图示表现"（Graphic Representations）。[43] 16 至 17 世纪佛兰芒地图学派中的多位制图家都是画家出身[44]，诸如版画的技巧就广泛应用在此时的地图制作中。斯特娜维拉·阿尔珀斯（Svetlana Alpers）表示：17 世纪的绘画和地图之间具有一致性，测量、记录和图绘之间的界限比较模糊。[45] 此时欧洲的制图中心在阿姆斯特丹和安特卫普，伴随欧洲科学的发展，测绘更加系统化和精确，但科学与艺术间的界限并不明显。[46]

  在 17 世纪的地图册上，制图家会详细地标示出绘制地图所使用

图 55
弗拉·毛罗修士
《世界地图》
1460 年
威尼斯圣马可图书馆藏

的色彩。如威廉·戈里（Willem Goeree，1635—1711）在《艺术的启蒙》（Verlichteriekunde）一书的扉页上注出了制图家需要的色彩（图 56），他描述了当时绘画和制图所使用的颜料，并对如何把颜料转换成水彩画作了一些指导。正如色彩技法一样，威廉·戈里关注对自然主题的表现，并选择适合的颜色，按照正确的步骤来表现自然。[47] 威廉·戈里的色彩指南对画家和制图者都有助益，例如他详述过水彩画法的步骤、怎样使用透明水彩颜色（绘制地图经常运用）和在铜版印制绘画或地图时色彩方面需要留意之处。17 世纪荷兰介绍类似的绘法书籍很多，例如杰拉德·特尔·布鲁根（Gerard ter Brugghen）的《艺术启蒙之书》（Verlichtery Kunst-Boeck）等，说明当时绘制地图是一个流行的行业。

如果能看看画家维米尔（Johannnes Vermeer，1632—1675）的作品，就会对阿尔珀斯的观点有更深的理解。学者们发现在维米

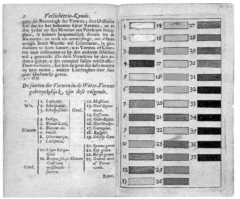

图 56
威廉·戈里
《地图色彩范例》
1670 年

尔有限的作品中，他对绘制地图及其制作技术方面给予了特别的关注。维米尔一生只有 30 余幅作品，而地图在他的 9 幅作品中占据了显著位置，以至于法国评论家梭雷 - 布格尔（Thoré-Bürger，1807—1869）声称维米尔对地图有一种"狂热"。基思·赞德弗利特（Kees Zandvliet）回顾了维米尔绘画中的地图后，认为他是"地图鉴赏家"（Connoisseur of Cartography）。[48] 通过对维米尔画中的地图相比对后，可以发现他画中的地图全部出自阿姆斯特丹和安特卫普一带佛兰芒地图学派制图大师的笔下（见表 1），这证实了维米尔很熟悉当时主流地图的内容，在他的绘画中这些地图绘制得非常醒目，显示出地图在风俗画中成为越来越重要的元素。

佛兰芒地图学派的重要性和迅速发展在维米尔的多幅作品中都体现了出来。该学派的地图绘制名家辈出，地图印刷的媒介从木刻发展到铜版雕刻，为尼德兰熟练的金属工匠提供了巨大的便利，阿姆斯特丹因此在 1590 年成为欧洲地图制作的中心。一些地图出版者往往开始是从艺术商或雕刻家做起的。[49] 艺术商、雕刻家扬茨·维斯切尔绘制的《荷兰十七省图》，即《绘画的艺术》（图 5）中的地图是维米尔绘画中地图绘制的巅峰之作，其中组合了当时可以运用在地图中的四种版画方法：镌版术、蚀刻铜版、木刻和活字印刷，被称作当时的一部地图艺术知识大全。[50]

巴尔塔萨·凡·勃肯罗德（B. F. van Berckenrode, 1591—1645）是一位卓越的制图大师和艺术家，他时常在地图中加入绘画元素，使地图具有精致的外观和令人信服的细节（《阿姆斯特丹地图》，图57）。维斯切尔是荷兰首位自然与风景画家，他为布劳家族1608年出版的地图设计了华丽装饰。[51] 约杜库斯·洪迪乌斯[52]（Jodocus Hondius, 1563—1612）作于1611年的《比利时之狮》（*Leo Belgicus*，图58）几乎就是一幅铜版画"素描"，具备了明暗体积感的表现，线条流畅有力，它的地理指向意义被强烈的形式感代替了。低地国家和佛兰芒地图学派的艺术与科学渊源很深，这种渊源甚至可以追溯到画家扬·凡·艾克和博斯（Hieronymus Bosch, 1450—1516）的时代。扬·凡·艾克久负盛誉的肖像与自然景色之作《圣芭芭拉》（图59）中出现了世界风景，且时常伴随有身份显赫的人物。画面显示出完整和多样的系列景色，如阿尔卑斯山脉和北欧的牧场，

表1

作品名称	绘画完成时间	地图制作者	地图内容	地图出版时间
《军官与微笑的少女》	1657—1660	凡·勃肯罗德	荷兰省和弗里斯兰省	1621
《读信的蓝衣女子》	1662—1664	同上	同上	同上
《手持水罐的女子》	1662	胡伊克·阿拉特	荷兰17省	1671
《弹奏鲁特琴的女子》	1622—1623	约德卡斯·洪迪乌斯	欧洲	1613再版于1659
《绘画的艺术》	1667	维斯切尔	荷兰17省	1650
《情书》	1670	凡·勃肯罗德	荷兰省和弗里斯兰省	1621
《地理学家》	1668—1669	约德卡斯·洪迪乌斯	伊比利亚和意大利半岛，非洲和北美的部分	1600

图 57
巴尔塔萨·凡·勃肯罗德
《阿姆斯特丹地图》
1630 年

很少与世间的实际景象融为一体。在画中,扬·凡·艾克仅完成了《圣芭芭拉》素描的初稿,这幅画是处理风景和人物关系的重要作品。

制图大师奥特利乌斯曾经是艺术家职业团体——圣路加行会(Guild of St. Luke)的成员之一,他的地图制作生涯与职业艺术家协会有密切的关系。圣路加行会由来已久[53],在欧洲从中世纪时期到 18 世纪前的城市里,艺术家行会制度非常普遍,英国、荷兰、意大利与佛兰德斯都可以找到行会的踪迹。同时,各种行会的门类不但非常繁多,而且非常有趣。[54] 德里克·凡·布莱斯威克(Dirck van Bleyswijck)曾描述过荷兰德尔夫特市的各种行会。17 世纪荷兰各地圣路加行会的规则都有些差异,但行会建立的基点通常是保护本地的艺术品、手工艺的制作及其贸易不受外地或外国竞争的影响。圣路加行会成员包括了几乎所有的艺术家和手工艺师傅,虽然制图师不是主要的成员,但是参与制图的铜版画家却一定是行会会员,这就形成了一个广泛的视觉艺术联盟。

佩里·安德森(Perry Anderson, 1938—)表示:行会组织使

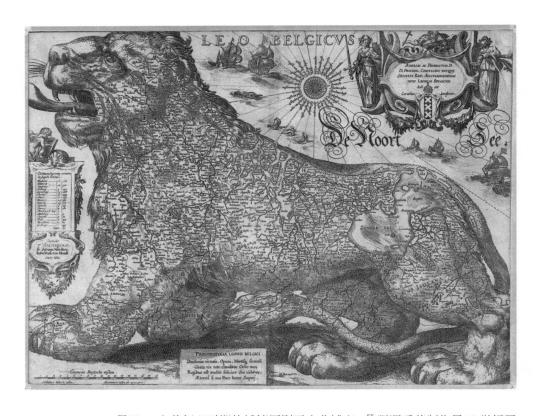

图58
洪迪乌斯
《比利时之狮》
1611年
美国国会图书馆藏

文艺复兴时期的城镇区别于古典城市。[55] 强调手艺制作是 17 世纪圣路加行会的特征之一。垄断是行会的另一个特点，其政策倾向于建立行会垄断权。[56] 在前资本主义时代，同业行会成为一个极具约束力（或强制力）的艺术与贸易组织。对于当时荷兰各地的艺术家、手工匠来说，摆脱行会管理而自立门户的做法是不可想象的。现在为世人所熟知的荷兰画家、铜版画家和雕刻家在当时几乎都属于各地的圣路加行会。以德尔夫特一地为例，维米尔在 1653 年 12 月 29 日加入德尔夫特圣路加行会，画家布拉梅尔于 1629 年入会，著名静物画家凡·阿尔斯特于 1643 年 11 月 9 日入会。在乌得勒支，凡·巴布伦于 1611 年加入乌得勒支圣路加行会。在一份德尔夫特圣路加行会的文献记录中，维米尔、彼得·德·霍赫（Pieter de Hooch，1629—1684）（他于 1655 年 9 月 22 日加入行会）和卡雷尔·法布里蒂乌斯的名字分别以编号77、80、75排列在同一张登记文书上。

　　艺术史和经济史家们对17世纪荷兰黄金时代绘画的关注，使人们思考的空间拓展了。贡布里希认为：意大利文艺复兴时期的艺术家将他们的作品发展成为一种完美的状态，并且证明它们不可能被超越。结果西方艺术陷入了深刻的危机，宗教改革所产生的智性危机也进一步加剧。描绘日常生活场景的风俗画，成为克服这一危机的途径。[57] 在过去的20年里，美国艺术经济史学者 J. 迈克尔·蒙蒂亚斯（J. Michael Montias）的研究较有影响，随后是马腾·扬·博克（Marten Jan Bok）、迈克尔·诺斯（Michael North）等学者[58]，他们的著作形成了广泛的共识：强大的市场力量促成了17世纪荷兰绘画数量上的增多与风格的发展。[59] 对地图来说，荷兰海外贸易的快速增长以及荷兰东、西印度公司的海外贸易和建立殖民地都必须使用地图和进行地图测绘。

　　早在中世纪，制造业和销售业已经形成了由行会、商人共济会、专业团体、手工业者和在特定商行的体力劳动者等组成的职业化组织系统。[60] 17世纪时，荷兰是在战争的硝烟中确立了经济盟主地位：

　　商业贸易发展是近代初期荷兰经济的原动力。[61] 从1621至1650年，在财力不均等的条件下，荷兰介入了欧洲三十年战争，使其不仅在海外建立的帝国地位得到了加强，而且在国内聚敛了惊人的财富……经济高于政治的联邦完全被（南、北）荷兰省和阿姆斯特丹的商贾所控制。[62]

　　市场力量同时影响了17世纪荷兰地图和绘画的发展，荷兰画派登上世界艺术舞台与它高度专业的组织系统分不开，制图学方面的情况亦同。马腾·普拉克的观点是：具体地说，行会基础的部门结构是其成功的一项关键因素。[63] 经济学者凯瑟琳娜·里斯（Catharina Lis）和雨果·索利（Hugo Soly）都认为社团和商会主要局限于在当地市场的传统行业经营，而出口行业仍然缺乏组织。不过荷兰绘画却不适用于这个模式。[64] 圣路加行会实际上接纳各种各样的职业，比大多数行会更为广泛。不过，画家、雕塑家、雕刻家和刻印家形

图 59
扬·凡·艾克
《圣芭芭拉》
1437 年
安特卫普皇家美术博物馆藏

成了行会的中坚力量。它经常被简单地称为"画家行会",平均每年有 200 至 300 名新会员,从 1611 年德尔夫特圣路加行会的规则中可以看出该行会的人员构成:

在本地,以如下职业收入为生者:画家(油画或是水彩)、玻璃工、玻璃商、彩陶工、挂毯工、刺绣工、雕刻师、剑鞘工、艺术印刷商、书商以及画商和印刷商,无论他们从事何种行业,皆应属于行会成员,只有行会中的师傅们才可出售商品和他们职业范围内的技能。[65]

1579 年阿姆斯特丹的画家们形成了新的行会,专门负责与视觉艺术相关的行业。新建立的(阿姆斯特丹)圣路加行会包括:画家、雕刻家、雕刻匠、陶匠、刺绣工、挂毯匠和玻璃画工。[66] 然而,荷兰的艺术家也在发明着新题材,如著名的"风俗画",通常定义为"描绘日常生活场景",这成为黄金时代荷兰画派的标志。风俗画的类型十分多样,诸如在谈话的场景中可以看到两个人在交谈,厨房题材的作品一般描绘厨房的内景,通常会画女佣在厨房工作;还有一些则描绘一个或多个士兵在站岗,人们在阅读情书或妓院场景,等等。描绘这类题材成为荷兰艺术的新方向,流行的风景画逐渐被风俗画所取代;顾客们亦可以选择室内场景的绘画,也可以选择城镇外观的作品,如维米尔的《德尔夫特的风景》(图 65)。这些风俗画既有众所周知的地方,例如阿姆斯特丹的达姆广场或哈勒姆大教堂,也有不起眼的街巷,如维米尔的《德尔夫特的小街》[67] 所描绘的景致。17 世纪后期,除了 1611 年行会的艺术专业分类,德尔夫特的行会会员还包括透视(景)的专家、战争画家和海景画家。[68] 地图作为风俗画的绘画内容,不仅出现在维米尔的作品中,在其他荷兰画家的作品中也是常见题材。从扬·凡·艾克和勃鲁盖尔式的"世界风景"绘画到 17 世纪布劳家族出版的世界地图,风景概念也巧妙地转换为各地不同的城市景观,这种潜移默化的转变不仅为画家们所接受,也为制图者所喜爱。

奥特利乌斯作为出版商和制图者,加入行会的一大好处是可以接触很多艺术家。在通常被称为"画家行会"的组织里,奥特利乌斯开始转向了新的商业领域。他涌进了安特卫普最重要的文化动脉之一，即城市景观的绘制。[69]在奥氏早期绘制的地图中，具有绘画感是一个显著的特征：

奥特利乌斯借助了弗朗切斯科·科隆纳[70]（Francesco Colonna，1433—1527）的巧妙构思，表现了梦想花园给疲惫的旅行者带来的一丝慰藉。地图描绘的是潭蓓谷（古希腊提萨里的溪谷），位于奥林匹斯山的斜坡上，这是一个经典的欢乐之地（Locus Amoenus）。地图图示表现出花园般的风景：开阔的草地与树林，河水从奥林匹斯山涓涓而出（图60）。在威尼斯早期文艺复兴时期，田园牧歌式的风景被放置在地中海的岛屿和海角之中。[71]

与其说这是一幅地图，还不如说是一幅风景画，画面表现了层峦叠嶂、蜿蜒崎岖的山脉。这幅地图具有很强的透视感和空间感，很显然制图家自觉地运用了几何透视，他希望在地图中呈现出这样的观感。从两处旋涡花饰（见"旋涡花饰"一节）中可以看到地图的传统标记，一处是画面上方的"潭蓓谷"（Tempe）字样，另一处是画面右下角的介绍文字。奥特利乌斯的地图不禁使人们联想起彼得·勃鲁盖尔那纪念碑式的风景（图61）：辽阔深远的空间中布满

图60
奥特利乌斯
《潭蓓谷图》
1579年

图61
彼得·勃鲁盖尔
《播种者寓言的风景》
1557年
美国圣迭戈蒂姆肯美术馆藏

崇山峻岭。在勃鲁盖尔的画中，自然与人类之间具有一种强烈的情感交流。

在观看中国古代地图与山水画时，就可以直观地发现中国的地图与艺术具有内在联系。王庸认为：汉唐之间的《外国图》和《括地图》，内容还和《山海经图》差不多，所以我们把《大荒经图》和海内、外经图当作原始式地图，不是没有理由的。因为殊方异域的人物与事迹，不仅方位、道里不清楚，连事物的真相亦由于"十口相传"而变为离奇怪诞的神话。《大荒经图》和《外国图》正是在这样类似的情况下，由有此类知识的画家画了下来。又说在中国中古时代有叫做《职贡图》的，专绘外国人物、风土人情、服饰之类，内容虽不像《大荒经图》那么荒诞，但其性质和形式很相像，都是从中原地图分化而蜕变出来的非地图形式的《外国图》。这种图从梁元帝的《职贡图》起，直到清代中叶的《皇清职贡图》，大概都是根据从外国入朝人物所得的见闻画下来的。这里面只有外国人物、风土人情、特产，对于山川、城邑的方位、道里往往描绘不清，不能画成地图。所以这种图显然是由官府中的一般画家画的。[72] 地图内容就像图画内容一样，常常用比拟的形式来展现所表示现象的某些特征，这些特征视觉上可以看得出来。因为这种共同的表示方式，艺术史和地图史学者都曾考虑到地图学和视觉艺术之间的关联，但是进一步的研究却因为缺乏古地图而受到阻碍。[73] 不过，在地图资料相对充分的明代，借以考察古代地图与艺术关系的案例并不缺乏。从技术角度来看，中国地图的特点和其绘法具有内在关联：

> 裴秀强调地图要与地面状况相符，这跟美学中所强调的逼真意义是一样的。例如，谢赫的六个绘画原则，其中两个是"应物象形"和"经营位置"。虽然谢赫并没有详细说明这六个原则，但其和裴秀制图理论却是符合的。甚至在谢赫以前，宗炳就已经想到了比例尺与山水画的关系……不过在中国绘画中，图画比例尺（Pictorial Scale）要远胜过自然比例尺（Natural Scale），前者占据主导地位。这也就是说，一个物体在画中的大小不是由几何透视原则来决定，而是由图画的设计需要来决定。前景中的物体可能要画得小一些，以避免阻塞和过分强调，远景物体可能要画大一些，作为中景和近景的对照。许多绘制地图的人采用的显然都是图画比例尺，这种情形一直延续到明代和清代，可以从明清两代的许多地图上看得出来，地图中不同部分的比例尺是不一致的。[74]

在约为明成化八年（1472）至天启元年（1621）间画的纸本彩绘《江防海防图》（图62）中，佚名制图者显示出对图画比例尺的娴熟应用。这幅图自江西瑞昌县开始，向下游方向（向东）展开至上海吴淞口，这段为江防图。此后则是海防图，海防部分主要自金山卫绘至浙闽交界的流江水寨。此段除南直隶的一小部分外，实为浙江省海防图。[75]这幅长卷图轴中，地图近景的建筑物、山石明显小于远景部分的建筑，尤其是位于地图上部、远景中的赤湖附近的山峦。图左侧的九江府、德化县和右侧的瑞昌县之环城符号都成为地图明显的标志，它们的面积和府县的重要程度成正比。

中国山水画也有对实景的描绘，这些对山川河流的描绘与地图图像的形成具有互动意义。中国古代地图都画着山水，不过画得精粗、美恶各不相同，精美的地图可能同时又是精美的山水画。三国时吴主赵夫人，不但画"江湖九州山岳之势"，而且刺绘"五岳列国地形"。

图 62
佚名
《江防海防图》瑞昌县部分
1472—1621 年
中国科学院图书馆藏

中国的山水画，先是从实用的地图演变而为艺术品，它们是完全脱离了地图上实用的山水地形而演变成纯艺术的山水画。在裴秀以后不久，有戴逵的《吴中溪山邑居图》、顾恺之的《庐山图》、佚名的《天台山图》，它们多是描绘实际风景。史道硕的《金谷图》只画庭院，范围小些，而戴逵的《九州名山图》、惠远的《江淮名山图》规模却相当大，可能是分幅画着各处名山的图。又从顾恺之的《画云台山记》可以知道这图上的山水还画着阴影和水中倒影，这显见有很高的艺术性。从山水的写实方面说，多少有一点地图的意味，且当时和以前的地图一定会或多或少、或精或粗地画上山水的。现在还保存的明清绘本地图，有些画着相当好的山水画。[76] 章潢的《图书编》里，有各地名山地图的描绘，名曰《各郡诸名山总图和诸水总图》。山川地图的绘制模式与山水画稿十分近似，山石中也运用皴擦之法，例如《大峨山地图》（图 63）。大峨山一带的主要地标都已被列出，在山脚下可以发现峨眉县县城内儒学、文昌祠等建筑物，从山脚到山顶，沿途各处寺院、山景被一一标示。虽然无法衡量各处景观之间真实的地理距离，但地图信息的呈现也算是一目了然。欧洲人对地图内景物标志的办法通常是在图内各处标记数字和字母，然后在地图下方将数字或字母按顺序排列，并附相对应的地点。例如佛兰芒制图家霍芬格尔·吉奥基乌斯（Hoefnagel Georgius，1542—1600）所绘的《西塞奥山地图》（图 64），画中显示出画家对地理空间的理解，地图描绘了从意大

利第勒尼安海的小镇看到西塞奥山北部的景象。地图左下方标记了
以下地点：

A：西塞奥山，位于画面右侧向海延伸的山峰

B：更远处的山

C：第勒尼安海

D：海岸部分

图 63
章潢
《图书编·大峨山地图》
万历四十一年刻本（1613）

图 64
霍芬格尔·吉奥基乌斯
《西塞奥山地图》
银川当代美术馆藏

E：海中岛屿

地标标注法在欧洲古地图的制作中基本相似，在方位感和定位感方面要更胜一筹，这类景观地图本身也采取透视画法，使人们在看地图时容易有一种身临其境的感觉。

王庸表示，地图上画山水，除《山海经图》不计外，至迟在战国时代已经有画山水的地形图，何以在好几百年后的魏晋，才发展出"不切实用"的山水画呢？这里面应该另有原因。大概自东汉以后，一方面佛道二教渐盛，而佛寺道观多向清静的山林发展。加以一般在野的士大夫以逃避现实、隐居山林为清高，而东晋南渡人士众多，南方人烟稀少的山林川泽亦渐次被开辟，为了记录新开辟的山林、寺观和庭园、名胜，所以在南北朝之际，尤其是南朝，有不少名山如庐山、衡山、罗浮山等，都有两种以上的记叙。这些记叙都是当时文人的作品；善于绘画的文人和宗教信徒，便将这些作品画成兼具地图和写生艺术的山水画。前举的山水画中，惠远是佛教徒，陶弘景是道教徒，他们亦画有山图等；其他信仰佛教或道教而作山水序记的人亦还不少。戴逵的《吴中溪山邑居图》、宗测的《永嘉邑屋图》、毛惠秀的《剡中溪谷村墟图》，可说是城邑的写生亦兼地图性质；宗测的祖父宗炳好制图山水，"凡所游历，皆图于壁"[77]。在古代中国有着许多绘画与地图绘制互相结合的例子，这也许有助于解释"图"字意义的不明确性：中文的"图"字，既指图画，也指地图。[78]

《大业拾遗记》曾记载："卷有图，别造新样，纸卷长二尺，叙山川则卷首有山水图，叙郡国则卷首有郭邑图，叙城隍则卷首有馆图，其图上山水城邑题书字极细，并用欧阳肃书，即率更令询之长子，攻于草隶，为时所重。"这里不仅表明旧图经的体制，还可以说明下列几点：一、《区宇图志》是魏晋以来山水、图记、都邑图志以及一切图经、地志的总结集；二、图上的字请书法家书写，它的图想必亦请画家绘画，可见地图与绘画艺术一向分不开；三、原来的图经是以图为主体而附以说明，所谓图经的"经"就是图的说明，唐代地方上定期造送中央的地图，亦称图经。[79] 中国画家作为中国地图的幕后制图者，在历史中并不为人所知，他们只是按照山水画的特点结合地理形势完成地图的绘制。如果中国的地图制作也具有欧洲 17 世纪时的专业化，出现职业制图家与画家系统参与地图制图的话，那么中国的地图面貌将会完全不同了。

北方一隅：世界制图中心

史景迁（Jonathan D. Spence, 1936— ）在《中国纵横》（*Chinese Roundabout*）一书中描述了这样一件事情：早在 1647 年，一名叫彭世贵的中国商人从巴达维亚的荷兰人那里买了大量鸦片。可是他又不知该如何处置，最后干脆就公开卖掉了……我不清楚彭世贵或这些商人是否与台湾有贸易往来，但是这条巴达维亚—台湾—厦门贸易线肯定是存在的。[80] 荷兰人很早就开始了他们有组织和专业的远航：

在1598至1602年这5年时间内，有51艘船离开尼德兰驶向东方。除了一支有9艘船的船队外，[81] 所有这些探险作为航海试验都是成功的，而且作为商业冒险大都有一定程度的盈利（这是一个非常赚钱的行当）……17世纪早期荷兰的海上入侵，在印度洋及其相邻水域的贸易体系内进行了一场较大的变革。[82]

明天启四年（1624），荷兰人威廉·Y. 邦特库（Willem Y. Bontekoe）率舰队至中国沿海和澎湖列岛。据《明史·列国外传》"和兰"条记载：然是时佛郎机（西班牙和葡萄牙）横海上，红毛（荷兰）与争雄，复泛舟东来，攻破美洛居国（摩鹿加），与佛郎机分地而守。后又侵台湾地。[83] 17世纪的荷兰商人认为：阿姆斯特丹人哪里能赚到钱就去哪里。[84] 在巨大的利益驱动下，荷兰的海外贸易在17世纪中叶独享霸权，完全控制着新兴的世界经济。在海上航行的荷兰船只超过700艘，舰队规模比英国、苏格兰、法国三国的联合舰队还要大。美国经济历史学家伊曼努尔·瓦伦斯坦因（Immanuel Wallenstein）表示：17世纪荷兰所具有的地位，只有后来的大不列颠和美国才能与之比肩。[85]

而在这背后，如果没有地理和制图作为后盾，荷兰的航海史可能就要被改写。天文学在揭示天体的运动之时，地理方面的发现也增长了人们关于地球表面的知识。17、18世纪，人们开始对地球进行系统的探索。这时期航海者的工作值得注意的特点是科学研究精神的增长，这对学术观点的全面变化有很大贡献。[86] 在海洋和陆地上指引方位、最后可以带来巨大物质利益的有形载体——地图，包括航海图就具有重要的战略价值。[87] 荷兰当时的航海水平和制图水平相辅相成，荷兰人不仅运用前代的绘图知识，同时也从他们在北美和西印度群岛的殖民地那里汲取新的信息。[88] 最早开始进行地图与航海图精确绘制的是私营贸易公司，他们甚至自己编纂地图册：

以荷兰东印度公司为例，该公司雇用荷兰最佳绘图师编辑了大约180幅供公司专用的地图、海图和风景图片，标明绕过非洲至印度、中国和日本的最佳航线。一般来说，政府正式绘制的航海图要等到其内容成为普通常识时才会公开。[89]

绘制地图作为一种职业，自14世纪始就很受欢迎，到15世纪中叶，画航海图之人成为欧洲唯一活跃的职业绘图者。[90]不过他们的工作似乎由于需求量的增加、流水作业和保密制度的存在而水平参差不齐：

他们的航海图往往一模一样，尽管每幅地图都是由几名专门手艺人用手工绘制的。但保密和垄断致使产生了以次充好、剽窃原始图表进行赝品交易的黑市。随着亚洲和西印度群岛的海上贸易竞争日益激烈，又出现了对零星地理资料的争购，以发现秘密的汲水地点、良好的港口和较短的航路等线索。[91]

16世纪时，制图学成为一门具有很高标准的科学、技术和艺术。[92]文艺复兴时期以后，地图制作的高峰出现在17和18世纪，历史学家R. S. 韦斯特福尔（R. S. Westfall）称：“当时几乎有五分之二的科学家与制图打交道。”[93]而我们看到，与制图打交道的不仅是科学家，画家也与制图也具有天然的联系，因为他们本身就是制图者。

马塞尔·普鲁斯特（Marcel Proust, 1871—1922）认为维米尔的《德尔夫特的风景》（图65）是一幅有史以来最伟大的画作。从某种意义上讲，这幅画没有任何被雕琢的痕迹，几乎就是一座荷兰城市的地貌图。维米尔没有杜撰，他只是叙述。他选取城市生活中仅有的一点场景与人们的生活态度，未经任何添加却赋予它们超验的意味。[94]如前所述，维米尔为数不多的作品对制图和地图图像给予了特殊关注。地图和地球仪在维米尔的九幅作品中占据了显著的位置。而第十幅画《睡眠的女子》表现了一幅无法被辨认的地图局部。这九幅画是：《军官和微笑的女子》《读信的蓝衣少女》《弹鲁特琴的女子》《持水罐的女子》《绘画的艺术》《天文学家》《地理学家》《情书》和《信仰的寓言》。17世纪的荷兰画家对地图的表现并不少见，但在作品中反复强调地图元素者就非维米尔莫属。

图 65
维米尔
《德尔夫特的风景》
1661 年
布面油画
莫瑞泰斯皇家美术馆藏

地图是科学还是艺术始终为学者们所争论。威斯康星大学的 J. B. 哈雷（J. B. Harley）和海牙的学者基斯·赞德弗利特都认为：16 世纪的荷兰制图史，时常在地图作为艺术和地图作为科学的对立面中被解读。学者们认为这种对立是有缺陷的，因为它仅是在 19 世纪才被全面建立起来的一种人为的割裂。这两个极端之间则是概念真空，它隐藏了地图的思想意义。我们倾向于把地图看作一种权力—知识的形式。地图和绘画一样，是对主观领域的记录。地图制作者对呈现或忽略的知识进行分类和选择，他们声称自己进入一个复杂的世界，而我们的论点是地图可以成为积极的力量。[95] 从历史角度来看，制图家和音乐家的地位不同，因为地图绘制不在中世纪的三艺或四艺之列。而当"托勒密为他们提供了一本圣书后[96]，才使他们的工作变得既重要又受人尊敬"[97]。17 世纪荷兰是地图制作领域内的世界领先者，国家实力和对海权的统治体现在科学和艺术之中。当时的地图制作者们通常多才多艺：他们是勘测员、制图员、风景画家甚至更多角色。[98] 地图学者和地理学者二词在 17 至 18 世纪初含义几乎一样。[99] 荷兰国内的地图制作很多是家族式经营，例如：

安特卫普首先出现了刻在木板上的彩色地图，奥特利乌斯于 1570 年在那里出版了第一本印刷地图册，但不久后阿姆斯特丹在这方面具有了世界一流水平。奥特利乌斯的挚友墨卡托绘成了一幅《世界地图》，并在 1595 年由他的女婿洪迪乌斯出版。（阿姆斯特丹的）威廉姆·布拉厄（布劳）是（丹麦天文学家）第谷的学生和机械师……在 1597 年起致力于地图出版业。威廉姆的公司垄断了那个时期的地图生产。威廉姆的儿子琼·布劳（Joan Blaeu，1596—1673）在 1662 年完成了包括 600 多幅地图、3 000 多页文字、长达 11 卷的《大地图集》……阿姆斯特丹另一个地图绘制人员、雕刻家和出版家云集的时期是让松时期，创始人让松是洪迪乌斯的姻亲。荷兰地图绘制学派的重要性和迅速发展，在维米尔的多幅作品中体现出来。[100]

阿尔珀斯认为，17 世纪绘画和地图之间具有一致性，与测量、记录之间则具有模糊性。她表示，这些联系起源于文艺复兴早期[101]，艺术与地图学之间的联系要从过去追溯。在文艺复兴早期，当布鲁内莱斯基和阿尔伯蒂看到托勒密在《宇宙志》（Cosmographia）中相关的描述后，可能受到启发去发展他们的透视系统。托勒密比较了地理学或世界投映对人类思想的影响，丢勒的《人体比例四书》（Four Books on Human Proportion）则包括人物头部图，与阿尔伯蒂式网格的重合。地形学的概念一定吸引过奥特利乌斯，他曾有一本拉丁文版的丢勒著作。丢勒的系统对于地图绘制者有巨大的帮助，尤其是对墨卡托，他在 1538 年第一次公布了地图投影系统，正好是在丢勒著作出现后十年。[102]

吉姆·沃特曼（Kim Veltman）精辟地论述过天文学在地理志中的重要性，强调在 14 至 16 世纪时地图学、透视和艺术之间的密切联系。他认为天文学应被视为是透视学发展的一个基础，还指出托勒密对于平面天体图和星盘的描述包含了线性透视的基本成分，他进一步注意到布鲁内莱斯基、乌切洛、阿尔伯蒂和丢勒都与天文学有关。此外，天文学和地理学在传统上就有关联，如埃拉托色尼[103] 地理学研究就完全依赖于阴影投影的天文学分支。[104]

　　自 16 世纪，与维米尔父辈同时代的画家已对地图开始认真关注，他们包括彼得·波尔伯斯（Pieter Pourbus，1510—1584）、彼得·萨恩列达姆（Pieter Saenredam，1597—1665）和勃鲁盖尔。勃鲁盖尔与安特卫普的精英知识分子交往甚笃，是制图家奥特利乌斯[105]之友。奥特利乌斯的影响可以在勃鲁盖尔的全景景观式作品中找到踪影：画面在地平线中表现出一种空间曲率。历史学家甚至认为勃鲁盖尔的作品（图66）是一种奥特利乌斯式世界地图集《地球大观》的表现。奥特利乌斯以自己的方式出版的地图于 1570 年面世，即勃鲁盖尔去世后的一年。另一位安特卫普艺术家乔治·霍芬格尔（Georg Hoefnagel）与奥特利乌斯一同旅行，为地理学家绘制地志图。[106] 当这种艺术与制图相结合的传统发展至 17 世纪时，在贸易时事状况[107]、卓越的制图传统和制图家[108]等多种因素的作用下，荷兰拥有了当时最先进的制图技术。制图技术的提高和传统艺术的进步亦关系密切，因此后来成为制图家和地图出版商的人通常都具有造型艺术的训练背景：

　　制图家维斯切尔本人也是一位被认可的艺术家，他可以在自己的地图上绘制插图。[109]

图 66
勃鲁盖尔
《基督背负十字架》
1564 年
布面油画
奥地利维也纳艺术史博物馆藏

17 世纪的荷兰艺术强调"真实风景"，即阿姆斯特丹和哈勒姆日益成长起来的中产阶级的经验式世界。当时是荷兰海上扩张的黄金时代，同时也是艺术蓬勃发展之时，艺术赞助人需要朴实、现实的农村风景画，画中具有平面景观与大面积的天空（图67）。这个时代的绘画中，地貌通常十分真实，或对风景做一些轻微的改变。[110]

地图在 17 世纪的荷兰社会除了用于航海和军事，具有确定方位和地形等用途外，还是人们所热衷收藏的高档次装饰艺术品。马里特·威斯特曼强调：（这些）风景画与产生于荷兰共和国的那些种类繁多、数量庞大的精美地图极其相似。这类地图以世态场景的形式画成，像画一样挂在墙上。这实际上表明了 17 世纪的人并不像现代人那样，把作为"艺术"的绘画与作为"知识"的地图区别开来。艺术家们选择那些值得了解的知识并以速记的形式将其表现出来，对于某一特定的文化来说，这种表现形式是合乎习俗的。考虑到这些因素，可以说地图也并不是一种客观的、毫无倾向性的知识。劳伦斯·凡·德·赫姆毫不迟疑地把地图、主题版画和"艺术的"绘

图 67
雅各布·凡·雷斯达尔
《迪尔斯泰德的风车》
1670 年
布面油画
阿姆斯特丹国家博物馆藏

画三者融合在他那庞大的地图集中。维斯切尔于 1648 年所作的《比利时之狮》（*Leo Belgicus*，图 68）之所以被铭记，不仅因为它的知识性，更在于它的城市简介以及图画式的设计。这种设计巧妙地把 17 个省绘成狮子图案。也就是说，地图的功能要多于全景式绘画，尽管二者都可以用来装饰墙壁。[111] 地图家或制图者希望以绘画的方式来表现地图，而画家或雕刻家也在地理（科学）严格要求下描绘地图，这些在当时得到了近乎完美的实现。德国地理学家、近代地理学区域派创始人阿尔弗雷德·赫特纳阐述了地理学有关艺术的表达问题，他说：

> 在理论地理学以外，还有一种美学地理学；在作为科学的地理学以外，还有一种作为艺术的地理学。乔治·福斯特尔、洪堡和别的旅行家，就已经偏爱以艺术精神培育的地理学，在文献中也不完全缺少这种偏爱；克里克在他关于美学地理学有趣的文章（《关于一般地学的文集》[*Schriften zur Allgemeinen Erdkunde*]，1840 年，第 225 页）里说道："倘若一个地理学家不能像风景画家和诗人一样掌握地区美的特征，他描写的东西就欠缺真正的内容和最美的修饰。"[112]

赫特纳强调：风景艺术和地理科学是否应该各行其是，地理科学是否应该汇入艺术之中，艺术是否应该是科学大厦的顶层？如果没有真正的艺术天才，要去追求艺术描写就很容易浮夸……科学就是追求和现实相一致意义上的真理……地理科学对地区的全面特征比对个别特点更重视，绘画却总是以单个的画面来表达，风景诗为了保持形象化必须坚持个别事物。我不能否认，我感到在地理学中艺术表达的最新尝试是不能令人满意的，而且多半是乏味的。[113]

无法得知赫特纳是否目睹过荷兰 17 世纪的地图、天体仪或地球仪[114]，但从地图史家詹姆斯·威鲁（James Welu）对维米尔画中地图所做的研究来看，结果非常令人兴奋，这项研究是从制图学而非艺术的角度入手的：

> 维米尔（画中的）地图的表现非常精确。威鲁曾把维米尔所画的每一张地图和地球仪与实物做过对比[115]，画中地图的表现是如

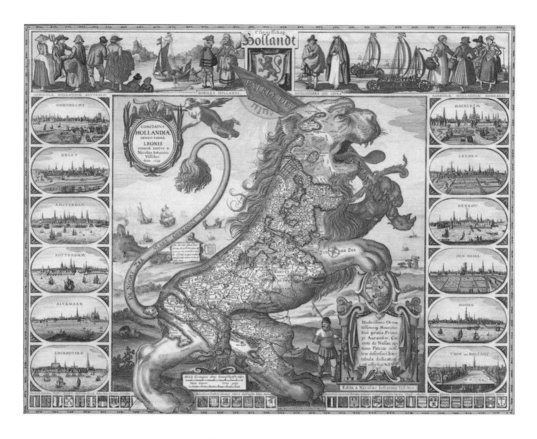

此详细和有说服力，《绘画的艺术》甚至被用作图像文献，来论证绘画中地图的存在比所发现的原始地图早四年。威鲁广泛地查阅了维米尔作品中的地图和地球仪，发现一幅特殊并确定年代的地图在维米尔的作品中有着相似的使用。这就是胡伊克·阿拉特（Huyck Allart）所作的《荷兰十七省图》，出现在维米尔的《手持水罐的少女》一画中。已知阿拉特地图实例的时间是 1671 年，而不是根据维米尔作品而变更的时间，1664 至 1665 年。这样就得出结论：另一幅阿拉特的地图肯定是在 1671 年之前出版的，时间大致是在从 1600 年到维米尔作画的时间内。[116]

此外，呈现在《信仰的寓言》和《地理学家》画中的地球仪与实物非常相似，威鲁已经能够确定这是洪迪乌斯第二次绘出的三个

图 68
维斯切尔
《比利时之狮》
1648 年
铜版

国家。[117] 霍尔塔不禁对维米尔地图之完美发出这样的感慨：

> 维米尔的地图尤其在《军官与微笑的少女》《读信的蓝衣女子》中表现得如此全面和生动，这使我想起了潘诺夫斯基对扬·凡·艾克的评论：他的色彩技巧使即使像鲁本斯这类大师的画看起来也"仅仅是一幅画"而已。和维米尔同时代画家的作品，例如德·霍赫的《饮酒的女子与两位男子》或《音乐家》比较，维米尔的作品看起来就像是地图的绘画再现。[118]

荷兰社会中的地图具有两种作用：其一是暗示富有，17 世纪时地图极为昂贵；[119] 其二是暗示地图拥有者具有良好的教养。地图在富有的市民中很流行：这是具有良好教育的标志，也用来体现地图主人在地理和政治方面的兴趣，甚至他们的爱国精神。[120]

余定国认为，以上所讨论之地图，一般都是受过高深教育的精英知识分子的作品，精英知识分子拥有像《禹迹图》那样地图的方法和能力……当然，我们知道这些方面在西方地图学中也是这样，特别是在 15 世纪以前。[121] 如此看来绘图者与赏图者具有一个共同点，即他们是社会中富有的、拥有良好教养的精英阶层。除此之外，对于制图者而言，还需要精良的科学知识和开阔的视野。[122] 而维米尔既是绘图者，也是赏图者，《绘画的艺术》中艺术家面向地图背对观者的姿态巧妙暗示出这一点，他的作品是 17 世纪荷兰在制图与艺术互相融合的最好的个案。实际上维米尔几乎不以卖画为生，他的传世作品之少表明他似乎仅凭趣味创作，这和当时很多高产画家形成鲜明对比。[123] 受惠更斯的举荐，法国贵族、艺术品鉴赏家蒙肯伊斯去维米尔家中时，他发现维米尔几乎无画可以向他展示。

在维米尔的几幅作品中，地图被悬挂在墙上，（它们）象征着更大的疆域。不论是省份、国家还是大陆，使它成为隐密室内景的另一扇窗户。1678 年，画家塞缪尔·凡·霍赫斯特拉滕（Samuel van Hoogstraten）在他的著作《学院绘画导论：或可见的世界》中描述：在优美的地图中，从另一个世界来观察世界是多么美妙，这真要感谢绘画的艺术。梅苏、霍赫、斯滕和特尔伯奇，都以地图来装饰他们的室内景致。[124] 目前已知明确包含地图的维米尔作品为 9 幅[125]，霍尔塔把包含地图、地球仪、信札、图书、乐谱和文本的作品笼统计算在内，按照他的分法：上述物件在维米尔的 19 幅作品中被突出地展现出来。如果把《德尔夫特的风景》看成是维米尔模糊绘画与地图间界限的一种尝试，那就有 20 幅画[126]，从而确定了维米尔作品里出现的原始地图或地球仪的来源。[127]

19 世纪时，还未对维米尔作品中的地图进行详查，故而布格尔说至少幸存有一件带有原始地图或地球仪的作品。维米尔最早在作品中描绘地图的是《军官与微笑的少女》（图 69），这幅画在 1657 至 1660 年之间完成，尺寸为 50.5 × 46 厘米，现在是纽约弗里克的藏品。[128] 霍尔塔认为，维米尔着迷于地图之中固有的双重性：艺术与科学。[129] 这一点在他的绘画中发挥了突出的作用。这所谓的双重性来自地图中任何图示和非图示元素的组合，地图中非图示元素包括常规标志和符号，诸如字母、数字或图形设计。地图史学者通常把制图科学作为一种"复杂的语言"，与书面语言、有声地图来作比较。地图可作为"书信"的方式来进行阅读，同时也提供了绘画的表现方式。[130]

在《军官与微笑的少女》这幅画中，位于前景背光处的军官、桌子以及墙壁的大面积暗色，使人物身后亮色区域中的地图格外醒目，这样的安排使人们在观画时的注意力很容易就被地图吸引：

地图绘制非常清晰，在这样一种方式中，它表现出作为风俗画场面中其他视觉元素的重要性。地图描绘了荷兰省和弗里斯兰省，西部（方）处于地图的最上方，这在当时并非罕见（可能是因为当时还未将北定位于地图中的上方显示）。接下来的标题名称可以清楚地在地图的顶部读出：NOVA ET ACCVRATA TOTIVS HOLLANDIAE WESTFRISIAEQ TOPOGRAPHIA（译为：全新的整个荷兰和西弗里斯兰地形准确的描述）。在地图顶部朝西方向，出现了地图中不寻常的颜色（大陆出现灰蓝色，而大海则具有陆地的颜色）。显示的区域可能乍看之下令观者感到困惑。此外，荷兰从那时之后的形

图69
维米尔
《军官与微笑的少女》
1657—1662 年
布面油画
纽约弗里克收藏

状发生了变化，例如在地图中间出现的众多船只和湖泊之处，现在是阿姆斯特丹机场的位置。[131]

维米尔在画中表现此地图时，已是地图出版 40 年后。[132] 因此在维米尔完成画作时，这幅地图已经过时（例如荷兰在此期间所发生的土地复垦和沿海圩地使地形发生变化），它使人们可以形象地看到历史和地理环境的变迁。

地图是人文教育和知识的象征。围绕在地图四周的"边际文"（Marginal Text）提供了荷兰的历史和地理信息，并赞扬了荷兰人民和他们已成功拥有的土地。上述地图的使用，也意味着真实的历史与政治相联系。画中一名士兵坐在地图旁边，这样的画或许是出于荷兰对英国 1652 至 1654 年战争胜利的典故。维米尔已暗示了军官可能曾经为保护地图上显示的省份而抗击敌人。[133] 维米尔本人曾加入过德尔夫特的民兵连队，尽管他可能没有像其他服役民兵一样参加战役，但从它的画面中可以体现出一点：民兵和职业军人一样，在当时的社会地位要比普通人更有优越感，他们将此视为具有绅士般的身份——尽管人们把军官看作民事政权的仆人，但在精神上他们享有较高的地位……他们生活讲究，喜欢出入社交场合。[134] 这幅地图还有其他解释，例如它强调了世俗、肤浅和存在的道德危险，都展现在这个十分宁静的现场；而"骑士"与微笑女子之间，则暗示着性别之争。还要注意的是，地图的边缘与女孩的头顶部相接触，使人们想到女性世界（Vrouw Wereld）的寓言。[135]

《军官与微笑的少女》中的地图可以和维米尔使用暗盒（Camera Obscura）的说法联系起来，希腊塞萨洛尼基的亚里士多德大学教授埃凡杰罗斯·李维拉托斯（Evangelos Livieratos）称画中地图极其精微，有助于了解维米尔是否使用暗盒来描绘作品。[136] 菲利普·斯蒂德曼（Philip Steadman）认为学者芬克在对维米尔的暗盒进行研究时，可能忽略了一点：

> 维米尔几幅画中的地图具有惊人的准确性。地图史学家詹姆斯·威鲁证实所有维米尔画中的地图都是当时真实的铜版印刷图，在图书馆和博物馆收藏中都有它们的图例……只需看一眼布劳地图的维米尔版本就会发现明显的高度精确性。[137]

正如威鲁自己所说，如果维米尔在《军官与微笑的少女》中使用了暗盒，那么他对凡·勃肯罗德地图极为精细的表现说明这幅地图是画面的主要焦点。因为维米尔让这幅地图正面朝向观众，面对面地呈现，所以没什么大的透视失真（除了总体规模缩小）[138]，暗盒还有复制图像的功能。[139] 菲利普·斯蒂德曼声称：

> 我相信，维米尔为了达到不容置疑的准确性而使用暗盒，虽然可能有使用其他可行的技术，例如正方形网格叠加法（Superimposed Square Grids）。而威洛克在其博士论文和之后的专著中表示，维米尔很可能用过暗盒。[140]

显而易见的是，维米尔对于由凡·勃肯罗德制作的这幅地图尤为喜爱，这幅地图在另外两幅作品《情书》和《读信的蓝衣女子》之中再次描绘。在后两张画中，地图仅取其中的局部，且明度较低。实际上，这是唯一反复出现在维米尔作品中的地图。但从这三幅画的日期来看，地图可能在他那里已有很长一段时间。[141] 学者们认为实际地图和维米尔画中地图之间，即使是最小的细节都非常相似。接下来的问题就是绘制地图的方法，亚里士多德大学 1980 年开发了制图比较分析技术，对问题总结如下：

1. 维米尔绘画中的地图和实际模型之间的相似程度是多少？

2. 就画中地图而言，画家是否用手工方法或采用过更为全面的技术？

3. 对艺术感兴趣的公众如何能够"看出"（画中）地图的差异？[142]

比较分析法应用在画中地图和原始地图中，一个有趣的结果是从一幅地图到另一幅转化的可视化表示——动态变形（Dynamic Morphing），这显示出维米尔的作品使用暗盒的迹象[143]：

在拟合分析中，观察如下：

A："相似点"拟合是保持画中地图形状不变，并且与地图模型作比较而显示出的静态图像，维米尔的地图呈深色，凡·勃肯罗德的地图为浅色（图 70）。

B："投影"拟合实际上是测试暗盒的方案，绘画中的地图由于使用暗盒，有试图恢复中央投影的效果。主要的空间差异集中在画中地图的边缘，而绘画地图的中心部分相似性则较高。拟合围绕着固定点几乎以放射状移动，这恰好与（地图中）乌得勒支市的位置相重合。这个有趣的结果支持了（使用）暗盒的提法。[144]

埃凡杰罗斯·李维拉托斯和亚历山德拉·科叟拉科（Alexandra Koussoulakou）在进行上述维米尔画中图和原始地图的拟合比较之后得出结论：根据"投影"比较，该地区较少变形，与乌得勒支位置相一致。这一结论支持可能的假设：暗箱中心线针对乌得勒支市即红点处，乌得勒支市位于红色正交线中心，界定了暗箱轴可能具有的

图 70
《军官与微笑的少女》

中心（点）。红色"垂直"线偏离了右侧线条，从士兵和少女手的位置和地图几何中心最近处穿过，以这种方式在人物和地图间获得一定平衡。红色横向线条约和人的直立身高水平相关，位于坐着的士兵和微笑女孩头部上方，这根线也将窗框分割为一半（图 70）。换句话说，红色正交参考系看起来像在维护整个绘画的内在平衡。因此，在地图上的红点——乌得勒支市，有可能是确定暗盒光学轴正确的目标。[145]

这份实验报告，首先表明学界对维米尔画中地图描绘精准的说法并非空穴来风；其次，它有力地支持了维米尔使用暗盒作画的猜想，也可说明为何维米尔的地图能够达到很高的精度，因为暗盒在复制图像过程中可以调节大小，但比例不变。地图作为装饰和图式的双重性，以及作为绘画的视觉隐喻，图式同时也被看作是文本的定量信息。[146]

在《绘画的艺术》[147]中，维米尔将地图艺术的伟大发挥到极致，使人看到之后难以忘怀，画中地图展现出一种他人难以企及的境界：

这幅巨作中心部分的装饰品（地图）尤为重要，地图是维米尔对绘画艺术的歌颂，其中地图本身即是制图者的杰作。[148] 地图表现了 1543 年被神圣罗马帝国的查理五世统一的尼德兰 17 省（状况），由维斯切尔[149] 绘制和出版，他本人是一位出色的艺术家。[150]

阿尔珀斯认为维米尔的《绘画的艺术》是对地图与绘画之间相似性的启发，是一个美好的开始。在作品尺寸大小和主题方面，这都称得上是一幅独特而又雄心勃勃的力作，壮丽的地图吸引了我们的关注。[151] 这幅地图据研究含有道德意义，对人类的虚荣心做了形象的解释，表面上是对世事的描绘，南北尼德兰被解释为一个过去的图像，当时所有的省份都属于一个国家（画家的古式服装和哈布斯堡鹰形的吊灯似乎证实了这一历史特点）。经过对作品仔细观察，其画中地图的唯一存世本收藏于巴黎。这样看来，维米尔地图恰好成为我们了解地图史知识的源泉之一。当时的许多绘画提醒我们一个事实，即荷兰是第一个将地图作为墙壁挂饰并认真制作地图的国家，这也不过是全社会大规模制作、流传和使用地图的一部分，没有什么地方的地图具有这样强有力的图式。与其他艺术家作品中的地图比较，维米尔的地图表现都可以说是出众的，例如画家雅各布·奥奇特沃尔特（Jacob Ochtervelt，1634—1682）的画仅仅表明墙上有一幅地图，黄褐色底上有模糊的轮廓来证明（图 71）。维米尔（地图）始终暗示了釉光般的材质、色彩和描绘陆地的图形方式，而同样的地图被维米尔和奥奇特沃尔特描绘成不同的样子，真是难以置信，（事实上）维米尔的每幅地图都可以被精确地鉴别。[152]

《绘画的艺术》不仅具有交响乐般的韵律，还以无可争辩的事实捍卫了地图是为了艺术的理念。学者们认为维斯切尔的地图，乃是复杂艺术品中的复杂艺术品，它反映了装饰功能作为绘画反映世界风景的能力，维米尔在画中将艺术家的位置与地图重合在一起，增强了这种对照。绘画具有象征性——（画中）历史缪斯克莱奥（Clio）的头部和地图并置，这样的方式令人想起托勒密式的比较。[153] 此外，凭借地图两侧城镇的全景风光，维米尔召回了在艺术与科学、工艺和技术之间文艺复兴式 [154] 的联系。[155] 正如托马斯·古尔德斯坦因（Thomas Goldstein）的论断：

地理学家和艺术家同时投身于对地球的征服，一方是在眼睛的范围，而另一方则触及遥至人类心智的境界。这种比较使我想起托

图 71
雅各布·奥奇特沃尔特
《音乐课》
1667 年
德国曼海姆莱斯·英格霍姆
博物馆藏

勒密关于数学、制图学描述模式与绘画之间的类比。[156]

　　地图绘制的难度超过一般人的想象，并非仅掌握绘画技巧的画家就可以自如表现。例如学会书写一种好的地图字体就需要练习多年，最困难同时也是最重要的是绘制地形。绘制地图还要求具有鉴赏能力，制图学者则必须掌握整个绘图技术。[157]

　　如果以赫特纳的绘图标准来看维米尔的作品，那么维米尔至少应该掌握相当全面的制图法，并且深入地研究过地理学。正像地图学家、制图商威廉·布劳的研究围绕着宇宙志、天体学、水文地理学、地图编制术和地形学这些领域一样[158]，作为画家，维米尔对地图学的了解已经很深入。如果说他的音乐主题是为表达优雅趣味的话，那么地图或地球仪、天体仪出现在画中则暗示了探寻自然世界的深度：

测绘、图式和书写，每个方面都代表了界定现实景观不同的方式。艺术家的作用与科学家平行，揭示出物质世界中潜在的基本结构。罗宾逊在他的地图研究中写道，地图的目的之一，是在周围环境中找到重要的物质或知识结构，它们"可能仍然隐藏直到他们被图绘出来"。同样，维米尔的画显示出现实方面是隐藏的，直到他把它们画出来。像在卡尔·波普尔探照灯理论知识中的生命有机体，维米尔的作品从未停止对环境的探索、构建、选择和对现实的提炼。[159]

荷兰东印度公司和荷兰海军在东南亚的殖民商贸活动中，多有制图家的身影。他们绘制了数量可观的地图，很多未被开垦之地、岛屿的地图都是荷兰人首先绘制的。制图师的手稿往往能够生动地反映出自然景观的特征。这些手稿与风景速写类似，既可以作为绘画来欣赏，也可以作为绘图的素材（图72—73）。制图师必须具有素描或速写造型基础。在荷兰绘画中，文本书写与图式形成对照在画中时常出现。[160] 就像在维米尔描绘的地图中的边际文一样，它们和书籍之中的图绘起到的效果"需要读者将图和文结合起来思考，才能透彻理解。比如寓意画册，就特别依赖于对图文的综合理解"[161]。在欧洲地图中，文字的辅助功能亦不可忽视，作为地图绘制的传统，文字在标注地名、比例尺或对地图本身进行描述时十分有效，例如由约翰·乔治·格拉埃维乌斯（Johann Georg Graevius，1632—1703）所编辑、制图家乔凡尼·巴蒂斯塔·法尔达（Giovanni Battista Falda，1643—1678）所绘制的《全面的古、新罗马地图》（图74）。

这是关于罗马城市的一幅图文并茂的地图，有极为丰富的细节，采取两种视图方式：城市本身为俯视图，画面下方的风景则具有三维透视感。地图包括城市的主要建筑、标志性建筑、街道、广场、花园和房子。地图左上角的人物身着罗马教皇的法衣，手握金钥匙。乔凡尼·巴蒂斯塔·法尔达是意大利著名的制图家和铜版画家，他

图72
雷尼埃尔·努姆斯
《迦太基遗迹》
1663 年
布劳 - 凡德尔·赫姆地图收藏

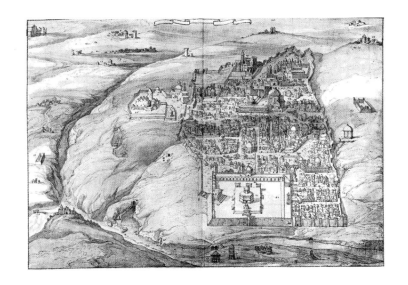

图 73
作者不详
《鸟瞰耶路撒冷》
1660 年
布劳 - 凡德尔·赫姆地图收藏

以其独特的建筑绘法闻名。1655 年，他为建筑、花园和罗马的喷泉以及城市和礼仪工程提供了详细的计划意见。乔凡尼·巴蒂斯塔·法尔达的作品见于庆祝教皇亚历山大七世在罗马改造的建筑。整幅地图气势恢弘，人物刻画具有古典时代的雅致，风景和正在谈话及思索的人物展现出制图者一流的绘画技巧。地图右下角绘有古代雕像，代表了古罗马人。地图将基督教、神话与历史结合在一起，充满了古朴情怀。地图左右侧列出十分详细的地名索引，便于读者按照标注在地图内寻找具体的位置。

荷兰绘画中的地图，例如维米尔作品《窗前的读信少女》《读信的蓝衣女子》《女主人和她的女仆》之中女子手中或桌上信札中的书写字符，《军官与微笑的少女》《弹鲁特琴的女子》中地图上所出现的地图边际文，《喝酒的女子》中翻开的乐谱，《音乐课》中出现在维吉诺古钢琴面板上的富于装饰感的精美拉丁文字体，《绘画的艺术》中的地图边际文和打开的历史典籍，《信仰的寓言》中翻开的书，《天文学家》中天文学家阿德里安·麦提乌斯所著《天文与地理总论》的文字和《地理学家》中地图边际文，等等。在一些缺乏书写文字的画面，比如《花边女工》和《坐在琴旁的女子》中，

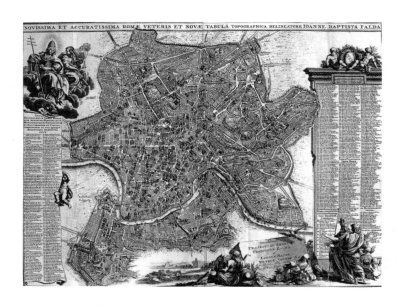

图74
乔凡尼·巴蒂斯塔·法尔达
《全面的古、新罗马地图》
1694年
银川当代美术馆藏

维米尔的手写签名也成为画面文字的一种补充。马里特·威斯特曼认为荷兰艺术家在画上的签名有其意义：

> 现在看起来，在艺术作品上署名只是一件非常普通的事情，但署名习惯[162]的推行，却在艺术作品的欣赏过程中发挥着极其重要的作用。艺术家在作品上署名能够促使欣赏者去关注艺术创作本身，从而打破这样一种错误观念：绘画只是对现实世界的简单、忠实记录……签名和肖像画的发展表明，欧洲对个人身份有了一种新的理解。[163]

对荷兰人来说，绘画、地图和语言分享着互通的功能。地图、绘画和书面交流都是获取知识的重要方式，几乎共享平等的地位。[164] 格里高利指出：自书写语言以运用象形图作为象形文字伊始，最后成为楔形文字字符。图像表述也具备一种语言和它本身语法的特点，作为一个非正式的知识获取模式是有益的。地图被用来作为语言的隐喻，并和语言发展有联系。现实世界空间的智性地图涉及路线、地点、行为和人群，将对潜在的原始语言认知模式的发展有所帮助。[165] 我们不应忘记在凡·曼德尔的《画家之书》的扉页上，曼德尔自己绘制了标题的字体。

17世纪，有些作家和艺术家甚至打破了绘画和写作之间的界限。教师和雕刻师们在书法练习过程中，将标志着博学和手工控制能力的书法变成了一个独立画种。[166] 西蒙·弗里修斯（Simon Frisius，1580—1629）在《写作艺术镜鉴》中的手写体是一流的艺术品，且十分令人着迷。手写体在地图中也曾被广泛应用（图75），维米尔在作品中不断变化的手写体签名以及地图边际文的表现，暗示出他对艺术及知识界的最新动向具有全面把握：

欧洲在创作及印刷领域取得了惊人成就之时，正是文化和印刷业自我觉醒的时期，它们作为标志把欧洲文明和非洲及新大陆文明区分开来。[167]

艺术家选择地图作为绘画的构成元素，在很大程度上意味着对自身精英身份的确认，这既包括图像方面，也包括文本方面。[168] 相似的情景在耶稣会士进入中国后也出现了，利玛窦发现那些热衷于地图的中国人几乎都是受过良好学术教育的读书人和学而致仕的官吏，这些人构成了晚明社会的精英阶层。地图可以在图式与文字之间形成对照和比较，作为一种思考和反观的存在，它们有进行表现、排列空间和传播知识的能力，因此可以激发观者与接受者的想象力。[169] 在利玛窦的《坤舆万国全图》上，明人留下了诸多的题识跋语，边际文在中国

图75
洪迪乌斯
《比利时狮形地图》中的
边际文手写字体（局部）
1611年
美国国会图书馆藏

地图上起到的作用不仅是介绍，还是人们积极地参与进入地图所需要的智性空间。

　　文字描述在中国地图中往往具有超越图像的重要性，如《淮南子》中讨论宇宙论和地理的部分描述了世界地理，但是没有地图，完全依赖文字描述。又如王维曾称赞诗人颜延之："以图画非止艺行，成当与《易》同体。"清代地图学中大部分内容都是文字性的，这并不足为奇，但是学者却经常忽略这一点。[170] 不过，赫特纳把德国人班泽试图将地理学整个变成风景诗的主张 [171] 描述为一场灾难，不论它是印象主义式的还是表现主义式的。正如人们用历史小说代替历史记述，用风俗画代替民族学，也是同样的不幸。近代唯美主义对于地理学也是一种巨大的威胁。不论柏克林的一些画是多么漂亮多么有趣，它们和地理学却完全是两回事。[172]

　　余定国认为，因为地图学家、画家、诗人，一般都具有同样的社会地位，即都是知识分子中的精英，都具有较好的教育背景。在个别情形下，同一个人可能会同时涉足地图学、山水画、诗学。有关地图学、山水画和诗学的原理，大概会融合在一起，而不是会三者分开……绘制地图不仅用以研究和参考，还用于欣赏，有记录显示，地图绘制者有意使应用地图的人能从理智上和美学上来欣赏地图。[173]

　　17 世纪的欧洲制图形成了一个巨大的产业，专业的制作、印刷和出版以及对地图越来越广泛的需求，使它无论在绘制和测量方面都汇集了许多艺术家。地图的画法更加多元（图 76），很多记录观测的手稿已很难区分究竟是风景素描还是地图，例如扬·I. 皮特斯（Jan I. Peeters）1660 年绘制埃及的《西奈山地图手稿》（图 77），描绘了西奈山附近的奇幻景观。地图前景有骆驼商队，跟在一群朝圣者之后。[174] 这幅手稿和风景画的区别在于画面中用字母标出了山地不同的位置，画面下方用潦草的字迹记录了字母所代表的位置的名称：例如 A 是山腰的位置、B 代表近处雄伟的山峦、C 是蜿蜒的山路、D 是位于远处的山峰。时至今日，按照对地图和绘画"类型"的理解，

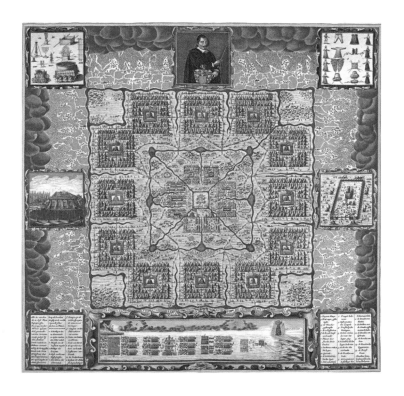

也许可以轻易将这两种图绘区分开来，不过在 17 世纪的荷兰，地图和绘画有时就是指同一种图绘。

地图大师凡·勃肯罗德绘制的地图在维米尔画中留下深刻的印记，而凡·勃肯罗德本人同时也是画家，他的素描《米德尔堡的修道院广场》（图 78）中，娴熟的表现技法和刻画不禁使人联想到北方画家的素描作品。具备娴熟造型基础在地图制作方面会有优势，这种情况在欧洲十分普遍。

地图与风景画具有相似性，中国古代地图中也体现了类似的特征。实际上，无论东西方，空间的表现都加强了制图与绘画的关系。概言之，空间的经验是机动的，跟一个人对时间所具有的经验密切相关……对空间处理的差异，导致对透视图不同的处理方法，即将三度空间投影到平面上的方法。在欧洲文艺复兴时期的艺术中，用

图 76
雅各布·凡·麦乌斯
《沙漠中以色列的部族》
1650 年
铜版
布劳 - 凡德尔·赫姆地图收藏

图 77
扬·I.皮特斯
《西奈山地图手稿》
1660 年
布劳－凡德尔·赫姆地图收藏

逐渐后退的地面、退到地平线上的灭点来表示深度，垂直线的高度则相对地渐短。欧洲艺术家所使用的汇聚于一点的透视几何法（图79），一般来说中国画家并不了解。[175] 中国山水画透视有自身的法则，表现了对自然世界独特和深刻的空间理解，这无疑是一个复杂的话题，对它的深入讨论将远远超出地图话题的范围。历代地图的绘制，无疑参考过山水画的表现方法。相似的写景符号既出现在地图上，也出现在画作中。

图 78
巴尔塔萨·凡·勃肯罗德
《米德尔堡的修道院广场》
1647 年
博伊曼斯·范·伯宁恩美术馆藏

旋涡花饰

图 79
梅因德尔特·霍贝玛
《米德尔哈尼斯的道路》
1689 年
布面油画
伦敦国家美术馆藏

　　意大利耶稣会士卫匡国的《中国新地图集》于 1655 年在荷兰出版。它被认为是继利玛窦制图之后，有关中国地图绘制的又一座高峰。这部地图集对中国各个省份的地理人文进行了详细的考察。17 世纪初，虽然利玛窦让我们看到了中国地图，但并非十分准确[176]，而且他的制图出发点，主要是希望明人看到未曾目睹过的世界地理范围。半个多世纪后，卫匡国将 17 幅中国地图带回欧洲，这些地图不仅绘图细致，还配有内容丰富的文字说明。卫氏用当时欧洲大学里通用的文字——拉丁文描述了中国的城市布局和各个省份的风土人情。他将当时人类掌握的各种知识汇合在一起，用以描绘一个已知的世界：从中国和蒙古绘制地图时所用的图示法，到欧洲的制图学技术，再加上他搜集来的丰富材料，一个建立于文化基础上的崭新世界形象在他笔下形成。[177] 从制图的观察方式和方法来讲，卫匡国没有像利玛窦一样将读图的主体放在明人这里，他采用拉丁文作为地名注释更说明了这一点。与利氏的"合儒"制图策略最大的不同在于：明朝的灭亡已是既成事实，在卫匡国 1653 年回到阿姆斯特丹时，已是清顺治十年，国家权力更迭和社会动荡使传教士向中国精英阶层传教、传递科学技术与理念的进程发生了变化。

　　欧洲古地图的绘制传统之一，是在地图的特定位置描绘真实的自然、人物形象或社会场景（作为地图的装饰），并对所绘主题进行辅助说明。异域风情是 17 世纪后欧洲地图热衷的表现题材，许多荷兰地图上可以看到殖民者在非洲、东南亚和中东等地的图示。需要指出的是，16 世纪即制图大师奥特利乌斯活跃的时期，欧洲对中国地理情况依然不清楚，甚至有很多错讹。传教士入华后，通过实地考察与查阅有关中国地图的文献，形成了相对准确的地理描述。对中国地理状况作出直观和全面描绘的地图，当属卫匡国的《中国新地图集》。他与合作者阿姆斯特丹的布劳家族共同出版的地图集，使欧洲初次看到了晚明中国的社会场景和人物形象。卫匡国在中国传教的亲身经历使他获得了真实的视觉体验，因此他试图以一种风俗场景的图绘方式向欧洲介绍中国。

　　由布劳家族出版的《中国新地图集》具有典型的佛兰芒地图学派的风格，中国地图分卷与整部地图集一样，都具有统一的装饰风格，铜版刻绘且印刷设色十分精致。

　　如果将早期入华传教士利玛窦所绘地图与卫匡国的作品（图

图 80
卫匡国
《中国新地图集·北直隶》
1655 年
荷兰乌特勒支古文物社藏

十七世纪欧洲与晚明地图交流

80）作比较的话，就会发现地图的图绘模式发生了明显的变化，其中最有代表性的正是旋涡花饰（Cartouches）。旋涡花饰（图81）一词包含有旋涡装饰、椭圆形轮廓和装饰镜板之意。在埃及的象形文字中，一个旋涡装饰与水平线一端的椭圆形表明所环绕的文字是一位王室成员的名称，封闭的椭圆形包围着所谓的族名和贵族出生时的名字。[178] 欧洲地图运用旋涡花饰的历史十分悠久，旋涡花饰通常的形制为椭圆形、圆形、盾形或长方形的徽章或结构，其用法与古埃及类似。而作为地图或地球仪中的装饰标记，它可以包含标题、制图者的姓名和地址、出版日期、贵族或领地纹章、地图比例尺和图例，有时也会书写题记来描述绘制地图的详情、过程并且标出主要地标建筑。旋涡花饰的设计风格往往根据不同的制图者和时代发生变化，是欧洲地图中特有的地图装饰，中国舆图中没有出现过。

　　15 世纪的旋涡花饰通常仿照意大利样式（例如简单的交织凸起带状饰），到 16 世纪时，旋涡花饰添加了建筑和象征要素如纹章（图82）。制图采用旋涡花饰的鼎盛阶段是在巴洛克时期。到 18 世纪末，装饰效果在制图学中变得不那么受欢迎后，旋涡花饰风格发展为带

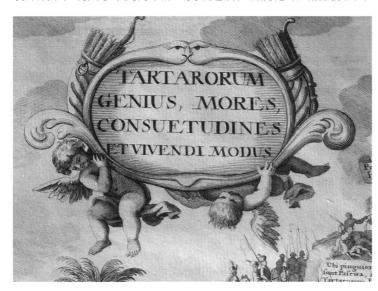

图 81
海因里希·谢勒
旋涡花饰
《鞑靼人地图》局部
1703 年
银川当代美术馆藏

图 82
吉哈德斯·墨卡托
旋涡花饰
《西班牙现代地图》局部
1610 年
西班牙国家图书馆藏

有铭文的简单椭圆形或长方形形式（图 83）。[179] 欧洲地图的绘制普遍采用旋涡花饰，它已经成为地图中的必要组成部分。在荷兰、安特卫普一带的地图更是如此：

> 自 1570 至 1670 年大约一个世纪以来，低地国家制图者的技艺在地图、图表和地球仪方面取得了前所未有的进步。起初主要在安特卫普，后来在阿姆斯特丹，其令人瞩目的成就不仅体现在准确性，更在于丰富的装饰性方面。[180]

大部分的欧洲古地图都有旋涡花饰，地图出版者的姓氏通常也会被列入旋涡花饰中。有些旋涡花饰制作得十分精细，这主要取决于出版商或订制者的要求。[181] 17 世纪欧洲的制图高手多是铜版画家，他们会设计精美繁复的装饰纹样，并且在写实图像方面驾轻就熟。于是在精美的地图或地图集中，就出现越来越复杂的具有象征含义的花饰纹样（图 84）：

> （旋涡花饰）真正的精工制作是在 16 世纪华丽的制图出现后。有时，在一张地图中有多个旋涡花饰出现，由绶带将它们互相连接在一起。有些花饰中包含风景画，附有呈飘动感和铭文的饰带，还有一些则显示出地方古物的图像和地志特征。[182]

图 83
椭圆形旋涡花饰
《亚洲地图》局部
1842 年
银川当代美术馆藏

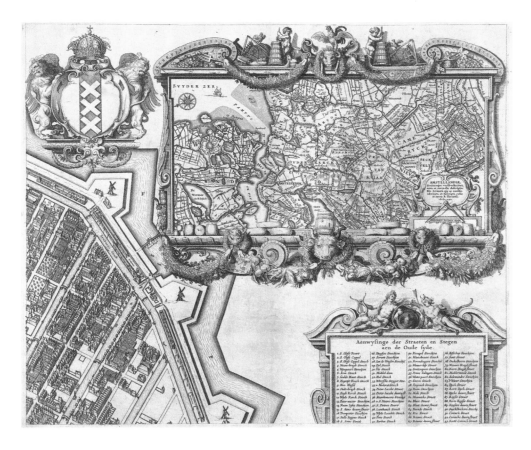

在凡·勃肯罗德 1625 年《阿姆斯特丹地图》（局部二，图 85）中，旋涡花饰也是地图中不可缺少的组成部分。复杂精美的人物、植物纹样和动物头像作为纹饰环绕在旋涡花饰周围，甚至出现了图中图：罗盘指南和近海部分的沙滩。第二幅图中，旋涡花饰描绘了阿姆斯特丹港湾的写实主义风景，可以看到帆船和岸上的教堂建筑。在风景上方（图 86），有被天使加冕的王者和类似朝贡的异族人物形象，旋涡花饰最上方的两个天使手持地图和宝剑，他们身边则布满了地球仪、圆规、尺子和调色板等许多测量和绘图工具，代表了科学的力量。凡·勃肯罗德的旋涡花饰充满了象征的图示，包含着丰富的文化内涵。

图 84
巴尔塔萨·凡·勃肯罗德
旋涡花饰
《阿姆斯特丹地图》局部一
1625 年
阿姆斯特丹国家博物馆藏

图 85
巴尔塔萨·凡·勃肯罗德
旋涡花饰
《阿姆斯特丹地图》局部二
1625 年
法国国家图书馆藏

维米尔的同乡，来自德尔芙特的制图家克里斯蒂安·凡·亚德里海姆（Christiaan van Adrichem, 1533—1585）在 1633 年创作了《圣经中"乐土"位置的准确描绘》（图 87），图中旋涡花饰变成了由天使、水果、花卉、绶带和比例尺构成的优美装饰。这反映出 17 世纪人们对地图构成的独特趣味。亚德里海姆是一位罗马天主教神甫和圣经学者，这幅地图所描绘的景象是根据他本人对《圣经》研究后构想出的"圣地"。1633 年该地图由亨里克斯·洪迪乌斯在阿姆斯特丹出版，是新版《地图集或对世界整体的描绘》的一部分。[183]

奥特利乌斯的作品也很关注旋涡花饰。在 1590 年出版于安特卫普的地图集《地球大观》中，他将《新世界之图》（Map of New World）的旋涡花饰描绘为如下内容：标题、面具、斯芬克斯、下垂的水果与柱上楣构、飘带、螺旋饰、棕榈叶与绶带。奥特利乌斯制作的其他地图中，旋涡花饰中时常可以找出裸体男子和女子形象，足以让著名花卉画家凡·胡伊索姆为之心动的鲜花与花瓶，以及神话和异国情调的鸟类。[184] 在 17 世纪荷兰制图风格的影响下，旋涡花饰越来越成为地图强调的装饰部分，奇怪的是，熟悉佛兰芒制图的利玛窦在入华后多个版本的《世界地图》中均未绘出旋涡花饰，他与卫匡国的地图差异不仅在于有无旋涡花饰，更涉及制图的环境和

图 86
巴尔塔萨·凡·勃肯罗德
旋涡花饰
《阿姆斯特丹地图》局部三
1625 年
法国国家图书馆藏

传统，众所周知利玛窦在中国实践"合儒与补儒"思想，而早期耶稣会士在适应非基督教文化时具有某种妥协性。

《地球大观》被认为是地图史中划时代的作品，奥特利乌斯本人于 1575 年成为西班牙国王委任的地理学家。更重要的是，这部地图集曾跟随利玛窦来到过明代中国，如果以《地球大观》为绘图蓝本的话，利玛窦在中国的制图显然没有将重要的地图标志——旋涡花饰画在他的世界地图中。旋涡花饰并非由 17 世纪的制图者所发明，有些取材于当时的素材，而另一些则源于更早期的雕刻和蚀刻版画。[185] 地图如何呈现十分重要，因为构成地图图示系统的组成部分包含内在联系，选择与排除某些元素将改变地图内在的文化代码，可能成为一种新的形式。正如利玛窦的例子，他会取消那些可能使中国人感到不解、产生疑惑甚至排斥的欧洲地图装饰。事实证明，他用改动过的中国经度，加入中国文人熟悉的汉字序跋题记和中式水纹来设计他的制图方案。由于利氏没有尝试将传统欧洲地图的旋涡花饰绘在他的《世界地图》上，也就无法了解中国人对它的看法。

图 87
克里斯蒂安·凡·亚德里海姆
《圣经中"乐土"位置的准确描绘》
1633 年
以色列国家图书馆藏

也许明人并不会对它难以接受，毕竟包括耶稣和使徒们的圣像画都已载入中国出版的书籍中。

需要说明的是，奥特利乌斯的《地球大观》是自托勒密以来第一部现代化和系统化的地图集，其中大部分旋涡花饰的素材来源于安特卫普 1550 至 1560 年十年间出版的装饰图案。[186] 例如，他借用过制图家雅各布·弗洛里斯（Jacob Floris, 1525—1610）的旋涡花饰纹样：

在奥特利乌斯地图集初版中，《亚洲地图》中的旋涡花饰出自弗洛里斯 1564 年的作品。这里奥氏只用了原始图案的主要部分，剔除了诸多具体细节，并以与原作反像的形式呈现。光线变更为右上方而不是原来的左上方，而之所以颠倒使用，则是缘于印刷的工艺。[187]

17 世纪，制图纹饰变得越来越精致，内容也越来越具体。以抽象设计和特色不明显为特征的带状旋涡花饰很快被更加自然主义的形象取代，通常在花饰中会有一个特定的主题。因此，许多制图家就要为他们的地图作专门的设计。[188]

如果要更好地理解卫匡国《中国新地图集》中旋涡花饰的特殊意义，就需要了解 17 世纪地图旋涡花饰的制作方法。詹姆斯·威鲁认为：地图绘制者会毫不犹豫地借鉴版画中的装饰，以使其适应自己的特殊需要。如一幅由沃德曼·德·弗里斯（Vredeman de Vries）设计的旋涡花饰出现在三幅奥特利乌斯的地图中，且在不同时期被收录在《地球大观》地图集里面，这三幅地图为《巴伐利亚》（Bavaria, 1573 年）、《曼恩》（Le Maine, 1594 年）以及《古埃及》（1595 年）。（虽然源于一个图案）这三幅旋涡花饰用法都不相同。《巴伐利亚》中的旋涡花饰切掉了原图的右半部，并对齐右侧边缘，将它作为标题涡卷。[189] 这个例子说明，制图者会根据地图来选择适合的旋涡花饰。卫匡国描绘中国的地图出现了"不同寻常"的旋涡花饰，图案中除地名文字标示为拉丁拼音外，其余均使用明代人物图像，这符合自然主义的描绘方式，但却是欧洲人眼中或笔下的"明人"形象。

1655 年，卫匡国的《中国新地图集》在阿姆斯特丹由布劳家族出版，地图描述了他在中国的见闻。各省省志的书写体制显然沿袭了中国地理志书写的方式，首先综述全省情况，然后按各府分叙，内容丰富，条理清晰。[190] 旋涡花饰极少出现在晚明耶稣会士在华制作的地图中，例如罗明坚也绘过中国各省地图的手稿，但他在世时未正式出版，这种手稿式地图更像个人的研究笔记，图中没有旋涡花饰。利玛窦的地图主要以世界地图的全新图像吸引明朝学者和官员，看点在中国人未见过的域外地理范围。加上他广泛地融入晚明社会生活后，社交传教活动日趋繁忙，所以即使有心，也没有精力作类似的各省图。利氏活动的区域主要在中国东南沿海、南京和北京一带，中国中西部、西南等地区都没有亲临，而卫匡国的活动范围要广泛一些。在这方面，后辈卫匡国的中国地图绘制确有不少变化，对当时欧洲认识中国的地理人文更有影响。

欧洲旋涡花饰上标记制图者姓氏和制作年代，这也是一种市场竞争的手段。这与中国地图的传统方式不同，中国制图者往往不署名。为了符合中国地图传统，旋涡花饰作为典型的欧洲化装饰效果就不必出现了，在利氏多个版本的世界地图如《坤舆万国全图》中，他本人也效法中国地图传统的题跋形式，和其他明人一样在图上以汉字来书写感言。只有卫匡国版的中国地图中才有旋涡花饰，有两个原因：第一，他本人返回欧洲后（1653 年到达荷兰阿姆斯特丹，1658 年他再度返回中国）将地图集交付制版印刷，读者范围以欧洲人为主。第二，地图出版商是专业的制图商——布劳家族，制图商会根据地图内容来选择旋涡花饰的图案、文字与样式。这部彩绘地图集依照欧洲地图传统的制作模式，但将人物和场景替换为晚明的中国式样，使欧洲的观者在观看时发现一个既熟悉又新奇的世界：

书中包含 17 幅彩色地图，无疑是卫匡国在其所熟知当时中国地图的基础上，根据手中的地图样本绘成的。[191]

旋涡花饰成为卫匡国中国地图中最引人注目之处。在荷兰乌特勒支古文物研究社所收藏原本之中，北直隶（Pecheli）、山西（Xanxi）、

图 88
布劳
旋涡花饰局部
《土耳其帝国地图》
布劳 - 凡德尔·赫姆地图收藏

陕西（Xenxi）、山东（Xantvng）、河南（Onan）、四川（Svchven）、湖广（Hvqvang）、江西（Kiangsi）、江南（Kiangnan）、浙江（Chekiang）、福建（Fokien）、广东（Qvangtvng）、广西（Qvangsi）、贵州（Qveichev）、云南（Iunnan）和日本（Iaponia）、朝鲜地图中均出现了精美的旋涡花饰。地图中各省的旋涡花饰无一雷同，图中地名均以拉丁拼音标注。文艺复兴以来，欧洲地图旋涡花饰的元素包括神话人物、天使、武士和原住民等，但是以中国人作为表现的主题是卫匡国的首创，这些形象基于他在明朝的多年亲历而绘成。欧洲地图如果涉及外国地域，一般会在旋涡花饰中画上当地的人物和风景，作为地图主题的一种呼应，例如在布劳作于1662年的《土耳其帝国地图》中，旋涡花饰（图88）中的土耳其苏丹形象与地图主题相呼应。

　　卫匡国《中国新地图集》不单是对明中国及各省地形的准确绘制，还十分广泛地描绘了晚明社会生活场景，它似乎是晚明的分页地理"风俗画"，整体上对地图集装饰的重视暗示出作者或出版者都期望有关中国地图会引起欧洲读者的兴趣。查阅有关卫匡国《中国新地图集》的具体绘制情况，除了卫匡国是根据手中的地图样本绘制和在绘制时采用了坐标的制图方式[192]之外，没有更多的信息，可能的原因是卫匡国听取了布劳的建议。地图绘法在明代来华的第一代耶稣会士之中就存在，被广为赞誉的利玛窦《世界地图》的绘法问题很少被深究过，因为在那些地图中几乎没有出现写实形象，也没有旋涡花饰。利氏绘制的技术特征在于地域方面，除水纹外，不涉及更多图绘表现。但在几十年后的卫匡国的地图中，这种情况发生了变化。首先是他自身的情况，他和利玛窦一样学识渊博：

> 除了学习神学、语法学和修辞学外，他还深入研究了数学、天文、物理、地理学和历史……当他被要求去修理坏掉的钟表或协助进行艺术创作，甚至制造军事设备时，也能应付自如。[193]

很多文献提及传教士多才多艺，但没有进一步指出他们是否具有造型技巧。其次，卫匡国制图的最终出版是由布劳公司完成的。1653 年 8 月 31 日，卫匡国到达阿姆斯特丹时获得著名历史学家与耶稣会士琼·伯兰德（Joan Bolland）的支持，他将卫匡国介绍给布劳。[194]与地图绘法有关的叙述仅见：

> 与布劳出版社在编纂原则上达成协议后，卫匡国就得努力工作来准备他的手稿，以便在制画方面能被布劳"工作室"所接纳。[195]

合理的推断是，卫匡国有可能绘制出了旋涡花饰基本的图像，包括不同省份中社会身份不同的明人形象，这些人物或许是他熟悉的友人。一些生活场景也是他所熟悉的，例如他对浙江的介绍就需要和他在浙江的传教经历结合起来。人们评价他的地图集不仅地图绘制精美，而且文字介绍详细，图文并茂地将中国形象展现在欧洲人面前，而他所使用的绘制方法是欧洲人熟悉的制图技术。逐渐地，一个建立在文化基础上的崭新世界形象在他笔下形成。[196]如果将卫匡国笔下的明人形象与大致同时期的明代肖像画对比观察，会发现卫匡国旋涡花饰中有不少猎户（图89）、农夫（图90）和武士（图91）的形象，在图中他没有刻意强调中国传统的士大夫和官吏阶层，

图 89
卫匡国
旋涡花饰
《中国新地图集·广西》局部
1655 年
荷兰乌特勒支古文物社藏

图 90
卫匡国
旋涡花饰
《中国新地图集·湖广》局部
1655 年
荷兰乌特勒支古文物社藏

图 91
卫匡国
旋涡花饰
《中国新地图集·四川》局部
1655 年
荷兰乌特勒支古文物社藏

他可能想全面反映晚明社会的普通人及其日常生活。

卫匡国以不同的人物场景来对应不同的省份，这种联系在一些省图中显而易见。地图旋涡花饰中的人物形象没有雷同，不过描绘略显生硬，不及明人自己的人物画那样传神（图92）。图中共发现有官吏、凤凰（图93）、妇人、关羽和周仓（图91）、西洋人物、农夫、竹子、儒士、传教士、书籍、生活场景、野兽、天使、荷花、猎人、弓箭、宝剑、大象及两童子像（图94）。较为显著的旋涡花饰的具体绘制情况见下表：

表 2　卫匡国《中国新地图集》旋涡花饰图像

省 份	旋涡花饰	图像内容	其他
北直隶	有两处，在地图的右下角和右上角	下图共四人，左侧为明代官员，一坐，一持伞而立。右侧有持伞童子，坐者身份不详，有两只凤凰位于旋涡花饰上方，呈顾盼之态。上图为两童子，绿衣者手持圆规，似在测量，蓝衣者手持毛笔。此处旋涡花饰为比例尺，天体仪位于两童子之间，被红色的带状纹饰衬托。	有光影表现
浙江	地图的右下角	共三人，皆为女子。这是一组生活场景的描绘，主题是养蚕与加工蚕丝的过程。与卫匡国在文中的记载吻合。	有光影表现
江西	同上	共四人，皆为男子。左侧一人，头戴斗笠，手持竹拐。右侧三人。两人向绿衣者作揖行礼，容貌较为奇特。	有光影表现
云南	有两处，在地图的右下角和左上角	旋涡花饰最独特，包括左上角的观音菩萨及两童子造像，右下角左侧有四个半裸矮人形象及右侧两头大象，很生动。	有光影表现

在15个省的地图描绘中，卫匡国的地图表现出他可能接触到的明人、明末社会生活场景，所绘制出的人物形象各异。这些形象是否全部来源于他亲身接触，目前不得而知，据卫匡国自云：在15个省中他亲自勘测了7省，其余8省的资料则极忠实地取自中国地理

图 92
佚名
《王锡爵像轴》局部
约 1614 年
故宫博物院藏

学家。这7省是直隶、浙江、山西、河南、江南、福建、广东。[197]《北直隶图》中，旋涡花饰中的人物占据了整个地图面积的六分之一，可能是为了暗示地理位置的重要，人物为明代的官吏形象；左侧一位官员坐着，他身后有绿衣小吏持伞而立（图95）。如果卫匡国依据写实手法绘制的话，穿红色官服的官吏为一品。按明代公服之制规定，一品至四品为绯袍，八品、九品为绿袍。[198]此外，根据明朝官员常服补子图案来看，为文官一品的仙鹤图案。但卫匡国地图上的补子图案描绘简单，略去了云纹和水纹图案。

琼·布劳1655年出版此地图时，明已亡国11年之久，但卫匡国

图93
卫匡国
旋涡花饰
《中国新地图集·北直隶》局部
1655年
荷兰乌特勒支古文物社藏

图94
卫匡国
旋涡花饰
《中国新地图集·广东》局部
1655年
荷兰乌特勒支古文物社藏

依然以明人形象来设计旋涡花饰，这显示出他对明朝所持的态度与情感。1644年5月17日，身在南京的卫匡国获悉崇祯帝自杀和京城陷落的消息。他在《鞑靼战纪》（De Bello Tartarico Historia）中描述形势急剧恶化使他深感震惊，也使整个南京陷入一片混乱之中。[199] 据白佐良（Giuliano Bertuccioli）作的卫匡国年表记载，卫匡国对明末清初政权交替的态度发生过一些微妙变化：

图95
卫匡国
旋涡花饰
《中国新地图集·北直隶》局部
1655年
荷兰乌特勒支古文物社藏

　　1646年阴历六月，鞑靼取杭州时，匡国距杭不远。及闻鞑靼兵至，匡国题其门曰"泰西传布圣法士人居此"。所携之书籍，望远镜及其他诸异物二，列桌上，于中设坛，上挂耶稣像。鞑靼见之惊异，未加害，其主将召匡国至，礼接之，去其汉人衣，易以鞑靼服，遣回杭州教堂，出示禁止侵犯。[200]

　　1646年阴历二月（2月20日至3月21日），（南明）隆武帝"建都"于福建腹地建宁，离卫匡国当时所在的延平很近。正因为如此，卫匡国与反清复明人士有了较多的交往。隆武帝和近臣只是对卫匡国在弹道学、浇筑大炮以及火药生产等方面的知识非常感兴趣。作为这方面的专家，卫匡国和明朝将军刘中藻（？—1649，字荐叔，崇祯十三年庚辰科进士）一直有密切的联系。

　　1650年，中国教区会长阳马诺（Manuel Diaz）安排卫匡国至北京的钦天监与汤若望合作。但合作不愉快，汤若望不合作的主要原因是卫匡国曾和明末志士来往密切，帮助他获得北京的居留可能会影响耶稣会传教士在北京的地位。

　　1659年2月6日在汤若望及浙江巡抚佟国器的帮助下，卫匡国经澳门重返中国终于成行，沿途一直被奉为上宾，于6月11日重返杭州。[201]

　　虽然卫匡国并不与清朝对立，不过在旋涡花饰中，人物服饰没有按照新政权的服饰形制来画。标准的明朝官吏形象在北直隶、河南两省中出现，河南省旋涡花饰之中的绿衣官吏与北直隶图中类似，官服身上补子图案被忽略，应是八品或九品的低级官员，他神情落寞，双手放在袖中。

图 96
卫匡国
旋涡花饰
《中国新地图集·江西》局部
1655 年
荷兰乌特勒支古文物社藏

图 97
徐泰、蓝瑛
《邵弥像轴》局部
1657 年
故宫博物院藏

　　江西省旋涡花饰中的人物形象有些特殊（图 96），花饰左侧一人手持竹杖似在行路，右侧三人，两人向一人作揖行礼。除左侧人物带似斗笠的帽子外，其余三人未戴冠或方巾，他们的发髻样式也与常人不同。这里我们无法得知卫匡国旋涡花饰中人物的原型，但根据各省的风土人情可以发现，他对人物做了一定的安排。明代男子一般头上有帽及其装饰之物，束发之网巾、插簪，腰间所系带或荷包。[202] 行礼者五官奇异，如果卫匡国描绘的是明代汉地人士，这样的形象颇显夸张。在晚明画家徐泰、蓝瑛所绘的《邵弥像轴》（图 97）中，邵弥的形象接近于该旋涡花饰中的人物。根据左侧人像的装扮可以猜测，似与明人士大夫的逸游有关：

　　士大夫出游，其打扮一如云游道人。服饰基本为头戴竹冠、斗笠或云巾；身穿道服；脚踏文履或云履，手持竹杖或拂尘。[203]

　　旋涡花饰左侧人物手持竹杖，头戴斗笠，与之上描述吻合，且呈动态，似为卫匡国对士人出游的描绘。卫匡国在华十余年，与明末人士交往甚笃，明人对他的印象是：卫氏慷慨豪迈，往还燕、赵、晋、楚、吴、粤。启诲甚多，名公巨卿，咸尊仰之，希一握手为幸。[204] 云南省地图中的旋涡花饰（图 98）更为不同。在地图左上角西藏部分绘出了观音菩萨及两童子，卫匡国在描述云南的文本中多次提及云南各地寺院、僧人和佛教追随者，而这也是整个《中国新地图集》中唯一出现佛像之处。身为耶稣会传教士的卫匡国为何在地图上描绘东方的宗教偶像令人不解，根据裴化行神甫的记载：

图98
卫匡国
旋涡花饰
《中国新地图集·云南》局部
1655年
荷兰乌特勒支古文物社藏

> 观音菩萨的模样是个妇人，早期来中国的欧洲人见了都以为就是耶稣的母亲马利亚。同样，中国人起初以为传教士们的上帝是个妇人。[205]

然而卫匡国来华的时间是1643年，非第一代耶稣会士。他的足迹遍及七省，对明代中国社会的情况了解深入。耶稣会在利玛窦时期已对中国人的信仰有所了解，尤其是对儒教思想及其社会意义了解得很透彻，这样才产生了"合儒"与"补儒"的天主教传教策略。相对于儒教，耶稣会士对佛教的态度不那么积极，甚至颇有微词：

> 中国人接收了错误的输入品，而不是他们所要追求的真理。[206]

> 僧人多少窥知来世，知道一些善有善报、恶有恶报的道理。不过，他们的论断中全部掺杂着谬误。[207]

此外，对观音形象的理解，要和天主教中马利亚的形象联系起来。例如，程大约的《程氏墨苑》中就收录了利玛窦之圣母子造像。当时见过包括天主（像）在内类似图绘的中国士子，就常把《圣子降世图》误认为《送子观音图》，为之惊诧不已。类似误读或错觉，亦可睽诸1584年日本耶稣会寄回罗马的《日本事情报告书》。另，《子育观音像》与《圣子降世图》形似，日本形成了"马利亚观音"（マリア観音[208]）的秘密崇拜……在中国明代乃常态，其实就是送子观音或送子娘娘的民俗信仰，也因16世纪从福建德化窑运销而去的白瓷慈母观音塑像（图99）使然。马利亚与观音的宗教互文，在东亚因此是国际现象，共同点是都因耶稣会而起，也都涉及了天主教的传教活动。[209] 久而久之，后世的传教士为方便传教，干脆内化马利亚，将之说成观音，或以观音为马利亚。类似之举，南美洲亦有发生。耶稣会在玻利维亚传教时，即以马利亚代替当地印第安人崇奉的大地女神。[210] 在晚明时期，借用相似的女性神祇形象，与其互换内涵也是耶稣会教士的一个隐形策略。这是耶稣会教士智慧的做法，从

图99
《马利亚观音》
德化窑
17世纪
日本Nantoyōsō收藏

图 100
卫匡国
旋涡花饰
《中国新地图集·云南》局部
1655 年
荷兰乌特勒支古文物社藏

早期利玛窦与罗明坚都身着中国僧人服饰到用马利亚替换观音皆如此。以此背景观之，便不能仅从表面理解卫匡国的中国地图中出现的观音画像。云南省旋涡花饰中图像面积较大的观音造像可能有两层含义：第一，鉴于欧洲出版的中国地图集主要受众为西方人，佛像有助于暗示观者地图的地理范围；其次，观音造像中两童子的传统模式也有助于暗示出"马利亚观音"图示。日本所收藏的德化瓷《马利亚观音》与卫匡国所绘的观音造像（图 100）很接近，唯一的区别就在于没有怀抱小耶稣。

据载，万历十四年（1586）明广东布政司参政蔡汝贤辑书《东夷图像》和《东夷图说》。《东夷图说》中绘有《天竺图》：

其中将《圣母子图》画成手抱婴儿席地而坐的《送子观音图》，《天竺图》中有僧侣跪在一幅应该是《圣母子图》图前，他身着天主教僧袍，手持玫瑰珠一串，分明是在向马利亚祷告。此时天主教已传至印度东南沿海地带，而利玛窦和罗明坚为取信明人，稍早也以天竺来僧自居，所以蔡汝贤的印度想象含有天主教士及圣母圣子图，并非匪夷所思。[211]

从僧装到儒装的变化，意味着耶稣会士们对中国环境的熟悉程度不断加深。卫匡国地图旋涡花饰采用观音图像并非必须如此，因为出版地已不是在明中国国内，不用过多考虑地图受众的反应，这与利玛窦时期不同。

明末时期，天主教与佛教最直接的碰撞来自利玛窦神甫与南京三怀和尚的一场辩论。《牧斋初学集》记述三怀：师讳洪恩，姓黄氏，金陵民家子。雪浪大师（1506—1565），字三怀，号雪浪，秉性颖悟，喜欢静寂。辩论的结果以利玛窦全胜告终。利氏充分运用非凡的记忆力征服了在场的听众：他首先根据记忆详细叙述了所有从前关于（对人性的看法）这个问题的说法，使得他们全都目瞪口呆。[212] 在理论的争锋中，耶稣会士获得了关键的胜利，进一步扫清了士人们的疑惑。东道主的一些弟子就成了利玛窦神甫的常客，很快就抛弃了他们的泛神论观念……宴会上辩论的消息后来传到吏部尚书（王忠铭）耳中，于是他也和其他人一样向神甫祝贺。[213] 辩局显示出两种教义的互相倾轧，尽管利玛窦是在几次谢绝应辩后才得以出场。回到旋涡花饰的讨论，早期的耶稣会士绘制地图，因为考虑以先进的地学知识来吸引明朝士人学者的兴趣，因此极少在地图上绘制有关耶稣、圣像的图案，这类形象在其他地图的旋涡花饰中也不多见。

天主教图案在洪迪乌斯于1606年绘制的《中国地图》之中出现过，它恰巧是以旋涡花饰的方式来绘制。这幅地图中有两款旋涡花饰，左侧很简洁，只是标明了中国的名称；右侧位置描绘出耶稣受难的图像，花饰最上方有十字架，画面描绘了耶稣受难的场景：一名罗马士兵将一根长矛刺入耶稣的肋旁，这是罗马的一种惯例——士兵会用剑或矛从犯人的右胸刺入心脏，每个罗马士兵都会这致命的一击。[214] 地图上出现明显的宗教图案在商业地图中并不多见，卫匡国描绘的观音像并未像云南省或其他各省地图中的人物那样服装上有色彩，而是仅用明暗光影画出，光线从左上方而来。佛像的体积感很强，用意在于表现出雕塑的姿态。善财童子与胁侍龙女在观音两侧，卫匡国将地图的比例尺画在整个雕像的基座部分。卫氏在云南省图中画出佛教造像可能源于明末以来观音形象的流行，顾亭林在《菰中随笔》中述及："今天下祠宇，香火之盛，佛莫过于观音大士。大士变相不一，而世所崇奉者，白衣为多，亦有《白衣观音经》"[215]。在云南地志中，卫匡国十分留意寺院的状况，他记述：

> 西北方向的玉案山上，有很多寺院，里面住着和尚，大理有两座敬奉先贤的雄伟庙宇以及无数供奉着神像的庙宇。

> 位于邓川州的鸡足山，以众多供奉着神灵的辉煌庙宇，和居住着僧人之寺院而著称，关于佛教的消息就是先到达这里的。[216]

> 澂江：离江川不远的蟠坤山遍布岩石和峡谷，岩壁建了一座供奉神灵的庙，还有居住众多和尚的寺院。[217]

晚明以上，云南佛化之深，为他省所不及。[218]佛教传入云南的通道有天竺道，由古印度经缅甸而入滇。早期传入的是大乘密教，晚期传入的是南传上座部佛教。这条通道时代最早，时间最长，对云南佛教影响最大；二是吐蕃道，源头仍在印度，经克什米尔、西藏而入云南。[219]观音的重要影响与其有关：

> 吐蕃道不仅传来了藏密，更重要的是传来了观音，后来成为云南密教第一大神。南诏时观音寺很多，洱海地区著名的有崇圣寺、佛顶寺、弘圭寺、慈恩寺等。到世隆时代（860—877），"大寺八百，小寺三千，遍布云南全境"，其中观音寺的比重居众神第一。大理崇圣寺始建于唐，是大理第一观音大寺。寺中曾有唐代滇中最大铜铸观音像，高二丈四尺。[220]

卫匡国地图的描绘符合云南佛教流行情况。据此来看，旋涡花饰之中观音像的选择不是随意为之。据载卫匡国游历七省中并不包括云南，他对云南地图的绘制应参考其他著作而成。耶稣会士们出色的研究能力使他们寻找和研究相关文献并不困难，对中外文本均能详加悉察。他十分了解《马可波罗游记》、鄂多立克（Odorico da Pordenone，1286—1331）的《东游录》、赖麦锡的《航海旅行》以及金尼阁的《基督教远征中国史》。[221]卫匡国在云南地图中运用的是象征手法，通过观音形象的绘制告诉欧洲的观图者这一地区佛教

图 101
卫匡国
旋涡花饰
《中国新地图集·浙江》局部
1655 年
荷兰乌特勒支古文物社藏

的兴盛。

旋涡花饰在欧洲的发展中，16 世纪制图家主要借鉴装饰图案，而在 17 世纪则十分依赖象征性的图案。这一时期最精致的地图旋涡花饰体现在大幅的墙上挂图上。[222] 卫匡国采用明代中国形象作为旋涡花饰来装饰尺寸稍小的地图集，不过作为可翻阅的书籍来看也十分大。浙江省地图中的旋涡花饰（图 101）描绘了养蚕和缫丝的风俗场景。卫匡国在地图记载中，花费不少笔墨论及桑蚕。作为亲历之地，他很熟悉桑蚕丝绸方面的状况，甚至做了有关纳税经济的数据统计。他说："浙江省内随处可见桑林，和我们种葡萄的方法相似。蚕丝的质量主要取决于桑树的大小；桑树越小，用它的叶子喂养出来的蚕越能吐出质量上乘的蚕丝……来这里之前，我一直有个疑问，与中国丝绸相比，为什么欧洲的丝绸显得既厚又粗糙？现在我想，大概是欧洲人没有注意桑叶的问题。"[223] 卫匡国对丝绸的加工做过深入了解：

这里（浙江）的丝织品被认为是全中国最好的，但价格却相当低。丝绸的价格差异很大，主要取决于蚕丝的质量：用春天产的蚕丝制成的丝绸质量最好，价格也最贵；而夏天的则要差一些，尽管都产

图 102
沈练
《广蚕说辑补》下卷
清代
北京大学图书馆藏

于同一年。[224]

　　本幅旋涡花饰描绘了卫匡国所强调浙江省的主要特色，三位妇人分左右两侧，左侧之人一手煮茧，一手摇车。汪日桢《湖蚕述》曰：缫丝，煮茧抽丝，古谓之缲，今谓之做；先取茧曝日中三日，日晾茧，然后入锅丝车。[225]画面细致地描绘了缫丝时安灶、排车的工艺。卫匡国绘缫丝用灶与《广蚕说辑补》所录之灶（图102）近似，是一种小型的火灶，汪日桢对炉灶有如下描述：

　　　　做丝之灶，不论缸灶、竹灶、砖灶，总宜于数日前砌就，使泥皆干燥，方易透火。缸灶、竹灶须安置平稳。不可稍有欹侧；……灶高二尺，宽上窄下，使缫丝者有容膝处也。置锅其上，以泥护之，勿使漏烟。必须用烟囱，使烟直透，丝上无煤气。[226]

　　汪日桢所述缫丝灶与卫匡国图中绘制形制基本相类。旋涡花饰右侧为桑树以及养蚕的工具，放在地上的用具似蚕筐。蚕筐乃古盛币帛竹器，今用育蚕，浅而有缘，适可居蚕。[227]缫丝制作工艺复杂，郑珍《樗茧谱》记："缫丝其有非师授不能为，非亲见不能知者。虽释之，人亦不解。"[228]这些细节的展示，说明卫匡国对桑蚕的熟悉程度。蚕虫虽小，纤纤玉丝却是从低到高连接整个晚明社会的重要纽带，它对国家的影响不能忽视：浙江每年纳税数量十分可观，370 466磅生丝和2 547卷丝绸。每年还要分四次，用大型的"龙衣船"载满特制的丝织品送往京城。它们精美绝伦，多用金银丝线甚至彩色的羽毛编制而成，专供皇帝、皇室成员和个别得到皇帝特许之人穿用。[229]卫匡国对农业生产场景的关注在浙江和湖广地图中的旋涡花饰上表现出来。虽然地图集的篇幅有限，但在选择适合的图示作为旋涡花饰图案时，卫匡国的思路仍是希望全面反映晚明中国的社会风貌，并没有偏向于某一种主题，为此甚至还画上了佛教神像。这部地图集的作用更像明代中国的地理志，文字方面的介绍十分详细具体，对当时欧洲人很少涉足的中国内地省份，包括西南和西北地区的风土人情均做了描述。

　　卫匡国把地图装饰描绘为风俗场景，显然是受到欧洲人欣赏趣味的影响，鉴于地图最后是由布劳家族制作完成，卫匡国的图稿极有可能经荷兰地图商之手润色过。作为一流的地图制作出版商，布劳家族根据欧洲人的观看特点来设计旋涡花饰也在情理之中。

卫匡国的地图似乎没有起到宣传天主教的作用，而更像是游记和社会学考察报告，尽管传教是耶稣会士来中国的目的，但在他的17幅地图中没有出现圣像以及耶稣会标记。而在以人物作为绘制旋涡花饰的主体中，除云南省地图中有观音形象外，其余均为现实主义的手法。地图中呈现出卫匡国眼中的明末社会，但如果仔细观看旋涡花饰中的人物，就会发现与明人存在的差异。一个明显的差异在于人物的姿态：浙江省地图旋涡花饰之缲丝场景右侧桑树旁的妇人的手势在中国绘画图像之中十分少见（图103），是十分欧洲化的姿态。与之相似的著名例子就是达·芬奇的《天使报喜》中天使的手势（图104）。尽管这些形象来源于卫匡国在中国的经历，但对中

图103
卫匡国
旋涡花饰
《中国新地图集·浙江》局部
1655年
荷兰乌特勒支古文物社藏

图104
达·芬奇
《天使报喜》中天使的手势
1472—1475年
意大利佛罗伦萨乌菲奇美术馆藏

图 105
让·哈伊根·范·林斯霍滕绘
小约翰内斯·凡·多特哈姆刻
《中国人的习俗》
约 17 世纪初
铜版
银川当代美术馆藏

国人的描绘仍然无法摆脱欧洲的影响。

相似的画法和表现特征在欧洲画家描绘中国人形象时始终存在，例如文艺复兴时期著名的探险家、荷兰人让·哈伊根·范·林斯霍滕（Jan Huyghen van Linschoten，1563—1611）所作（刻图师为小约翰内斯·凡·多特哈姆，Johannes Baptista van Doetechum, the Younger，1560—1630）的《中国人的习俗》（图 105）一图。画面中，着官服者是明代官员的形象，身穿朝服作揖行礼；其余人物则很难与中国人联系起来。在过去欧洲的出版物中，经常有作者根据想象来描绘中国人物，故而人物形象与中国人存在差异。

中国古代舆图中很少出现人物形象，也没有欧洲地图中绘制旋涡花饰的惯例。不过在一幅明末的地图上，却十分罕见地出现了人物。这幅纸本彩绘的《北京宫殿图》（图 106）尺幅较大，为 169×156 厘米，图中描绘的宫殿呈中轴线两侧对称，绘制极为精美，建筑的透视设计十分出众。据图中跋语所记：

嘉靖三十六年四月，奉天等三殿及奉天门灾，四十一年重修工竣，皆匠官徐杲一人之力。完工时，杲官工部尚书，世宗欲以太子

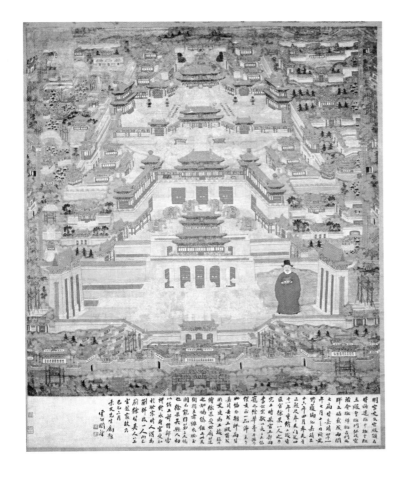

太保宠之，徐华亭力阻……（此图）为工竣后所绘，徐杲受世庙达之，知鸩俦钜工，此天街独立者绯衣腰玉，固不能作第二人想也。

  图中人物是吴县木匠徐杲，嘉靖四十一年他因在三大殿和西苑永寿宫的重建中表现出色，受世宗的赏识而直接擢升为工部尚书。他的形象在图中出现是对他出色建筑水平的肯定。图中在描绘宫殿楼宇、桥梁牌坊时甚至运用了某些透视技巧使画面具有立体感，尤其在徐杲所处的右下角部分表现最为突出。只是人物的比例和建筑物相比显得过大，可能是根据地图本身的尺幅设定，因为如果按照真实场景和人物的比例来画，徐杲的形象将会比现在缩小三分之一

图 106
佚名
《北京宫殿图》
明末
纸本彩绘
台北故宫博物院藏

以上，但这样就无法辨识他了。在欧洲地图中，旋涡花饰中人物场景的出现主要是对地域的文化、种族特征、历史与社会现状的揭示或介绍。在介绍宫城风貌的《北京宫殿图》中，对徐杲肖像的描绘也具有类似的含义，这是记载他个人成就的特殊方式，在地图的描绘中不常见。

中国传统舆图的绘制没有把人物形象与地理状况相联系的传统，绝大多数地图中几乎不画人，只是关注地理疆域本身。嘉靖《陕西通志》第十卷中，有关西域地图的描绘中出现了人物：

> 此图用地图与形象绘法结合表示……图后接《西域土地内属略》和《西域土地人物略》两篇。作者今仅知为雍州即陕西之人，据《西域土地内属略》最后记事为嘉靖二年（1523），图必作于此后。地图范围，东起嘉峪关，西至鲁迷城（伊斯坦布尔），内容全按行程记录绘出，一是所经地方（城邑村镇）名称、方位，二是有关山川泉泽，三是各地人物风貌、物产。仅有少数与《人物略》名称或叙述不一致，说明两者非同出一手，图则为雍人后补，非实地所测，无一定比例，地形、地物多用形象绘法，又加人物于其间，构成本图的特点。[230]

以上述考察观之，《西域土地人物图》的绘制者和记述者并非一人，嘉靖二十六年（1547），时任陕、甘巡按张雨编著的《全陕边政考》中收录了《西域诸国》。书中分为"道里""物产""山川"三栏，其中"道里"栏与《西域土地人物略》全同，两者必同据一原本。[231] 地图中的人物较小，整体上比例并不统一，人物的比例与树木相比，较为符合实际景观，但与山川河流比较就显得过大。图中所绘人物属于风俗场景，有相互之间的活动，多处还有骑马人物，符合西域生活场景。与《北京宫殿图》不同的是，《西域土地人物图》中的人物基本上是作为沿途地理概貌的说明性符号，他们从属于整个地图，而不是作为展示的中心。即便如此，在无论以何种方式绘制的明代地图中，人物形象总是罕见的。

旋涡花饰中对人像的描绘不仅在欧洲北方的制图中普遍运用，

也是意大利与葡萄牙制图学派中地图制作的传统之一。卫匡国的《中国新地图集》自然秉承这样的传统。17 世纪初来华的耶稣会士在地图方面以欧洲地理学的成就和对世界认识的全新视野吸引了明人关注。而对卫匡国来说，地图显示出对明代中国深入了解的开始，具有博物学和社会学式的考察风格。在地图集中实际上看不到耶稣会士们在华的传教反映，地图绘制与其说是传教活动的组成部分，不如说是一项特殊的学术研究。

第五章　水　纹

易称天以一生水，故气微于北方，而为物之先也。

——《水经注》

地图中的水域

欧洲和中国地学的规模化交流出现在晚明时期。在西方地图学传入之前，中国舆图绘制有长期独立的发展体系。而耶稣会传教士来华后，对中国舆图的表现带来了某些影响。佛兰芒地图学派的《世界地图》在 16 世纪末至 17 世纪初进入明人的视野，传教士们绘制和明人摹刻的地图在此时呈现出微妙的互动。不少官员和重要学者都极为关注西来地图，有不少人能以开放的姿态审视不以明帝国作为世界地理和心理中心的"世界版图"，并将它们纳入自身的学术研究范围。这时的中文著作中出现了丰富的域外地理图像。此外，晚明地图中不同样式的水纹描绘也成为文化交流的微观见证。

在明万历时期，耶稣会传教士携带欧洲地图进入中国。尽管此前中国舆图发展自成体系，比较稳定，并较少受到域外因素的影响，然而西方地学的迅速崛起和东西交流的活跃，致使晚明时期的制图活动不可避免地被放置在全球视野之中。有趣的是，同时期中国舆图的传统与绘制表现对欧洲地图样式也产生了微妙的反作用，这突

图 107
天水放马滩一号秦墓出土的地图

出反映在来华耶稣会士和明人绘制的各式地图中。此时出现诸多"世界地图"的摹刻本、绘本，显示出晚明精英知识阶层对世界疆域的特殊关注。明人所绘制的"世界地图"不仅成为地学进展的一个缩影，它们的绘制方式亦具有新的特征。我们曾讨论过中外地图中有关风景画艺术与制图的联系。为何将关注的目光聚集在地图中的水纹？如此微观的地图符号会在晚明东西方文化交流中起到何种作用？这其中的缘由值得详述。

传统中国地图学的特征之一就是河流和内陆水体在地图上画得很详细，对地形和地势却只是简略地表示。因为传统中国是农业社会，河流、内陆湖泊与河道对中国社会与经济十分重要，自然会受到特别的注意。[1]中国地学中对水域的研究，例如《水经》与《水经注》都显示出学术层面对水域的考察。如果说在数量众多的明代方志中地图的绘制日趋同质化，那么早在秦汉时期的制图是否有所不同？因为早期地图图形极简、高度概括，地图的内容可能是作者认为最需要表现或最重要的部分。甘肃天水放马滩一号秦墓出土的地图（图 107）中表现的地域为战国后期秦国属县——邽县，其中地形图四幅，绘有山脉、河流、沟溪、关隘等（符号）。[2]学者们认为这些是秦岭山区的渭河及其支流地区，包括放马滩秦代墓地在内……地图用黑色线条表示河流。[3]

如果观看放马滩地图，首先映入眼帘的当属蜿蜒的水道线，其次会看到地名等其他信息。在 1973 年出土、西汉初期绘制的《马王堆地形图》中，水域绘制更胜一筹（图 108）。地形图长宽各 96 厘米，主区所绘为桂阳郡中部地区，精度很高；图中用粗细均匀变化的曲线表示 30 多条河流，河名统一标注在河口，重要的加注河源名称。主要河流的平面形状、交汇关系相当准确。[4] 学者们认为这幅两千余年之前绘制的地图不但突出地表现了水系，且绘制精度十分高：

更引人注目的是，一级支流和主流深水的交汇地点，都是十分正确的。除营水之外，临水、垒水、部水、侈水均无不正确，即使是主区南部荒无人烟的参水三个流域区，其主支流的交汇关系也绘制得十分清楚。[5]

无法了解是运用了什么手段可以在西汉时期画出这样精准的地图，但从这些地图中可以了解，水域是制图首先考虑的部分。在此后经唐宋直至明代，各式地图中关于水域的表现不断演变。明代方志中

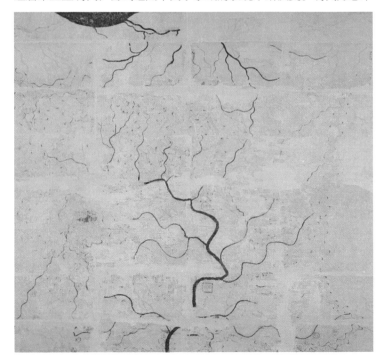

图 108
《马王堆地形图》

舆图绘制也十分关注水系，种类繁多且十分详尽，如成化时朱昱辑《毗陵志》，设地理、山川二志，地理载建置沿革、郡名、分野、形胜、疆域、里至、陆程、水程、城郭、坊市、乡都、桥梁；山川、峰、岭、岩、洞、坞、江、湖、河、溪、沟、港、塘、涧、坂、渎、潭、渚、泉、泾、井、堪、域、闸，非常详尽。又如陈继儒纂崇祯《松江府志》，就分疆域图、治所图、水利图、海防图、水道图五类，共有二十七幅。[6]

中国历代山水画对水体的关注不容忽视。南宋马远与夏圭之作，剔除繁杂之物，专注于对水的描绘。马远出身于绘画世家[7]，他的十二幅《水图》分别命名为《波蹙金风》《洞庭风细》《层波叠浪》《寒塘清浅》《长江万顷》（图109）、《黄河逆流》（图110）、《秋水回波》（图111）、《云生苍海》（图112）、《湖光潋滟》《云舒浪卷》《晓日烘山》和《细浪漂漂》。这些各式"水"的图像汇聚了江、河、湖、海在不同气候条件下迤逦而又充满张力的水系。近乎哲学命题式的作品主题不仅不会使人感到单调，反而可能激发起观者的想象，马远对"水"主题的描绘明确表达出对自然独到的见解。他极为关注各种环境下水形、水波纹的细致变化，这些具备地质图特征的水墨线描作品，在不忽略绘画传统意趣的前提下，对"水"的形式进行了类似西方风景画式的写实主义观察。这些作品也很可能源自他的实地写生，多幅作品例如《秋水回波》和《长江万顷》中，水波纹样出现了明显的"近大远小"和"近实远虚"。这在某种程度上似乎符合线性透视，也基于大气透视的基本法则。

中国舆图的传统是地图上的河流和内陆水系表示得很详细。[8]山与水的区别对待在很多古代地图中十分多见，学者们认为，之所以对地形和地势简略的表现，是缘于传统中国为农业社会，而中国人多分布在河谷中，所以河流和内陆湖泊对中国人很重要。鉴于河道对中国社会与经济都具有深远的意义，自然会受到特别的注意。[9]例如现存的早期地图，除前述天水放马滩一号秦墓出土的《地形图》和《马王堆地形图》外，宋代所绘的《华夷图》和《禹迹图》（见第一章，图4）对水体的准确描绘也给人深刻印象。李约瑟（Joseph

图 109
马远
《长江万顷》
南宋
故宫博物院藏

图 110
马远
《黄河逆流》
南宋
故宫博物院藏

图 111
马远
《秋水回波》
南宋
故宫博物院藏

图 112
马远
《云生苍海》
南宋
故宫博物院藏

Needham，1900—1995）认为《华夷图》是中国制图学的重要石刻地图之一，刻石年代为 1136 年。《禹迹图》是当时世界上最杰出的地图，刻石于 1136 年，比例尺是每格相当于百里，海岸轮廓比较确切，水系也非常精确。[10] 非常明显的是，《禹迹图》包含现代地图的特质，在一米见方的图内以空中的俯视视角绘制了宋朝的疆域。图中的交错网格线是按照每格百里的标准。除了横纵的直线外，最明显的就是中国地域各水系的不规则曲线，长江与黄河是水系中最显著的线条：

> 只要把河流网拿来和现代地图比较一下，立即就可以看出，河流画得非常精确，且图中海岸线的轮廓画得比较确切。[11]

从历史上来看，水域对中国各个历史时期的社会经济体制都极为重要。《水经》就对 137 条河流作了简短的描述，而郦道元对它又作了增补，名为《水经注》。中国大概从秦代就已经开始对江河进行测绘制图。[12] 水体的分类甚至在西周春秋时期就明确了：

> 公元前 11 世纪至前 711 年，已有"大川"、"氿"、"涧"、"沼"[13]、"泽"、"寒泉"、"肥泉"和"槛泉"[14] 的概念。春秋战国时期，出现了将大地的河流比作人体的脉络，明确地划分出了河流的主流与支流，当时称"经水"和"枝水"，即是后来主流和支流的前称，水系观念已表达得很清晰。[15]

《尔雅·释水》中有各种"泉"和大水分出的支水之名。例如，"水自河出为灉……水注川曰溪、注溪曰谷、注谷曰沟、注沟曰浍、注浍曰渎"，表明由小到大的分级，江河淮济为四渎，四渎者，发源注海者也。[16]《禹迹图》中的水道按照水体大小分级标注，古人对水系的辨识之深入也自然反映到古代地图绘制中。秦汉时期的地图虽然在具体的地点上已模糊不清，但是在水系方面却依然清晰可辨，证明作者没有把河流和一般地理符号等同对待。不仅如此，古人根据水流的运动状态来分类，区分得更加细致。例如水体被分为"瀑布""逆河"（或称迎河）、"河曲""伏流"（即地下河）及"潮汐塘"等，还细分了泉源。汉朝时已总结了泉的分类，如"槛泉正出，正出，涌出也；氿泉穴出，穴出，仄出也；沃泉县（悬）出，县出，下出也（下降泉）"[17]。

宋代的水系研究有单锷及其《吴中水利书》。据说他以三十余年考察了苏州、常州和湖州的湖泊、河流和水渠。[18]中国对域内的水系关注要远远超出海洋，除了郑和七下西洋绘制过航海图之外，中国古代所关注的水系主要是内陆湖河。这（主要）是出于政治经济目的，因为河流和水道对漕运和防洪很重要。[19]

明人王逵《蠡海集》对水之源流进行过研究，他说："气因卑而就高，水从高而趋下。水出于高原，气之化也。水归于川泽，气之钟也，以是可见夫阴阳原始反终之，义焉。盖气之始，自极卑而至于极高，充塞乎六虚，莫不因卑而就高也。水之始自极高而至于极卑，泛滥乎四海，莫不从高而趋下也。"[20]儒家"仁者乐山，智者乐水"的命题使山和水被赋予了超出自然地理的人文理想。春秋时期对水的观察和研究已涉及水与人的关系，《管子·水地篇》认为人性格和品质不同的原因是由于各地水质不同造成的：

齐之水道造而复（急躁而回复）；楚之水淖弱而清；越之水浊重而泪（混浊而为汁）；秦之水泔最而稽，圩滞而杂；晋水枯旱而运（苦涩而浑）；燕之水萃下而弱；宋之水轻劲而清。[21]

清末之前，各类官府或民间地图对水系、江河湖塘的绘制普遍比较全面和深入。古代舆图本身就有一个原则：略于画山，详于画水。有学者认为，从技术角度而言可能与毛笔有关，用毛笔画线条，较易控制其粗细，河流的下游画较粗的线条，向上游线条可以逐渐变细。[22]这可能是一个原因，中国毛笔适宜画纤细但柔韧的线条，历代白描在线条造型方面达到极致。不过，重视水的描绘并不意味着对其他地图符号的忽视，山川、林木和建筑物在古代地图中和水域一样出现在地图之中，因为它们本身就是地图的组成部分。在明代很多方志图中，除水之外，县府、官衙、寺庙和驿站等往往会给予特写，单独画在一页或数页之中。

纵观制图史，欧洲人对水系的重视不亚于中国古代，东西方在

图 113
《费拉拉公国图》
罗马梵蒂冈地图画廊藏

对自然地理方面的看法上具有共识。例如梵蒂冈地图画廊藏《意大利全图》中的《费拉拉公国图》（*Ferrariae Ducatus*，图 113），图中描绘了波河[23]河谷（Fiume Po）和多达几百条细水道和多条主要的河流，最后汇入海中。与中国不同的是欧洲人的全球视野和对海洋的兴趣，他们绘制各种各样的海图，包括各大洋的世界地图以及局部海域图，前面已经讨论过中世纪的欧洲地图里已包括了世界主要大陆和海洋。

欧洲人发现了四通八达的海路后，绘制地图的科学首先在海上得到发展。航海工作者的需要，使地理学家和地图绘制者把注意力从大规模的海域图转向零星的小地图。为什么海洋是科学的、精确的而有实用价值的地图孕育地？人们出海越远，就越会感觉到文字资料给他们的机会不足，海上的情景永远是个自由王国，要从经验来学习，凭事实来指引，还得增加知识。[24]在欧洲早期，由于绘图术尚处于草创阶段，要给海员们提供一张有用的沿海航图也非易事。

港口与港口之间的安全航道，不仅是海员们的职业秘密，也可以说是宝贵的国家机密，因为这些知识意味着贸易机会，它可使城市繁荣，国家兴旺。[25] 中国古代的地图在勘测方面也曾可圈可点，以准确性著称的《禹迹图》（尤其是其海岸线的绘制甚至与今天相差无几）参考《禹贡》为其绘制的文本素材，它的准确性还体现在图中几十个城市坐标点和今天相比偏差很小。不过，即使是这样一幅地图，也没有把绘制的视野投向大陆之外的广阔疆域，原因在于许多中国古地图会在地图上表示思想观念，即以"变形"表示特别的观点，如为了强调京城或府县的重要性，将城或府县画在地图的中央；为了强调古城的重要性，用很大的地图符号表示古城，而有些地区，比如岛屿，则画得特别小，以显示不重视的态度。[26] 同理，中国大多数朝代几乎都把政治民生限定在大陆内，海域不被重视也出于这个原因。

虽然地图中对海洋的表现受到局限，但是古人对海洋的想象似乎并没有像在地图中那么保守。而这其中的缘由是中国自古即以农业为主，对于地理环境的运用偏重在土地的利用、气候与灌溉。人民普遍讲求守成，政府绘制地图大抵以地籍图、政区图、都城图为主。政府绘制地图的目的在于强调土地分配与利用及强烈暗示疆域的完整性。这种与政治文化强烈联系的制图目的和制图传统几乎在中国维持了数千年；即使是到了西方科学开始影响中国，制图技术发生改变后，前述传统仍持续在中国发展。[27] 海洋的文本形式远远多于地图中所绘制的，充满诗意的比拟而无法用地理观点去考察。例如《诗经》"沔彼流水，朝宗于海"[28]；晋郭璞《玄中记》"天下之多者水也，浮天载地，高下无不至，万物无不润。及其气流屈石，精薄肤寸，不崇朝而泽合灵宇者，神莫与并矣。是以达者不能测其渊冲，而尽其鸿深也"[29]。北宋徐兢在《宣和奉使高丽图经》中写道：

臣闻海母众水，而与天地同为无极，故其量犹天地之不可测度。若潮汐往来，应期不爽，为天地之至信。古人尝论之，在《山海经》以为海鳅出入穴之度，《浮屠书》以为神龙宝之变化。窦叔蒙《海峤志》以谓水随月之盈亏。卢肇《海潮赋》以谓日出入于海，冲击而成。王充《论衡》以水者，地之血脉，随气之进退。率皆持臆说，执偏见评料，近似而未之尽。[30]

中国早期文学作品对自然景物的关注也涉及水域的概念，文人们把自然与人格比拟作为一种惯例。这也有助于进一步了解与地图有关的自然或地理图像，和它们在不同时代与文化背景中的呈现方式。在前面的章节中，曾对中西方观察景物的方式做过叙述，我们认为这是一个核心概念，因为无论中外，古代各个时期的地图之所以会出现十分多元的面貌，都直接或间接地与人们如何观察以及怎样表达有关。对它的诠释可能会从一个新颖的角度理解为什么地图会被描绘成不同面貌。另一方面，这将是充满艰辛的探索之路，因为中国古代地图往往很少留下绘制者本人的记载、技法与描述，制图家实际上没有专业联盟和组织，甚至"制图家"这一称谓都值得商榷，因为他们多数人的职业与地图本无关联，而是出于个人兴趣。这些因素对理解中国古代制图者的绘图缘由十分重要，另外，中国古代绘画的诗书题跋传统在地图中也被使用。文学作品中的丰富描述对地图无法涉及的区域可以弥补类似的空白，虽然可能是以浪漫主义或神话色彩为特征，但这样的"观察"方式有助于理解与地图学相关的背景知识。

例如晋代陶渊明有诗云"流观山海图"，梁张僧繇画过《山海图》（而且到宋代还存在），但陶之所观，张之所画，是否是古《山海图》之旧，亦不得而知；另外还有些不知名画家的《山海经图》和《大荒经图》。到明末吴任臣作《山海经广注》并有附图五卷，他自己说是《本舒雅旧稿》，而清《四库提要》说是"以意为之"，不采取它。在他以前，有人替王崇庆《山海经释义》刻本附刻图像山海经。图中所画神怪人物后面都画有山水背景，多少带些地图性质，可能保留一些舒雅原图的意味，而这个图像在吴任臣图中应能见到，不过吴氏图却把背景完全略去不画罢了。后来汪绂著《山海经存》，郝懿行著《山海经笺疏》等，都有附图，却都是依"经"作"图"，

"望文生训"，和古时以图为主，以经注图的体裁恰恰是颠倒过来，而图的形制也完全是绘画，没有一点地图的意义了。[31] 关于海洋的叙述，古人进行过详细分类，如《尚书·大禹谟》"文命敷于四海"；《楚辞》"览冀州兮有余，横四海兮焉穷"；《荀子·王制》"北海则有走马吠犬焉、南海则有羽翮齿革曾青丹干焉、东海则有紫紶鱼盐焉、西海则有皮革文旄焉"；《尔雅·释地》"九夷、八狄、七戎、六蛮，谓之四海"。古代"四海"也有确切的水体含义，即指大陆周围的边缘海——裨海。[32] 它们对海洋描述得细致入微，使人不得不思忖这些作者是否曾亲临观之。

现在所称的四海（渤海、黄海、东海与南海）与古时并不一致。例如现在的渤海，春秋时称北海。《左传》记载齐国要讨伐楚国，楚王闻讯便派人向齐桓公说："君处北海，寡人处南海，唯是风马牛不相及也。不虞君之涉吾地也。"汉代渤海西还置北海郡。现在的渤海，古代有时也称勃海，如《河图括地象》中提到"黄河出昆仑山入于勃海"。此外，对海洋地貌认识的深化也表现在分类上。唐徐坚《初学记》述："海中山曰岛，海中洲曰屿。"宋《宣和奉使高丽图经》："海中之地。可以合聚落者则曰洲。十洲之类是也。小于洲而亦可居者，则曰岛。三岛之类是也。小于岛则曰屿，小于屿而有草木则曰苫，如苫屿。而其质纯石则曰焦。"[33] 在明清时期的地图中，海域不仅以线描的形式绘制，色彩亦普遍使用。海洋的色彩与其深度有关，古人曾就此做过详细的描述：

南宋《梦粱录》："大洋之水碧黑如淀；有山之水，碧而绿；傍山之水，浑而白矣。"黄海海域古代分为黄水洋、青水洋和黑水洋。长江以北近岸海域，水浅，泥沙多，水呈黄色称黄水洋。早在北宋时就提到黄水洋。《宣和奉使高丽图经》："黄水洋即沙尾也，其水浑浊且浅。舟人云其沙自西南而来，横于洋中千余里，即黄河入海之处。"黄水洋外面（东面）水较深，呈青色，称青水洋。再外面水更深，称黑水洋。元代海运三次改变航线（先后有1282—1291年、1292年和1292年三条航线），离开近岸海区向外海发展，入黑

图 114
许论
《九边图》
明代
辽宁省博物馆藏

水洋。这样避开了近岸海区的暗沙、浅滩，而且可以不用平底海船，改用下侧如刃，可以破浪而行的大海舶，大大缩短了海运日期。古代还有关于台湾海峡的黑水沟记载。清季麟光《台湾杂记》云："黑水沟在澎湖之东北，乃海水横流处，其深无底。水皆红黄青绿色，重叠连接。而黑水一沟为险。舟行必借风而过。"[34]

与欧洲地图相比，中国古代早期舆图在着色上并不普及，抑或佚失，只是在部分重要的地图中才加入色彩，例如明彩绘《九边图》（图114）、万历十八年潘季驯纂《河防一览图》、康熙三十七年《京杭运河图》局部（图115）、雍正元年《台湾图附澎湖群岛》、雍正八年《海国闻见录》等。设色地图一般多为大幅挂图或卷轴图，辑刻成书者较少。利玛窦在中国绘制编刻的一些大幅世界全图似未设色，不过，在万历三十六年（1608）出版的欧洲人绘制《东印度地图》[35]上，海洋区域的色彩做了很细致的区分，大陆沿海区域用蓝色晕染，海中的大型岛屿在其轮廓周围用排线刻画出来。

嘉靖年间，许论彩绘的《九边图》对水系方面的内容做了深入的记载，作为一部重要的边舆图，它按照明代"九边"序列标绘了九镇地区的山川、卫所、城堡及关塞。图中在重点记载各边镇建置地理的同时，对流经九边地区的重要水系也有扼要介绍。图中黄河是流经甘肃、宁夏、延绥、太原、大同等边镇的最大河流。河流源头注于甘肃边外的西宁卫境（今青海），河源的形状为中间一大湖、周围连缀八个小水泊，即"黄河原（源）九泉"，实际应是指古黄

图 115
《京杭运河图》局部
康熙三十七年至雍正元年
台北故宫博物院藏

河源头"星宿海"。此外，见于《九边图》上的九边腹地中其他各
主要河流有：辽东镇辽河、浑河、太子河、鸭绿江和大凌河；蓟州
镇之滦河及诸支流。但诸河流均无文字标注，仅有河道图记。图中
山脉皆以写景绘法，重要城堡均绘有方城和敌楼图案；诸边堡以带"望
台"的方框表示，海洋、湖泊、大川水域则绘以闭合曲线或传统的
鱼鳞纹水波图案。九镇地区的边墙，则以带堞口的城垣图形来标示，
给人以形象真切之感。[36]《九边图》的色彩也是它的主要特点之一，

学者王绵厚认为：

作为一部彩绘地图，《九边图》中保留了我国古代设色舆图的传统特点。综观全图绘法，均以墨线勾勒底图，墨书文字。在墨线构图基础上，分层以青绿重彩绘山峦、海域、大川和建置城堡。观其海洋、巨川多以墨线勾出边域，并石绿着色；城堡、边城多着色为赭黄或石青；山峰的突出部位在青绿重彩间添以描金，使之点碧成辉。各城堡间纵横交错的驿道均以细红曲线相接。考察如《九边图》这样以青碧重彩描金法套绘的大型边舆图，其制图的设色技法，应受唐、宋以来绘画艺术中"金碧山水"的影响。在传世的我国古代绘画及写经上，不乏以设色描金法绘制的山川人物、历史故事或雕梁画栋。《九边图》的绘法，当借用这种传统彩绘技法。[37]

欧洲地图对色彩的使用由来已久，最能体现出海洋色彩的是绘制者似乎开始运用补色原理，例如用橙黄色晕染亚洲大陆，特别是西藏高原区域，蓝色的海洋和橙黄色的大陆区域对比十分明显。类似的海洋色彩表现还见于1596年出版的《中国地图》。这幅地图是法国人梅特鲁斯据奥特利乌斯的《中国地图》[38]重绘的，对中国的海岸线和周边海域比较关注，不过准确性不高。[39]

荷兰17世纪制图大师之一约杜库斯·洪迪乌斯于1607年绘制了《亚洲地图》，画面上水域部分中，渤海已大致被绘出，但山东和辽东两半岛还不太明显。朝鲜半岛被画成岛屿，黄河、长江、西江等河流都互相连接在一起，并且黄河上游有了一个水源，源于北纬60°与东经120°的一个湖泊，位置相当于今天的东西伯利亚。交趾支那被画在中国境内，台湾岛被称为小琉球，澳门的纬度相当正确，但顺天的纬度则偏高，日本的本州岛、四国及九州岛三个岛都已被画出来。[40]图中的特殊之处还在于除了海洋部分的蓝色晕染之外，大陆的轮廓用红色勾出以示强调。利玛窦等人在中国绘制的地图传回欧洲前，西方对中国境内地域的认识还很不足。在这一时期最有趣的地图是传教士卫匡国的作品。

这幅地图在前面曾经讨论过，卫匡国此图描绘了明代两京与十三布政司，虽然多处出现地标错讹，不过他还是没有把海洋的颜色忽略掉，可以看出在大陆周围的海岸线采取了排线处理的欧洲传统方式，中国的海域部分（包括内湖）都被染为蓝色。学者乌拉·鄂伦斯瓦尔德（Ulla Ehrensvärd）指出，虽然制图史学家们再三承认色彩作为地图元素的重要性，但是，地图中色彩的作用仍然没有得到深入研究。[41] 有相当多的历史证据显示出象征与特殊种类地图符号之间的联系。冯·登·布林肯（von den Brincken）的研究表明，虽然有一些变化，但（欧洲地图）色调的类型通常与中世纪《世界地图》中土地和水域的特征有关。在中世纪绘画中，宗教人物的服饰显示出色彩种类与其象征意义的一致性。地图色彩的象征显然有其根源，可以追溯至古代。一个有趣的例子是在红海中运用了红色，这是中世纪地图的特征。黑海和红海是古代亚洲人的叫法，这些名称归因于古老的起源，Pontos Euxeinos（黑海）的名称被希腊人使用，却与颜色没有任何联系，仅意味着"友好之海"，因为希腊语中的单词——黑色（melas）在希腊人的思维中无法与"水"联系起来。对古希腊人来说，水是明亮（白色）的单词"leukon"。[42] 17 世纪时期欧洲和中国的地图中，海洋表现一般都是以自然观察来绘制。

描绘海洋的出色例证是梵蒂冈教廷地图画廊（La Galleria delle Carte geografiche in Vaticano）中的壁画地图。在地图画廊里绘制了意大利各地之图，图中的奇维塔韦基亚（Civitavecchia）是位于第勒尼安海沿岸的一个海港小城，现属意大利拉齐奥大区。在这幅绘制精美的地图中（图 116，由专业画家绘制，详见下一节），除了画面具有很强的透视空间感（不过可以看得出，基于观察的角度，前景中的帆船、奇维塔韦基亚城池与整个画面的透视略微不协调），画面中海水的绘制显示出壁画地图的绘制者曾认真观察过实景。由海岸边至地图最前景的帆船间的距离，海水色彩逐渐发生渐变，由泛白的浅水区域慢慢向深海区域过渡，颜色越来越深。《梦粱录》所描述的海水之色：大洋之水碧黑如淀；有山之水，碧而绿；傍山

图 116
《奇维塔韦基亚图》
罗马梵蒂冈地图画廊藏

图 117
郑若曾
《筹海图编》
明代

之水，浑而白矣，在奇维塔韦基亚地图中的确如此。

专论海岸的书籍在中国出现得较晚。例如郑若曾编、邵芳绘图并撰写的巨著《筹海图编》于明嘉靖四十一年（1562）刊行，李约瑟认为书中附有一些"画得很粗糙"的地图，这类著作的出现与沿海各省当时经常遭到倭寇的严重侵扰有关。还有一些专著是为保护海岸、防止海水侵蚀而撰写的，如方观承所辑《敕修两浙海塘通志》（1751）。[43] 明代有关沿海的地图明显增多，安东尼·瑞德（Anthony Reid）的研究表明：东南亚（以及中国）船员凭借他们渊博的风向和海流知识，总是尽量沿着海岸向前航行。《马来海商法》规定了他们的任务："舵手必须在海上和陆上根据风向、海浪、海流、海水深浅、月亮和星星、时节和季风、港湾、岬角和海岸线、暗礁……珊瑚和沙洲、沙丘和山脉进行导航。"阿尔西纳认为，菲律宾导航员比西班牙、荷兰或中国舵手在这些方面更胜一筹。这样看起来，似乎只有远程航行在长时间看不见大陆后才需要指南针，而这些指南针可能来自中国。[44]

明代绘海图的另一个因素是受到海上倭寇的威胁，但这类海图的关注点在中国沿海附近的海域，例如《筹海图编》中的《舆地全图》所涵盖的海域主要是中国沿海、琉球和朝鲜一带（图117），很少将其他大洋的水域绘制进去。当然，对世界全图的认识与耶稣会传教士来华时带来的地理知识有关。郑和的海图从严格意义上来讲是实用的航海地图，而非各大洋的全貌，图中有很详细的航行方向说明，并注明航行里程以及沿途所见的重要岛屿与地物。整个地图的方向不是一致的，全图中各个部分地图的左右边都是航行的方向。该图是以地图使用者定位的。[45] 在中国古代，对海洋范围的选择与绘制和绘制精度的问题并非表面看上去那么简单，制约因素较复杂。例如早于明代《筹海图编》四百余年的宋代《禹迹图》在绘制精准度方面反而更胜一筹。《筹海图编》作为17世纪的地图，在绘制的技法方面没有提升，画面显得拥挤和琐碎，作为军事地图来说的确令人不忍卒读。可以看出这些图和一般的地方志附图的相似性，亦可能就是方志图作者完成的。图像上地图符号已高度的程式化，水纹、山川、府县城池的绘法一致，没有使用计里画方的网格形式。然而，这是否说明作者认为海图不重要而轻视绘制呢？郑若曾在书的凡例中说明了他绘制图册之感，他说：

是编为筹海而作，必冠以舆地全图者，示一统之盛也。不按图籍，不可以知阨塞，不审形势，不可以施经略。边海自粤抵辽，延袤八千五百余里，皆倭寇诸岛出没之处。地形或凸入海中，或海凹入内地。故备倭之制，有当三面设险者，有当一面设险者，必因地定策，非出悬断。世之图此者，类齐直画一，徒取观美，不知图与地别，策缘图误，何益哉！今略仿元儒朱思本及近日念庵罗公洪先广舆图计里画方之法，凡沿海州县、卫所、营堡、关隘，与夫凸出凹入之形，纤微不爽，庶远近险易，展卷在目而心画出焉。其边防填注地名，则一如其旧云。

载府州卫所者，举大以该小也。若山沙图，若则又详外而略内。各有所重，亦互见也。先内而后外也。舆地有图，沿海山沙有图，入寇有图，复图各藩者，何详之也？八千五百余里之地，载之方尺之纸，仅其大都尔，非分图何以备考？观者得其概，复尽其委，不必驰金城，而方略具矣。[46]

郑若曾强调海防地图之重要，是十分难得的制图心得，海洋之图缘于这部兵书所要强调的功用，加之海岸地形或凸入海中，或凹入内地，不以当世诸图观美为标准。《筹海图编》之中的各区域图与明代方志地图差异不大，区别在于，由于是沿海布防地图，郑若曾的《筹海图编》实际上是沿海地形图，绘有山、岛、海、河流、沙滩、海岸线、城镇、烽燧等，在军事上很有价值。[47]与它相似的是另一幅明代的《海图》（图118），其海岸描绘的理念类似，描绘的是从海南岛到鸭绿江口的中国沿岸军防布局，以及沿海附近岛屿、城镇的分布状况。不同之处在于这幅《海图》采用山水画法，海洋绘以蓝色鳞状波纹并辅以白色浪花，黑色双线勾出河道形状并填以蓝彩，山脉用青绿渐变表现，府、州、县以及卫所则绘出蓝色圆形或椭圆

图118
《海图》局部
明代
台北故宫博物院藏

形平面城围。[48] 这幅由冯时（生平不详）序跋的《海图》展现出富于装饰性的海岸，它是以沿海防卫的视角来画的，而不是遵循上北下南的方式。此《海图》也再次说明中国古代地图是以使用者为中心的地图定位，不一定是上北下南的模式。中国地图的定位自古以来就是多向的，著名的《禹迹图》和《华夷图》都是以地图的上方为北；汉代的《马王堆地图》以及南宋程大昌撰《雍录》所附《唐都城内坊里古要迹图》和《汉唐都城要水图》则以地图的上方为南。南宋《景定建康志》所附《皇朝建康府境之图》和元代张弦纂《至正金陵新志》所附《茅山图》以地图上方指向东方；南宋程大昌所撰《禹贡山川地理图》中的《九州岛山川实证图总要图》《今定禹河汉河对出图》和《历代大河误证图》等，又以地图上方指向西方。[49] 郑和下西洋的航海图亦是如此：

> 整个地图的方向不是一致的，全图中各部分地图的左右边，都是航行的方向，换言之，该图是以地图使用者定位的……例如，清代的台湾地图，地图上方指向东方，右边指向南方，左边指向北方。这是因为清人从大陆上看台湾，这样驻在福建的高级官吏在阅读台湾地图时，地图可以提供一种比较真实的感觉。[50]

冯时《海图》也是如此，以上海区域海岸（图118）为例，可以看到崇明县（岛）位于地图上方，也就是东方，地图中各岛屿、烽堠、镇场、巡检司、县所一应具全，地图绘制者面朝东方，即抵御外敌进犯之方向。然而，作者构思机巧之处在于，并非所有图内的海岸线都朝向东方，这幅沿海地形图采用了以海洋为中心的方位指向法。例如海岸线鸭绿江部分，鸭绿江入海口是中国大陆海岸线的最北端海岸，面朝的是西南方，江浙一带为东方，广东至海南一带则是南方。

"水"以及山水对中国艺术和文人的生活而言，其重要性不言而喻。人们可以从王羲之于晋穆帝永和九年（353）三月初在会稽山阴雅集时的千古佳话中感知"水"在艺术中的情怀："永和九年，岁在癸丑，暮春之初，会于会稽山阴之兰亭，修禊事也。群贤毕至，少长咸集。此地有崇山峻岭，茂林修竹；又有清流激湍，映带左右，引以为流觞曲水，列坐其次。虽无丝竹管弦之盛，一觞一咏，亦足以畅叙幽情。"流水成为文人情致的载体。儒家对水给予了超乎寻常的认识和精神体验，如"子在川上曰：'逝者如斯夫，不舍昼夜'"。水的变化形式会带来多种影响，对水的关注不仅限于地理勘察，而是涉及社会的方方面面。《道德经》述："天下柔弱莫过于水，而攻坚强者，莫能胜之。"人对于水，尤其是在闲适出游中，水文化精神的意涵营造，更有独到的见解。[51]如汪仁峰（1614—1683）曾说："水有本，吾取以见道体；水有用，吾取以观事变；水本下，取以验吾性；水质清，以资吾明；水性动。取以资吾智；水味淡，取以励吾操；水可汲取，取以养吾生；水可钓，取以供吾味；水可灌，取以沃吾壤；水有止，取以鉴吾貌；水有泡沤萦回，迂纡曲折，澎湃撞激而为奇也，吾取以泄吾胸中变化之妙焉。"[52]万历时，安世凤撰《燕居功课》，记载出往五目：探春、问水、踏雪、览胜、访知，风雅之趣总离不了水。明代士人以山水为性命，乐近家山水，如乐纯（字自禾，号雪庵）室庐在天湖山，山高境绝，灵窟所钟，天湖十二峰变换云际，令人徘徊不忍去。[53]

文字方面对水的理解与抒发，明人的细腻程度无疑是欧洲人望尘莫及的，倪宗正（历迁兵部武选司员外郎，约公元1514年前后在世）曾说：

夫天下之水流也，惟潭则止故静，静则无所淆故清，凡水清则见底，兹潭水清而不见底，故深静也。清也、深也，潭之常也。日映之以濯锦，月映之以冶金，烟映之以沈璧，雪映之以浸玉，其元气之所钟，蛟龙百怪之所穴，元气嘘吸而蛟龙百怪相之，则吐云雾、浑六合、鼓雷击、霆掣电，为雨为风，憾万木起波涛，威震天地雄争湖海，比其光辉变化所欲则然也。[54]

水是文人雅集不可缺少之物。徐复祚说："桑林性恬谵，读书好古，耽吟咏……结庐虞山下，山光湖色，日映几席间，视其中，熏炉、茶鼎、蒲团、麈尾，种种潇洒。"[55]优雅情结在明人山水绘

图 119
张复阳
《山水》
明代
南京博物院藏

画中表现得更为突出，弘治时道士张复阳（1403—1490）绘《山水》
（图 119）不禁使人想到马远的《水图》。画面大面积的水域呈现出
抽象的意境，位于前景的树木与远处云雾缭绕的山峦似乎是水的陪
衬，从这幅看似随手而成的空旷画作中却见到了不寻常的水纹绘法。
关于水纹绘法的问题与耶稣会传教士入华后的地图交流有密切关系，
将在下一节中展开论述。林泉之趣在明人的山水作品之中更有一番
情致，明人以远离尘俗、习静溪山为闲适高志，欲寻闲淡之方丈，
远闲阁之佳人，写山水之奇胜。坐眺山水、山中静坐、山水奇胜都
是溪山习静的闲淡药方……山水清音，是清除心境魔障的法门之一，
而听泉也是取静自然的生活方式。[56]

　　文徵明《虎山桥图卷》（图 120）可能是对以上水之为优雅情结
的一个最佳图示。这幅画作于嘉靖二十九年（1550），文徵明时年
81 岁。虎山桥位于苏州郊外游湖凤山，文徵明对沿途的美景以长卷
的形式做了集中的描绘。图卷也是引人入胜的导游图，画中千峰竞秀，
泉瀑潺湲，其中还错落地安置了田畴屋宇。此图为青绿设色，妍丽而
不甜俗；笔墨细谨而不板滞。山水树石、屋宇舟桥造型严谨。不过，
在这幅长卷中，从左至右几乎贯穿整个画面的是蜿蜒的湖水，水流
将穿插其间的人物连接在一起，无论泛舟、观涛、郊游、独处、行路、

图 120
文徵明
《虎山桥图卷》
明代
南京博物院藏

访友抑或雅集，都成为流水链接上的各个坐标。古代舆图的绘制在
很大程度上借鉴山水之法，这成为写景地图中独有的人文主义特征，
因为地图绘制者（多出自官府）也属于文人体系，对山水内涵的理
解并不存在障碍。儒家对自然世界，尤其是对水的特殊理解反映在
制图上，这是西方所没有的。《观澜亭记》云："孟子所谓观水有
术，必观其澜者，故君子于道，观其高明者，征诸天观其博厚者，
征诸地观其始终不穷者，征诸日月四时观其静而正者，征诸山观其
流而不息者，征诸川观其充塞间发见昭著者，征诸鸢鱼草澜川之属，
固所以观道也。"[57]

与中国深邃的自然体验相比，欧洲在 17 世纪地图的绘制中显示
出新兴科学的力量，同时，自中世纪以来的地图艺术传统越来越借
助于科学的力量，人们在保持地图美观的同时要求它尽可能的准确，
对未知世界的探索和中西航线的开辟使欧洲制图的范围不断地延伸。
特别是铜版画技巧与地图制图技术日趋成熟，在地图画面的精美程
度和地理勘测的准确度上欧洲人已经领先，在他们笔下，世界的形
状逐渐地发生着变化。

水纹演变

晚明以降，中国地图制作依然没有大的变化，当这一切未起波澜时，无人预料到耶稣会传教士会在 16 世纪末携带欧洲地图入华，也没有人会意识到这将对中国舆图产生新的影响。学者们认为此时地图有一种中西方法同时并进的态势[58]，然而具体的情况更加复杂，加之原始档案不同程度的缺失，使回溯这段制图历史具有某些不确定的因素。

从今天来看，这是佛兰地图芒学派与中国舆图直接接触的结果，双方都在这一过程中成为参照和被参照的对象，甚至在表现手法上出现了微妙调整。例如地图中一种标示符号——水纹，它的绘法本是不同文化体系地图中技巧与图像的呈现方式，耶稣会士来华后出现了明显改观。这个细节使我们不得不考虑它所联系的制图法渊源。

佛兰芒地图学派对晚明时期中国舆图的影响与三个方面有关。首先是地图的蓝本问题。最初影响明人的欧洲地图是在安特卫普刊刻出版的《世界地图集》，它们绘制准确、装饰精美且印刷出版量大，有一部分被耶稣会传教士带至中国。汾屠立神甫在 1911 年出版的《利玛窦中国报道》中描述：

> 利玛窦于明万历二十三年（1595）在南昌赠建安王（朱多㸅）的两部书是出版于安特卫普，由佛兰芒制图大师奥特利乌斯绘制的《地球大观》（图 121）以及万历二十九年（1601）在北京向神宗献上"本国土物"：《万国图志》一册。[59]

不过这些地图通常作为进呈给皇家或官员的礼物，只在有限的范围被当作艺术品欣赏，很少能够发挥它们地理认识之用。其次是传教士在中国根据欧洲地图再绘的世界地图。例如利玛窦绘于万历十二年（1584）的《山海舆地图》（已佚）、万历三十年（1602）的《坤舆万国全图》、万历三十一年（1603）的《两仪玄览图》等，这些地图以欧洲原图为基础，在尺寸、内容、地图文字、地理量度、图像表现和标注方面均有变更。明人汉字版地图依据的是佛兰芒地

图 121
奥特利乌斯
带有椭圆形投影的《地球大观》
1570 年
热那亚加拉塔海洋博物馆藏

图学派制图的方法：

　　利氏所绘地图的投影和奥特利乌斯图集投影相同，运用穆尔怀德投影（Mollweide Projection）。图中岛陆、海洋的分布，都有比利时（佛兰芒）地图学派的风格。《坤舆万国全图》的投影、画法和地理知识都与奥特利乌斯 1570 年版图集中的世界地图一般无二。[60]

　　第三个方面最重要，即欧洲地图的本土化过程。明人根据西来地图蓝本，附加自身的理解和认识，在中文著述中收录、辑刻上述世界全图。由于明代中国没有像同时期欧洲诸国那样，在大学和教会中普遍开设有关数学、地理和几何制图的专业课程，中国学者与文人无从获取这些知识体系，导致了对欧洲地图理解的差异。出现在明人编纂图籍中的世界地图面貌各异，水平亦参差不齐，甚至出现错讹。例如章潢《图书编》收录的《舆地山海全图》和《舆地图》、冯应京《月令广义》收录的《山海舆地全图》摹本和王圻《三才图会》对冯摹本的摹本、程百二《方舆胜略》收录的《世界舆地两小图》（Doi mappamondi piccoli）的翻刻本[61]，以及王在晋编《海防纂要》中的附图《周天各国图四分之一》（见图 158）、周于漆《三才实义》中的《舆地图》和潘光祖汇辑的《舆图备考》等，这些摹刻本地图显示出明代学者的地学水平与具备丰富地理知识的欧洲传教士相比很不对等。[62] 他们中有些人对西来地图只是模仿其表面形式，而未能领会其地理含义，故而"唯其为翻刻本，故多谬误。倘更从而翻刻者，则其谬误当愈甚"[63]。

不过，上述翻刻地图的意义不全在于是否正确地反映出地理状况的精确无误，而是这些明代学者对世界地理的理解过程。水纹演变恰好是一个线索，对照地图可以看出欧洲地图在耶稣会士来华后经历了一系列细微的绘法变化，这种变化的背景是耶稣会士到中国后所作出的传教策略调整。他们没有预料到明朝学者、知识分子和官员们对域外知识表现出如此巨大的兴趣，而耶稣会士的"学术"身份正好符合了这样一种需求。没有人（例如早期被排斥在华南边境之外的修士们）比他们更适合来中国传教了：

> 耶稣会的灵活、学识、审时度势的训练和素养，为传教士在明清鼎革的险恶环境中寻觅到较大的活动空间提供了有利条件。在明清交战的各方中几乎都有传教士活动踪影即是证明。[64]

在明末中西地图交流中，有关地图水纹的线索来自洪煨莲在《考利玛窦的世界地图》一文中的叙述。西洋学者曾研究利氏当时究竟以西洋哪一张世界地图为其蓝本：

> 图内（《坤舆万国全图》）所用的投影，乃同于奥提力阿斯（奥特利乌斯）……皆显具16世纪比利时地图学派之色彩，然尚未能指出该派地图中之某张为利氏所用之版本，因而疑利氏乃参合麦克托、奥特利乌斯、普兰息阿斯（普兰修斯，Plancius，1552—1622）诸家之图写之；且其所画海水波纹细致，乃具意大利地图家法。[65]

上述三位荷兰制图者皆是佛兰芒地图学派的开山巨擘。史景迁认为利玛窦随身带有墨卡托1596年版地图和奥特利乌斯1570年版地图，利玛窦对美洲和北欧的许多介绍性短文都是直接译自别人寄给他的普兰修斯1592年版地图。[66] 利氏所绘制《坤舆万国全图》之蓝本涉及一个问题，即图像表现的差异。读洪煨莲引注：利玛窦所画海水波纹细致，乃具意大利地图家法，是出自学者 J. F. 巴德雷（ J. F.

Baddeley）和 E. 希伍德（E. Heawood）于 1917 年《地理学刊》（*The Geographical Journal*）上的描述。[67] 裴化行神甫（Henri Bernard）说，"至于意大利地图家法，则利氏本是意大利人，况他亦得用鲁瑟利（Ruscelli）的地图"[68]。

不过观利玛窦《坤舆万国全图》之中海水波纹的画法，其中的波浪纹样、线条十分流畅，虽密集但不杂乱，具有韵律感。裴化行神甫所说的鲁瑟利实为 16 世纪意大利作家、制图家基罗拉莫·鲁瑟利（Girolamo Ruscelli，1518—1566）。以他在 1575 年出版的《西非地图》（*Mappa dell'Africa Occidentale*，图 122）来看，很难与《坤舆万国全图》中水纹（图 123）的画法联系起来。

《西非地图》中海洋的表现是运用密集的点状来画的，这样的手法在意大利地图学派中运用普遍，亦是佛兰芒地图学派的常用技巧。例如同时期意大利制图家巴蒂斯塔·阿格内塞（Battista Agnese，1500—1564，图 124）、加斯塔尔迪·贾科莫（Gastaldi Giacomo，1500—1566）和托玛索·波卡契·卡斯蒂里奥内（Tomaso Porcacchi Castilione，1530—1585）的地图中，海洋水纹要么以点

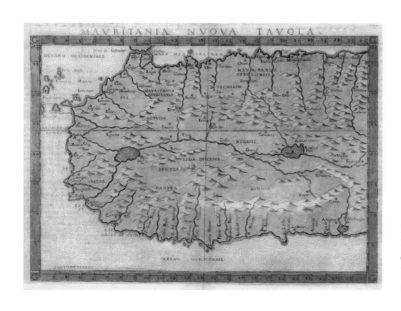

图 122
基罗拉莫·鲁瑟利
《西非地图》
1575 年
美国佛罗里达大学地图图像图书馆藏

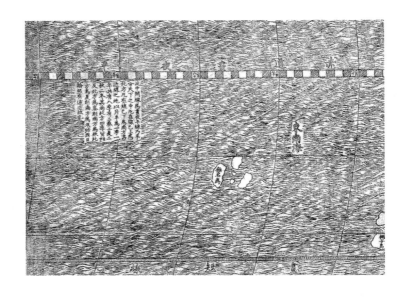

图 123
利玛窦
《坤舆万国全图》水纹局部
万历三十年刊（1602）
日本宫城县立图书馆藏

状，要么以少许短促的直线描绘或干脆不画水纹。例如佛兰芒地图学派中的奥特利乌斯所绘《鞑靼国地图》（*Tartariae Sive Magni Chami Regni typus*）、墨卡托《美洲地图》和洪迪乌斯等人的地图也是如此。

追溯渊源，在欧洲早期印刷的世界地图上，只有大陆的划分而没有水域出现。15 世纪的 T-O 地图上只有三个大洲，分别是亚洲（Shem-Asia）、非洲（Ham-Africa）和欧洲（Jafet-Europa）。8 世纪时，圣伊西多莱（St. Isidore）手稿插图中的 T-O 地图是制图黑暗时代以来保存的最早作品。[69] 水纹是伴随着水域的出现而出现的。

1495 年，莱比锡出版的一幅木刻混合印刷的《世界地图》（图 125）中出现了水域和水纹的描绘，作者是约翰·霍利伍德（John Holywood）：

已知世界延伸到了北极一带，并使五个地带降为四个；黑海显示出由一条河与北海连接。图中五个城镇的象征符号被增加到圣城耶路撒冷，地图同时也包括七条带状区域，表示气候区。[70]

由于是木刻制版地图，这幅地图中的水纹线条显得很僵硬，中

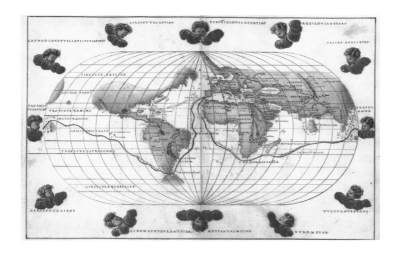

图 124
巴蒂斯塔·阿格内塞
《世界地图》
1544 年
美国国会图书馆藏

世纪晚期基督教制图思想依然很强烈地反映在这幅地图中。T-O 地图描绘的世界是地球被画成为一个圆盘（即○），环绕这一切的是海洋。[71] 15 世纪末的 T-O 世界地图类型基本相似，因为基本都是采用木刻制图，所以水纹显得不很流畅。不过在 1492 年威尼斯的一幅未署名的地图中可以看出一点变化，尽管它的地理标志有不少错误，例如巴比伦和耶路撒冷两地的位置被调换，印度则变成了一个岛屿。[72] 图中的水纹线条不再是连贯且僵硬的处理方式，似乎由于考虑到水的波纹而出现了水纹线条弯曲的表现。作者试图模仿水面波纹的自然样式，但处理得较为随意。 这大概是早期地图中较为少见的模仿水纹之作，亦不具有普遍性，此后有些地图水纹也画成类似等高线的样式（实际只是闭合曲线的形式，不具有海拔意指）[73]，例如 1493 年德国历史学家、地图学者哈特曼·舍德尔（Hartmann Schedel，1440—1514）印制的托勒密式《世界地图》（图 126），或画为直线式样，如 1498 年西班牙萨拉曼卡（Salamanca）的《世界地图》（图 127）。

　　不过，这时期也有后来成为主流的点状纹样，与中国舆图中水纹绘法比较，欧洲水纹的样式更加丰富。例如 1478 年，呈点状水纹的罗马版托勒密《世界地图》和 1482 年佛罗伦萨的弗朗切斯科·伯

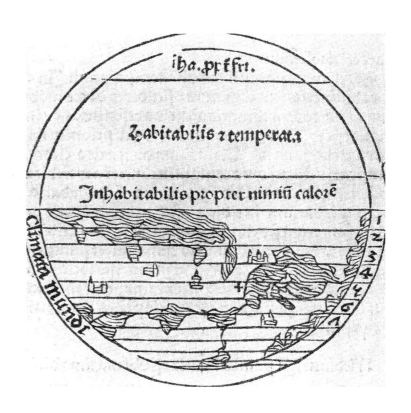

iha.prtfrt.

habitabilis z temperata

Inhabitabilis propter nimiũ caloẽ

Climata mundi

1
2
3
4
5
6
7

图 125
约翰·霍利伍德
《世界地图》
1495 年
大英图书馆藏

林基利（Francesco Berlinghieri，1440—1501）所著《地理学》组图
之一。产生这些绘制变化的原因已不可考，绘制工具与方法是影响效
果的因素之一，早期木刻制图线条流畅程度显然不及铜版流行的 17
世纪的印刷地图。不过，有两幅地图可以证明欧洲制图者对水纹的
绘制不像看起来那样不经意，它们其实经过绘制者精心的设计。第
一幅是 1540 年印制于巴塞尔的木刻地图，作者是德国制图大师、宇
宙学家和希伯来语言学者塞巴斯蒂安·缪斯特（Sebastian Münster，
1488—1552），他的地图在海水纹样方面结合两种线条方式加以表
现，长线条运用在海洋中间部分，短促的线条集中在大陆和岛屿的
海岸线；内湖部分也是如此。此外，木刻线条具有压印的特征，如
果以油墨印刷的话，线条呈现出参差不齐的油墨分布，四周边缘的
颜色较重，大型凸版印刷中也有同样的现象。[74] 在局部放大图中（图

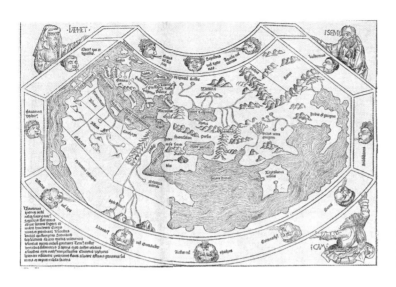

图 126
哈特曼·舍德尔
托勒密式《世界地图》
1493 年
大英图书馆藏

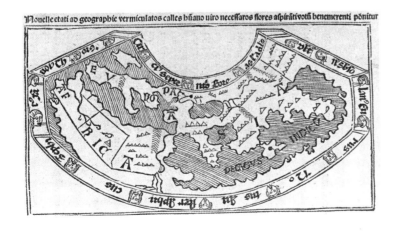

图 127
萨拉曼卡
《世界地图》
1498 年
大英图书馆藏

图 128
塞巴斯蒂安·缪斯特
《宇宙地理志》局部
1588 年

128）可以清晰地看出木刻印制与刀刻的痕迹，地图学者弗朗西斯·马纳塞科（Francis J. Manasek）表示木刻地图通常具有强烈的线条表达，并且比较了亚洲地图的线条：

木版地图经常运用"重"线，虽然在西方采用木刻印制的地图普遍缺乏铜版制图的流畅性，但却具有一种特殊的魅力。东方制作的木刻地图往往有些不同的外观，这些地图上线条有令人惊讶的流畅感。[75]

铜版制图流行之后，欧洲早期木刻地图僵硬的线条得到很大改观。在一些以写实主义手法绘制水纹的地图中，短促的线条发挥出极大的优势。佛兰芒制图家科内利斯·凡·韦特弗利特（Cornelis van Wytfliet，1555—1597）所作《牙买加东北部图》于 1597 在鲁汶出版。图 129 这幅精美的铜版地图，已经没有前面木刻水纹不自然的感觉，而是以群簇为单位的短排线构成海水波纹，然而却失去了长形弯曲线条的表达。16 至 17 世纪的地图中基本都以这样的方法来表示水纹，甚至简化为点状。短排线在绘画中是造型的基本方法之一，例如米开朗基罗的素描习作（图 130）显示出线条的卓越表现力，复杂的排线

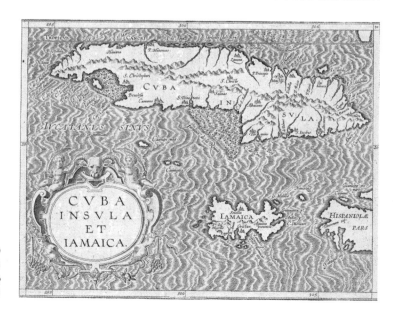

图 129
科内利斯·凡·韦特弗利特
《牙买加东北部图》
1597 年

完美地刻画出人体背部肌肉和身体动态。在韦特弗利特的地图局部里（图131），表现水纹的排线密集、有序，具有很强的控制力。岛屿海岸线部分的线条会加重表现，排线更趋密集，这样做可以借以强调地理范围。海岸浅滩可以被直观地看到，作者用点及更加细腻的排线表示出近海浅滩的特征。整幅地图海洋的表现均是以排线构成的肌理感，这样绘制的地图较海洋留白或者仅以点状装饰的画面更有观赏性，自然也更费精力。马纳塞科认为，这幅地图取自韦特弗利特最早绘制的《新大陆地图集》，并深受收藏者的追捧。地图是由雕刻铜版制作的，海洋以云绸波纹（Moire pattern）的图案来表示。这些地图一般很少着色，韦特弗利特之图是未着色的典范，在放大了的地图局部中，可以看到刻线的独特品质。[76] 短线成为地图画面的主要构成元素，甚至也见于一些具有拟人特征的地图。塞巴斯蒂安·缪斯特于1588年出版的《宇宙志》（Cosmographia）里尚有一幅名为《作为处女地的欧洲》的地图，尽管是木刻地图，但也和《牙买加东北部图》一样使用短排线刻画海洋区域。在这幅象征欧洲女子的地图里，可以看到熟悉的绘画技法：既是海岸线，又是人像轮廓线的边缘被横向的排线衬托出，所有的海岸线部分皆是如此。短线条的魅力也体现在另一位16世纪法国制图家、数学家与天文学者奥龙塞·费尼（Oronce Finé，1494—1555）的作品中。在他1532年出版的算数与几何著作首页中，刻画了一位人文主义者像，人物面庞轮廓就像缪斯特的地图一样依靠排线衬托出来（图132）。

　　欧洲描绘地图水纹的多样化，原因可能既有制图传统模式的因素，也有制图者本人的选择，不能一概而论。实际上，在一幅地图（通常是世界地图）被摹刻的过程中，水纹也发生着变化。以1482年出版的早期印刷的《世界地图》为例，作者为克劳狄乌斯·托勒密，海洋区域为空白，没有任何水纹图案。而哈特曼·舍德尔编纂的木刻版《纽伦堡编年史》（Nürnberg Chronicle）图册，在同一年（1493）的三幅地图中皆出现密集的水纹，无论是在海洋、湖泊还是河流之中。水纹绘制在1522年费里斯·劳伦特（Fries Laurent）的木刻地图中

图130
米开朗基罗
《素描习作》

图131
科内利斯·凡·韦特弗利特
1503—1504年
《牙买加东北部图》局部
意大利佛罗伦萨卡萨布奥纳洛蒂
博物馆藏

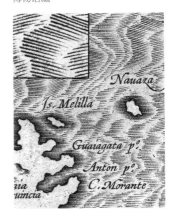

图 132
奥龙塞·费尼
《人像插图》

发生了变化，海洋水域看不到水纹，仅存的部分在环海岸线一带，作横向排线的暗示。是否水纹的多元化无规律可循？通过深入勘察地图，发现这与制图者本人的习惯有很大关系，或者说这是制图者自己的风格特征。善用水纹线条者，多喜用写实主义手法，他们地图上的装饰性符号较多，甚至很多也是具象的神话人物、船只、水怪、建筑物或是动物形象。这样的典型制图家诸如塞巴斯蒂安·缪斯特，他的《宇宙地理志》中多幅地图都显示出他希望模仿水纹的自然形态来装饰画面，甚至使画面变得十分拥挤。

　　还有一位是 16 世纪意大利制图家加斯塔尔迪·贾科莫，他是地图学者、天文学家和工程师，其作品被誉为是在 1513 年马丁·瓦尔德泽缪勒（Martin Waldseemüller，1470—1522）的《地理志》和 1570 年亚伯拉罕·奥特利乌斯的《地球大观》之间最全面的地图集，因为它包括了美洲区域地图 [77]：

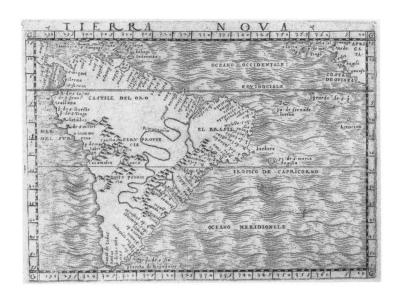

值得注意的是，加斯塔尔迪的地图也标志着使用铜版画制图技术的转变。在此之前的时期，大多数地图使用木刻方法，而用铜版雕刻可以使雕刻者应用技巧达到更高水平，并具有充分的细节。[78]

加斯塔尔迪·贾科莫被认为是意大利皮埃蒙特（Piemonte）地区最优秀的宇宙学者（Cosmographer）。[79]不过，有一则文献提及他有时也接受私人订件，如1544年威尼斯"十人议会"（Venice's Council of Ten）邀请他来绘制一幅亚洲和非洲的湿壁画，地点就在总督府（Palazzo Ducale）。[80]这些作品现在依然位于总督府的斯库多（Scudo）室，这从侧面反映出加斯塔尔迪·贾科莫可能也掌握一些绘画技巧，作为制图家绘图与画家参与制图正好形成对比。加斯塔尔迪·贾科莫的一部分地图，如1548年的《南美洲地图》（图133）中，绘制水纹运用了类似中国舆图中的水波纹线：

这幅小图（12.5×17厘米）十分珍贵，小幅尺寸非常吸引人，具有典型的海水波纹。这些纹路并非按照一致大小印制，可以时不时看到呈不规则式样。尽管与托勒密"现代"地理学的传统保持了形式上的一致，但这幅地图明显地脱离了古典样式，并被认为是制

图 133
加斯塔尔迪·贾科莫
《南美洲》
1548 年

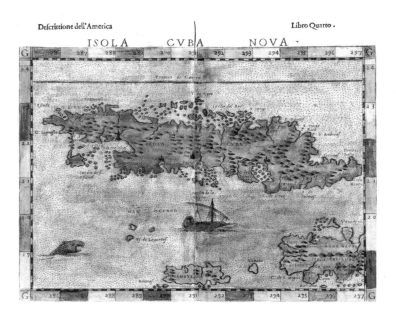

Defcrittione dell'America　　　　　　　　　Libro Quarto .

ISOLA　CVBA　NOVA .

图 134
基罗拉莫·鲁瑟利
《古巴、牙买加和伊斯帕尼奥拉岛》
1562 年

图学中的一个分水岭。这幅图尚有诸多"第一",它是 16 世纪首幅使用铜版技术的地图、第一部意大利人的地图集(Atlas)和第一个可以放在口袋中的小型地图册。[81]

　　加斯塔尔迪·贾科莫 1548 年绘制的地图集内,大约有几十幅地图的水纹形式一致。需要注意的是,他是少见的以流畅水波纹曲线绘图的制图家。此种风格在意大利地图学派中不具有普遍性,甚至他本人也并非只采用这一种方法。加斯塔尔迪与另一位意大利制图家巴蒂斯塔·乔凡尼·拉穆西奥(Battista Giovanni Ramusio,1485—1557)绘制的地图水纹类似中国地图,不过这两位制图家并非在所有地图中都采用相同的手法,他们也使用点状纹和罗盘方位线(rhumb lines)。而基罗拉莫·鲁瑟利似乎在海洋水域只用点状水纹,例如他作于 1562 年的《古巴、牙买加和伊斯帕尼奥拉岛之图》(图134);有时也伴以罗盘方位线。

　　类似利玛窦描绘海洋水纹的样式在两个地图学派中并不常见。现在已无法得知巴德雷等人称利氏绘图"具意大利地图家法"是根据什么文献,洪煨莲似亦有此问,他表示:

关于16世纪意大利派或比利时派的地图，可惜我现今都未能得而将与利氏的地图细校。[82]

有个例外，意大利数学及宇宙志学者伊格纳奇奥·但蒂（Egnazio Danti，1536—1586），作为梵蒂冈地图画廊（Galleria delle Carte Geografiche）的设计者，他于1580至1581年间为教皇格列高利十三世在墙上绘制了40幅巨幅湿壁画地图（每幅4.3×3.3米），其中包含了意大利各地区域图（图135）。

其中有多幅海景地图，《现代意大利》（*Italia nova*）、《卡拉布里亚》（*Calabria*，图136）等图中海水纹样表现亦很密集，但是否为"意大利地图家法"之根据呢？观察但蒂所画水纹，并不以线描来做，水面波涛是以较写实的明暗和色彩来表现，每一帧浪花都有涌起之处受光而泛白和背光处呈深蓝色的区别，浪尖上还勾画出高光以显示受到光照后海水波光粼粼之感，其中水面蓝色之深浅过渡十分自然，因考虑到大气透视的因素使海水的一些区域呈蓝灰或绿灰色，质感逼真且笔触清晰可见。仅海水的表现而言，和文艺复兴时期意大利风景画很接近。可以肯定但蒂是以风景画的写实方式来描绘地图，因为绘制如此尺幅巨大、数量众多的地图需要画家们

图135
伊格纳奇奥·但蒂
1580—1581年
罗马梵蒂冈地图画廊藏

图136
伊格纳奇奥·但蒂
《卡拉布里亚地图》
1580—1581年
罗马梵蒂冈地图画廊藏

图 137
《港湾的风景》
保罗·布里尔
1617 年
佛罗伦萨乌菲奇美术馆藏

的协助：

协助绘制地图的画家包括佛兰芒著名风景画家，马塞厄斯·布里尔（Matthijs Bril，1550—1584）和保罗·布里尔（Paul Bril，1554—1626）兄弟，他们是当时活跃在罗马的北方画家，受到教皇的青睐。还有意大利样式主义画家，例如来自布雷西亚的姆契亚诺·基罗拉莫（Muziano Girolamo，1532—1592）和翁布里亚的切萨雷·内比亚（Cesare Nebbia，1536—1614）。[83]

图 138
伊格纳奇奥·但蒂
《利古里亚地图》
1580—1581 年
罗马梵蒂冈地图画廊藏

布里尔兄弟作为著名的北方风景画家在安特卫普久负盛誉，保罗·布里尔和鲁本斯同为佛兰芒人，二者相识。[84] 保罗·布里尔在罗马生活了近 20 年之久，他的画作在欧洲各地皆有收藏。秉承纯正的佛兰芒绘画传统，他将风景画与奇异的幻想、品位与精雕细刻的技艺结合起来。不过，在意大利艺术的影响下，他也接受了场面宏大并更富于装饰性的风格。[85] 由于布里尔的画风在罗马受到欢迎，尤其是得到教皇的认可，他便得以加入伊格纳奇奥·但蒂的壁画地图团队。职业画家来做地图必然有趣，以他绘于 1617 的油画《港湾的风景》（图 137）为例，可以看出布里尔油画中的海水与教廷地图画廊中海水水纹刻画得相似。除地图的呈现需要，即无法以十分严格的风景透视法组织画面之外，壁画地图和油画在色彩、人物形象的技法方面并没有区别。伊格尼奇奥·但蒂主持绘制的地图在写实主义画家的笔下极具观赏效果，色彩丰富并具有立体感，山峦有明确的明暗阴影，并借用神话、宗教事迹和象征的手法。地图按照绘画的方式呈现，也包括图中画的形式，同时整组壁画地图在装饰上十分讲究，旋涡花饰的处理也是如此。在这样的画面中，画家的难度在于对风景画透视法的灵活处理，若想画出如此辽阔的区域地图，只能结合不同的透视模式（不同的透视组合在明代及之后的中国舆图中也不

图 139
伊格纳奇奥·但蒂
《利古里亚地图》局部
1580—1581 年
罗马梵蒂冈地图画廊藏

图 140
伊格纳奇奥·但蒂
《西西里亚》
1580—1581 年
罗马梵蒂冈地图画廊藏

图141
伊格纳奇奥·但蒂
《西西里亚·城市锡拉库萨》
1580—1581年
罗马梵蒂冈地图画廊藏

乏其例），或者有选择地放置一些具有立体感的写实形象，例如帆船、神话人物或局部城市景色，用以突出和强调具体地方的特色，例如《现代意大利》图中左下角的装饰人物、《利古里亚》（Liguria，图138）图中的帆船和手持渔叉的海神波塞冬形象（图139），以及《西西里亚》（Sicilia，图140）图中出现的西西里岛东岸海港城市锡拉库萨（Siracusa，图141）的城市景观。

就水纹的描绘而言，上述地图与利玛窦在《世界地图》中的线描水纹实际上差别很大。鉴于洪煨莲认为缺少意大利或比利时派的地图数据[86]来进行比对，也就无法对利氏地图中水纹之特征细校，故而他亦因袭英国学者的说法：

> 刻本（万历三十六年《坤与万国全图》李之藻作）中之海水波纹颇类似摩登妇人之荡发，希伍德君所谓意大利人绘地图者之家法如此。[87]

所说地图水纹类似"摩登妇人之荡发"之语，不知希伍德等人是否亲眼看到过意大利式地图有类似的绘法。不过就前述诸多15至16世纪的制图名家作品的来看，能够符合水纹似"摩登妇人之荡发"条件者不多，倒是有一幅作者不详的地图与之类似：

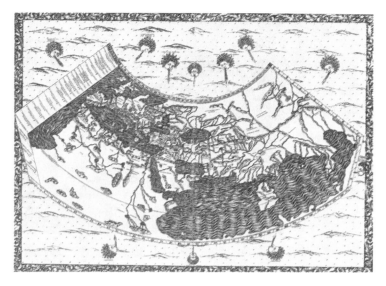

这是一件未署名的和未命名的托勒密《世界地图》（图 142），描绘的是东半球，使用圆锥投影并用两块铜版刻版印刷，时间大约为 14 世纪末，制图地点在意大利。虽然这张地图在 1916 年才被发现，是现在已知仅有的三件地图之一。然而，尽管已有六十年的研究时间，但学者们在谁是作者方面没有取得共识，不过这很有可能是在 16 世纪重新发行之地图。[88]

尽管如此，有些评论家设想这幅不知名的地图可能是 1477 年和 1478 年出版地图集的雕刻家或设计师所作的。卡马尔（Kamal）认为作者可能是费拉拉的细密画家塔德奥·克里维利[89]（Taddeo Crivelli，1425—1479），普遍认为他曾为 1477 年发行的博洛尼亚版"托勒密"《世界地图集》制作过地图。卡马尔引用的证据是：1909 年西格西诺尔菲发现一份合约，签约双方是画家克里维利和弗朗切斯科·德尔·波佐（他也被称作普泰奥拉诺），签约时间是 1474 年 4 月 22 日，合约中克里维利同意绘制 50 幅世界地图以供拷贝。[90]这幅地图最特殊之处就在于它的海水波纹，水纹显得有些过分密集细致了。因为有些强调波纹的明暗关系，使水纹看上去具有不应该有的立体感和运动感，很像飘荡的发髻。以此推断，似乎可以反证地图可能出自细密画家克

图 142
托勒密
《世界地图》
15 世纪末至 16 世纪
芝加哥纽伯利图书馆藏

里维利之手，因为他毕竟不是专业地图家，在描绘局部之时，细密画强调细节的技法特征就自然表现出来。塔德奥·克里维利的绘画作品体现出细密画家所具有的基本素质，这样的水纹在整个意大利地图学派的作品中并不多见，故不具有普遍性。

利玛窦受过哲学、人文科学与数学教育，没有受过制图的专业训练，1577 年离开意大利之后再未回去过。虽然他与罗马教廷保持书信往来，但他很可能不清楚绘于 1580 至 1581 年间的梵蒂冈教廷地图画廊的地图，因为此时他还在印度传教。此外，他来华随身携带了佛兰芒制图家奥特利乌斯的《地球大观》副本，说明当时意大利已开始流行北方制作的地图。这缘于随着欧洲经济中心从地中海向大西洋沿岸转移，16 世纪末至 17 世纪荷兰成为欧洲地图的中心。[91] 关键的一点在于，据已知的文献，利玛窦随身携带和进呈明神宗及建安王的地图里没有出自意大利制图家的版本：

> 这个问题受到德礼贤的关注，他对这些世界地图都做了更加深入具体的考察，并认定奥特利乌斯的《地球大观》（图 121）是其首要来源。[92]

方豪指出利玛窦参考的奥特利乌斯之地图集《地球大观》出版于 16 世纪中期左右，有 1570 年版和其他不同的版本：

> 利氏最初制图时所参考者即为此版，当他于万历三十九年（1611）准备第三次之翻刻，则大约已参考奥特利乌斯书之 1559 年版，或其他更早之版。[93]

奥特利乌斯堪称 16 世纪佛兰芒地图学派宗师、历史上第一本世界地图集的制图人，他曾是一位佛兰芒雕刻师兼商人。1560 年，在与墨卡托的一次航行中，他对科学地理产生了兴趣。奥特利乌斯的主要作品《地球大观》于 1570 年在安特卫普出版，此时荷兰制图业也刚刚进入黄金时代。地图集介绍了世界的组成部分，反映了当时的探险精神、商业联系的扩大和对科学的探索。《地球大观》经过不断地更新和再版，囊括了最新的科学和地理信息。[94] 1575 年，在阿里亚斯·蒙塔努斯（Arias Montanus, 1527—1598）的推荐下，他

图 143
奥特利乌斯
《佛兰德斯图》局部
1570 年
比利时普朗坦 - 莫雷图斯博物馆藏

被西班牙国王腓力二世任命为地理学家。次年，其著作《地理学》（*Synonymia geographica*）的出版奠定了古典地理学重要的基础。奥特利乌斯的地图集气势恢弘，水纹显得非常自然流畅，看不到刻意而为的痕迹。《地球大观》全部采用点状水纹，很少运用意大利地图学派的波纹状水纹刻画，可能是不希望这些线条干扰地图区域的识别度。在他早期的地图作品中，有一幅 1570 年的《佛兰德斯地图》[95]，几乎是他点状水纹之外的仅有样式。画面中海洋位于上方，虽然面积不大但是很生动，使人感到海面的波涛涌动（图 143）。这种水纹效果很类似梵蒂冈教廷地图画廊之中的壁画地图，也画了帆船、人物和水怪等具象形象。尽管《地球大观》有前后不同的版本，但是基本的地图绘法没有大的变化。

不过，就利玛窦来华后制作的地图而言，多个版本中表现海洋的水纹样式和佛兰芒地图或意大利地图罕有相似之处。关于水纹的表现，既然无法以意大利地图"家法"或佛兰芒学派的例证充分解释的话，那么利氏绘制的系列《世界地图》中的海洋水纹线条表现之来源会在何处呢？

利玛窦所描绘的各种版本的地图中，海洋部分在地图总尺幅中所占面积较大，并且来华以后绘制刊刻的地图都比奥特利乌斯等人

图 144
扬茨·维斯切尔
《荷兰地图》
1652 年

的原图放大不少：

奥特利乌斯的单幅世界地图尺寸约为 33.7×49.3 厘米，以后的版本基本也是。约翰·戴撰文说利玛窦绘于万历十二年的《山海舆地图》大致是 1×2 米，万历三十年的《坤舆万国全图》为六幅合成，尺寸约 2×4 米。[96]

万历三十年（1602）李之藻木版刻印本《坤舆万国全图》由六条屏幅组成，每一条屏幅高 1.79 米，宽 0.69 米，拼合起来总长约 4.14 米，总面积约为 7.41 平方米。[97] 这样大型的壁挂式地图与维米尔《绘画的艺术》中的地图（见图 5，原地图作者是维斯切尔）类似，从画面中可以直观地看到维斯切尔的地图没有画水纹，北海海域一带是空白而不是佛兰芒地图学派采用的点状水纹。在另一幅维斯切尔绘制的《荷兰地图》（图 144）中也可以看到其中只有罗盘方位线，维米尔在画中描绘的就是这一类精美的大幅地图。

地图中的构成单元需要具有观赏性，这与佛兰芒地图中的装饰一样。前述两个地图学派中，海洋水纹有时采用密集的点状来表现，

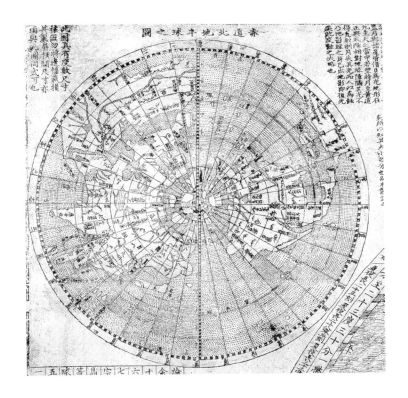

因为对于尺幅不大的地图来说，不能干扰地图中经纬线、赤道和地名的标注，如果用同样密集的直线或水纹曲线来画，就会大大减弱这些地理信息的识别程度。

如《坤舆万国全图》左上角的小幅《球形赤道北地半球之图》（图145）描绘了北极及其海域，由于尺幅较小，海洋区域全以排列密集有序的"点"来刻画。同样的表现也出现在章潢《图书编》的摹本中，由于利氏最早（1584）的肇庆版《山海舆地图》无论刻本或绘本皆已失传，章潢《图书编》中的摹本大致就是该图的面貌（图146），章潢在书中表述：

> 此图即太西所画。彼谓皆其所亲历者，且谓地像圆球。[98]

"江右四君子"之一的章潢极受利玛窦的推崇，在南昌时二者已相识，这些地图很可能是利玛窦亲自赠给章潢的。[99] 章潢的摹本来

图 145
利玛窦
《坤舆万国全图》局部
1602 年
日本京都大学藏

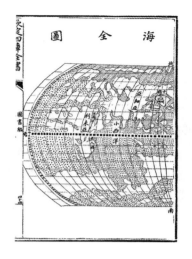
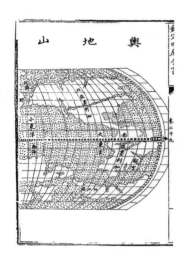

图 146
章潢
《图书编》中《山海舆地图》摹本

源有两种说法：

一是认为它摹自 1584 年肇庆版世界地图（已失传），此说自德礼贤提出后，得到国内外多数学者的认同。二是认为它摹自利玛窦在南昌绘制的几幅世界地图之一，且极可能就是取自 1595 年利玛窦献给建安王的《世界图志》（*Descrittione di tutto il mondo*）。[100]

这可以说明两个问题。首先，利玛窦早期绘制的地图中的海洋区域并无其后版本中的线描水纹的表现，原因可能是他初到中国绘制时还是依据奥特利乌斯《地球大观》中的手法。尽管利氏先后有过 1570 年和 1587 年《地球大观》的增订本，但所绘内容基本一致，奥特利乌斯之图皆采用点状水纹式样。其次，这一时期利氏尚不熟悉中国舆图绘制的情况，但他已开始关注有关中国的资料，万历十二年八月初十，他在从肇庆寄予友人的信札中说：

窦今未能先寄奉西式中国全图而继以原式各省分图，盖尚未整理就绪也。然无论公何往，总期能于近中寄奉。公见此等图样，将谓一切省邑皆绘的精美。[101]

利玛窦此时已看到中国式舆图，并举出中国舆图的原式和西式地图之分。利氏所谓西式，谓投影法；且必须有经纬度；原始式，中国旧式也。[102] 此后，即万历二十八年（1600）他去南京时，应吏部

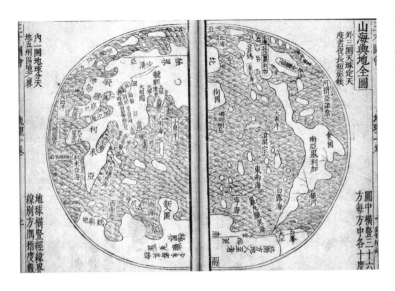

图147
王圻、王思义辑
《三才图会》摹冯应京《月令广义》
之《山海舆地全图》
明代

主事吴中明的请求，对之前的世界地图进行了重绘，题为《山海舆
地全图》。遗憾的是，此图也下落不明，幸而冯应京编纂的《月令
广义》保存了它的摹本。[103] 在此摹本左下角中冯应京题有：地球横
竖经纬界线别方隅、稽度数。图中横竖三十六方，每方各十度之字样。
不过冯氏的摹本并未保留原图的经纬线，但海洋区域的水纹却变成
了呈鱼鳞状的线描样式，而不是之前章潢摹本中的点状，这在冯摹
本的摹本——王圻、王思义辑的《三才图会》（图147）中表现得十
分清楚。学者们认为《三才图会》中重画了利玛窦地图的第二版（1602），
没有纬线，只有少数地名。[104] 此外，由于利玛窦将自己绘制的《世界
舆地两小图》赠与冯应京，后来冯氏把它刻版刊行。但由于他们两者
所绘此图原本已不存于世，只在明末程百二所辑《方舆胜略·外夷卷》
中保留了它的翻刻本，该图用横轴方位投影法绘制了地球东西两半球
图。[105] 可以看得出，这些摹本中的水纹没有佛兰芒地图学派点状水纹
的丝毫痕迹，全是中国传统的鱼鳞状水纹。

关于鱼鳞状（非地籍中的鱼鳞图册）水纹的描绘在晚明并不少见，
明朝时地图之中水纹的绘制多程式化，在河防图、海防图和方志图中，
水纹与木刻书籍插图中的水纹相似度很高。制图者与刻工普遍接受

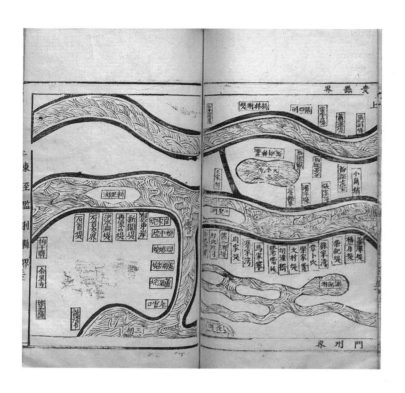

图148
施笃臣
《江汉堤防图考》
明代
1568年
美国国会图书馆藏

传统水纹的形制，欧洲的点状纹和罗盘方位的直线样式从未出现在明代中国本土的地图中。这方面的例子很多，如嘉靖年间，工部主事施笃臣（字敦甫，1530—1574）撰《江汉堤防图考》（成书于隆庆二年）中描画水纹皆施以鱼鳞状（图148）。又如宝坻（今属天津）抗倭的主簿张兆元（字莲汀，万历十三年武举人）于1601年所撰《海防图议》中，所绘水纹也是以鱼鳞状表现。

鱼鳞形水纹画法实际早已运用于山水画中。元代赵雍《狩猎人物图》（图149）中画面水纹的表现为波纹，线条排列十分有序，呈鱼鳞状，基本为左下角至右上角对角线的走向。除波纹线本身之外，在每一波纹之下画上多条短促、向下倾斜的平行直线，使水纹更加生动且又具有水面微澜的肌理感。凑巧的是，时间更早的南宋程大昌所编撰的《禹贡山川地理图》（淳熙四年）中亦是如此。绘于嘉靖至隆庆间的《彩绘九边图》之中的海洋、湖泊、大川水域也绘以

图 149
赵雍
《狩猎人物图》
元代
绢本设色
美国圣路易斯美术馆藏

闭合曲线或传统的鱼鳞纹水波图案。[106] 这样的水纹画法在嘉靖中叶的《广舆图》中也有近似描绘，地图中类似的水纹表现是波纹状线描的变体。

冯应京摹本也许可以证明万历十二年(1584)到万历三十年(1602)间《月令广义》出版之时地图中的细微变化——水纹从点状变为中国式的鱼鳞状。洪煨莲表示：《坤舆万国全图》之绘本乃变为较简单之鱼鳞状波纹，这是中国的画法。[107] 这种鱼鳞状水纹在时任河北广平通判的魏学礼所辑《北岳庙集》（万历十八年刊行）的地图中表现得十分精致。其中的《大明一统图》局部（图150）中东南海域水纹刻画得非常规则，以曲线表现鱼鳞纹很有装饰纹样的效果，在江西、湖广和浙江一带的内湖表现也是如此。

相近的画法也出现在万历三十八年（1610）程百二编纂的《方舆胜略·外夷卷》的翻刻印本《山海舆地图》、潘光祖汇辑的《舆图备考》之"缠度图一、图二"中。万历二十八年（1600），徽州汪云鹏刻书《列仙全传》（王世贞辑、汪云鹏补）呈现出精美的水纹图谱。在单幅神仙人物图中，可以看到鱼鳞状水纹与流畅的人物白描线条。其中，

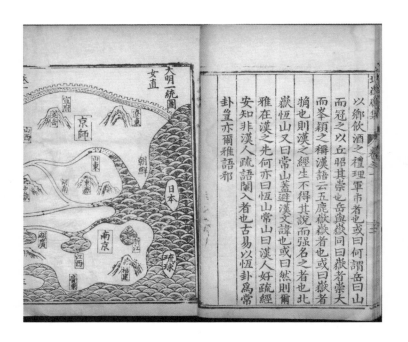

图 150
魏学礼
《北岳庙集》局部
明代
1590 年
美国国会图书馆藏

《琴高》（图 151）、《彭宗》《谢仲初》等图都是鱼鳞水纹刻画的精品，欧洲早期地图木刻线条的僵硬感在明人的木刻版画中看不到，绘制木刻版画一如用毛笔一样，极为轻逸潇洒。木刻版画与古代地图印制的材料、工序和呈现效果几乎一样，万历末年木刻版画《酣酣斋酒牌》和兵书《武经总要》都有精美的水纹描绘。

王庸说过："在明代罗洪先以前，绘图工作多是画家的事，地图比较形象化，如山水、城关之类，多是近于写实的绘法，不大用简单符号。"[108] 鱼鳞状水纹在宋代的地图中已比较普遍，例如南宋宝庆三年（1227）成书的明州（今宁波）的地方志《宝庆四明志》中，《象山县境图》（图 152）之中的环城四周和地图边缘的水域描绘：

山峰皆取势坐北，较大河流画出密纹波浪，与海面画法类似。[109]

据上图可以看出，宋图和明图水纹细微的区别在鱼鳞状水纹排线的走势上。明代绘法是在单个"鱼鳞"形图案中，密集的波纹线皆随水纹横向而绘，而不是宋图中那样各个方向都有，稍显凌乱之感。

明代舆图的绘制手法结合山水画法的例子十分普遍，如《江西

图 151

《琴高》

汪云鹏刻书、王世贞辑、汪云鹏补

明代

图 152
胡矩修、方万里、罗浚纂
《象山县境图》
南宋
1227 年

图 153
陈洪绶
《黄流巨津图》
晚于 1644 年
故宫博物院藏

全省图说》为万历间所制绢本彩色《江西布政使司图》，是附带图说的山水图式地图。此外，《大明一统志》以及各地方志所描绘的地图虽有精粗之差，其基本皆为山水图式地图，这或许是各级衙门编纂的地图原本即是山水图式，抑或是方志为了力求绘画雅致所致。[110]《江西全省图说》大约作于万历元年至四十八年间，总图描绘了江西省府、县的地理概况。图中景物表现取自山水画法，山峦以青绿设色，并施以皴擦点苔，远景中的山峰轻轻晕染。在南康府、都昌县和抚州府一带画出了大片水域，正是鄱阳湖的位置。水纹的描绘和佛兰芒、意大利地图学派都不一样，不是以点状而是用山水画惯常的横向连续波纹线描绘，具有韵律感。

　　中国历代山水画，在南唐赵干的《江行初雪图》、南宋李嵩的《赤壁图》和马远的《水图》系列（见图 109 至图 112）中，水纹的表现都十分近似。而晚明画家陈洪绶（1598—1652，字章侯，号老莲）所作的《黄流巨津图》（图 153）画面的主体就是水纹部分，与马远的作品形成一种跨越时间的呼应。此外，陈洪绶有关水纹和浪花的表现也与北宋曾公亮（998—1078，字明仲，号乐正）编纂《武经总要》图册中的表现很相似（图 154）。"金陵八家"之一樊圻（字会

图 154
曾公亮
《海鹘》之中的水纹

公，1616—1694）所作的《江干风雨图》和魏之璜（字考叔，1568—1647）的《千岩竞秀图》中的水波纹皆是以线描作。

　　前文述及明初道士画家张复阳的《山水》作品（图 119），这幅画意境深远，在极简的笔墨之中将烟波浩渺的水域、山川与林木刻画得如此感人和静谧。从技法而言它的难度很高，因为如此"空旷"之作要求画家具有极好的空间驾驭、想象和控制力。画面没有因为图像元素之少而显得空洞，反而具有一种平静的张力，这种感觉从南宋马远绘制的《水图》等局部山水以来，就已成为描绘自然的一种全新模式。如果仔细观察画面，会发觉图中的水并没有运用晕染之法，绵长从容的水波纹由近而远，贯穿了画面的主要位置。水面优美的波纹绘制很繁复，且不是在较短时间内可以完成的。以毛笔的运行痕迹来看，证明作者精心考虑过水纹的处理：过多强调水纹会破坏画面宁静的基调，但是如果缺失了水纹细腻的刻画，就会使画作空洞无奇，毫无观赏把玩之趣。这张颇具现代感的山水画完成于 15 世纪，它对水纹的把握方式并非个案。

　　山水绘法与中国传统舆图的水纹并无二致。明代的山水，甚至人物作品中也都出现过类似的表现。在另一幅佳作、明代画家徐良

图 155
徐良
《太白骑鲸图》
明代
淮安市博物馆藏

所绘《太白骑鲸图》（图 155）中，水纹被画家作为强有力的背景而运用自如。画幅尺寸为纵 26.1 厘米，横 44.7 厘米，在不很大的画面中，水纹十分生动：

> 绘李白身着官服，拱手仰首，骑鲸于巨浪之中，神情生动，白浪汹涌，水天相接，气势宏大。衣纹水波略作柳叶描，无款识，钤白文"梦昭"、"徐良图书"二印。[111]

关于画家徐良的生平已不可考，此画是 1982 年 4 月于淮安明代王镇墓中出土。王镇，字伯安，生于明永乐甲辰年（1424），卒于弘治乙卯年（1495），与道士张复阳（1403—1490）是同时代的艺术家。与张复阳的《山水》不同，《太白骑鲸图》中的水纹充分表现了波涛之势，线条本身将绘画主题展现出来。运动的水纹对线条本身有更高要求，前景部分的水波以柳叶纹来强调刻画，画面中心下方激起的浪花尤为生动。

许多世纪以来，中国的出版物中出现了一种绘画手册或者指南，其中包括各种典型图示或者图样，而地质构造（山丘、山脉、江河）在其中自然也占有显著的地位。[112] 与荷兰 17 世纪"黄金时期"的海外扩张近似，明代不但需要陆地测绘，也需要海图。[113] 相当一部分明朝疆域图中，有关海洋部分的刻画并不敷衍。吴国辅于崇祯十六年刻朱墨套印本（以墨做今，以朱作古）《今古舆地图》总图和《广

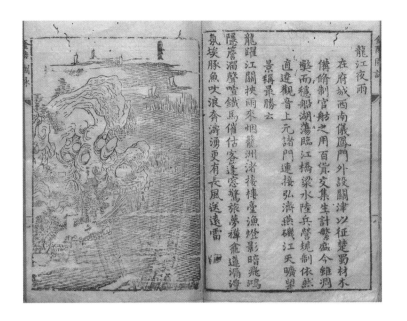

图 156
朱之蕃
《金陵图咏·龙江夜雨》
1624 年
美国国会图书馆藏

與图》相似，绘出了中国东南沿海的区域，海洋依旧以曲线波纹表现，只不过笔法稍显随意。这样的描绘甚至在内陆水域的表现中也有体现，天启三年（1623）朱之蕃（？—1624，字符升，礼部右侍郎）编辑的刻本《金陵图咏》中，他与金陵画家陆寿柏合作刊刻的《金陵景色图》布景细密、刀刻精良，是金陵派木刻版画的代表，山水插图在这部介绍金陵景色的书中实际上起到了地理图标的作用。其中《星冈饮与》《弘济江流》《龙江夜雨》（图 156）和《秦淮渔唱》等插图中水纹的描画很精细，与上述地图或山水画并无二致。

如果拿西方以几何透视法为基础的风景绘画模式来观察中国古代山水画，表现实景方面西画似更胜一筹。不过李约瑟（Joseph Needham，1900—1995）的研究表明，我们不应低估中国绘画和书籍插图中精确观察及表现地质构造的能力：

人们只要翻一翻诸如《峡江图考》一类的近代书籍，就能看到其中有许多描绘得很清楚的地质构造，但图文均带有纯中国的传统形式，丝毫没有受到西方影响的痕迹。[114]

图 157
《崂山图》

《古今图书集成·山川典》中曾描绘过地质图，这些插图不仅真
实，甚至还具有地质学价值。例如在《山川典》第二十九卷《崂山图》
中（图157），一块由海水侵蚀而形成的台地，上面还带有一个因波
涛冲击而成的拱洞；从同一水平面再往右看，便可以看到同一台地的
残留部分。在所有这类图画中最值得注意的，也许是宋代画家李公麟
所绘龙眠山的背斜穹窿露头。中国画家能够对各种地质现象进行这么
多的鉴别这一事实本身，充分证明他们具有运用画笔忠实反映自然的
非凡才能。李约瑟认为中国画家的本意确实并非要描绘地质构造，而
且他们对这些地质现象所作出的精确描绘很可能与中国画本身的审美
观点没有什么牵连，但这里确实包含有道家那种古老的、经验式的循
乎自然倾向，因此他们所描绘的乃是真实的世界。[115]

类似的图绘可以解释中国古代绘法其实并不缺乏写实的能力。
《崂山图》中山川地貌的画法如果是这样，那么海水的绘制也同样
能够采取写实之法。实际上，在明代有关山水的木刻版画中，可以
找到各式各样在地图中出现过的水纹绘法。

绘画和地图学之间的关联并非只限于绘画技巧，有证据指出，
绘画理论与地图学理论之间也是有关系的。[116] 以此来看，是否可以认

为利玛窦的地图参照了中国地图或山水画之中水纹的表现方式？首先，利氏参照中国制图之法确定无疑。其《世界全图》的一个特点是中国部分比较精详，广泛吸取各种中国舆图的特长。他初至澳门时，便在 1582 年参考中国图籍绘制中国地图。罗马在 1935 年发现利玛窦于万历十六年（1588）用拉丁文译注的中国地图一幅。[117]

其次，他来华后所作舆图可以被看作是佛兰芒地图与中国舆图的折中之作，并且他有选择性地针对欧洲地图做了调整，以适应明人尤其是社会上层知识阶层的欣赏需要：利玛窦似乎觉察到传统中国地图的特点是有文字注释，加上新的文字注释，这样做更能显出中国地图的特征。对利玛窦地图的中国受众而言，欧洲科学地图的椭圆投影法、正（横）轴方位投影法、经纬度和气候带等标注变得不那么重要了。据利玛窦记载：中国人可能无法了解地球怎么会是球形的，又有陆地和海洋，以及球形的特性，既无起点也无终点。[118]在有关中国地理位置的绘制中，他不得不做出妥协：

> 利氏世界地图中常为人所提及的一个特点，就是中国放在靠近地图的中央。这是对传统中国信念的让步，即中国是世界的中心。[119]

在利玛窦时代，无论是欧洲人还是中国人，对亚洲内陆地区及北亚地区都不是非常清楚。例如 16 世纪欧洲地图都认为亚洲内陆有一座非常高大的山脉"意貌山"（Imaum），这个说法来自公元 2 世纪托勒密的著作《地理学》。利玛窦在《坤舆万国全图》中也沿用了这些观念，图中有意貌山。[120]利玛窦对多个版本的中国舆图，乃至相关历史、舆地文献皆悉心留意。他绘制舆图的蓝本为奥特利乌斯的地图集。尽管中国舆图在利玛窦来华之已经传入欧洲，根据葡萄牙史学家巴洛斯的《亚洲十卷书》第一卷（1552 年）和第三卷（1553年）的记载，至少在嘉靖三十一年（1552）前就有附地图的中国地志被带到了葡萄牙。1575 年，马尼拉总督曾将中国的《古今形胜之图》（刻于明嘉靖三十四年，作者是兵部左侍郎喻时，现藏西班牙塞维利亚印度总督档案馆）送给西班牙。而最早向中国介绍西方地图学的利玛窦是在 1582 年抵达澳门的，因此就地图学交流而言，是欧洲首先受惠于中国。[121]

　　奥特利乌斯在其地图册《地球大观》中收载了葡萄牙地理学家刘易斯·巴布达绘制的中国地图。如果没有中国制作的地图为底本，是无法画出中国的主要水系的。像罗洪先的《广舆图》中关于明朝中国的文字记载利玛窦在《中国札记》也描述过。他认真观察并参考了从正德、嘉靖到万历朝由中国制图者绘制的一些地图：《坤舆万国全图》上的长江只有很短的一条水道东流与岷江汇合，这与《大明统一志》的附图相同；图上长城的画法与《扬子器跋舆地图》相似，而其文字记注形式则与《古今形胜之图》相类。[122]

　　1918年英国汉学家翟林奈指出，《坤舆万国全图》上一些材料来自中国古代文献，其中"牛蹄突厥"和"妪厥律"出自《五代史》，"乌洛侯"和"北室韦"出自《魏书》。[123]陈观胜继而表明以上几处另有来源：

　　　　翟林奈所说的几条，并非直接得自《五代史》等书，而是出于元代马端临的《文献通考》。利玛窦地图上还有三条注文也见于这本书，即鬼国、区度寐、北室韦。[124]

　　学者们认为利玛窦还参考过明人严从简于万历二年（1574）编纂的《殊域周咨录》、罗日褧的《咸宾录》和郑若曾的《筹海图编》等图籍。就利玛窦对中国舆图资料的深入钻研来说，学习并运用中国地图的表现技巧正像他阅读中国典籍、身着儒服、讲汉语的"合儒"策略一样不难理解。除水纹外，还有一例可以说明利氏对中国舆图表现形式的借鉴：

　　　　利氏世界地图受《广舆图》的影响是在中国北部绘出那条长长的沙漠。不过《广舆图》将沙漠涂成黑色，而利氏地图却以许多小圆点表示，这又可以认作利玛窦受明人徐善述《地理人子须知》一书所附《中国三大干龙总览之图》影响的证据。[125]

　　地图中水纹的表现符合中国舆图和山水画的传统方式，会提升他刊刻的《世界地图》的亲和力。再者，由于中国人在利氏来之前从未见过有关地球整个表面的地理说明，不管是做成地球仪的形式还是画在一张地图的面上，也从未见过用子午线、纬度和经度来划分的地球表面，更不知道赤道、热带、两极，或者说地球分为五个带。[126] 奥特利乌斯的《地球大观》中经纬线、赤道的标注对利玛窦绘制的更大尺寸的挂图而言，仅具有象征的意义，因为连中国的位置都被人为更改过了。密集的水纹刻画对佛兰芒地图学派小尺寸地图所造成的影响在《坤舆万国全图》等大型挂图中可以被忽略，经纬线仅在南极、非洲、美洲和亚洲等主要大陆上较为明显，赤道的标注有三分之二多与海洋水纹交融，变得模糊；反而汉字的序言、诸多名人和官员的跋语题识在地图中十分醒目。

在地图摹本中，王在晋翻刻利玛窦地图的例子十分特殊。王在晋（字明初，？—1643，万历二十年进士，累官至兵部尚书）编撰的《海防纂要》（成书于万历四十一年）收录了一幅小图《周天各国图四分之一》（图158），显示出东亚海域都是以密集的点状来画的。蹊跷之处在于，此图是他的42幅地图中唯一一个以点而不是水纹线来作的，其他41幅图都是传统的中式水纹，并结合了多种不同的样式。此图不会是王在晋或其他中国人绘制的，因为他们当时不具备这种地图投影和世界地理知识。王在晋被认为是喜好虚名之人，如果是他所绘定会署上自己的名字，不会将此等美事让给利玛窦。[127] 除王在晋称作者是利玛窦，在图序中只有"利玛窦刊"四个字外，这幅图没有任何其他记载。在目前留存的利氏世界地图中，好像只有描绘南北极的两幅小型地图才有这样描绘的水纹，此种佛兰芒地图学派常用的方法在利氏在华绘制的地图中比例极小。从另一个方面来说，也正显示出《海防纂要》之中中国传统舆图样式的主流影响。

水纹描绘的传统在利玛窦之后的在华传教士制图活动中依然延续，在明末清初乃至清代的地图中，水域尤其是海洋水纹的绘制依然存在中国舆图水纹的传统样式和欧洲样式的差异。奥特利乌斯在水纹方面没有像意大利制图家一样运用线条形式，而是采用了简洁点状纹，这在16至17世纪之间的北方制图家中十分流行。相反，在中国境内出版的地图，例如佛兰芒籍教士南怀仁（Ferdinand Verbiest，1623—

图158
王在晋
《海防纂要·周天各国图四分之一》
1613年
《海防纂要》明万历四十一年刻本

图 159
南怀仁
《坤舆全图》局部
1674 年
台北故宫博物院藏

1688）刊刻于康熙十三年（1674）的《坤舆全图》（局部，图159），画中的水纹亦如利玛窦之法，而不是采用欧洲日益流行的点状或画面留白绘法。传教士将在中国绘制的地图传至欧洲后，在中国境外的制图家如法国地图家尼古拉斯·桑松（Nicolas Sanson，1600—1667）参考利氏和卫匡国等人的地图后绘制的地图之中，有关中国沿海一带的波纹状水纹都不见了踪迹。1588年12月，罗明坚出发赴罗马，于1590年7月到达故土。他随身携去了罗洪先的《广舆图》并翻译了其中的地名。这些文献成了佛罗伦萨地图家马窦内罗同年编制的亚洲地图的基础，由于不太明确的原因，这幅地图收藏于路易十三的弟弟奥尔良公爵的特藏之中，尼古拉·桑松于数年之后又附加了一篇解说并发表了该地图。[128]这证实桑松本人熟悉明代中国地图，也目睹过水纹的绘法。不过，在他自己出版的地图中，水纹还是被去掉了。

卫匡国的《中国新地图集》非常有名，他以亲历的观测绘制了中国各省地方地图，虽然他与利玛窦都曾游历过中国，但绘出的地图风格却有差异。此外，身为意大利人的卫匡国为何不在意大利出版地图，而是选择了荷兰？鲁基·布莱桑的解释是，卫匡国的作品在荷兰获得巨大成功的可能性更显而易见，因为荷兰在当时拥有全欧洲最先进的印刷设备。[129] 马西尼的研究显示，卫匡国把《中国新地图集》交给扬·布劳的原因还有传教方面的考虑：

> 首先，布劳地图作品发行量之大是其他制图者无法相比的，可以让耶稣会士著作获得尽可能大的读者群，这些读者就是潜在的"主"的信仰者。其次，荷兰在地理和制图领域有很好的传统，大环境也利于耶稣会士的工作。[130]

卫匡国曾描绘了北直隶一带的地理状况，在地图集中，中国各省地图形式相同（见旋涡花饰一节），所涉及中国沿海区域均不见水纹出现。从卫匡国在阿姆斯特丹筹备地图出版的过程来看，这很可能出于地图出版商的要求：

> 与布劳出版社在编辑原则上达成协议后，卫匡国就得努力工作来准备他的手稿。1654 年 3 月，卫匡国终于得到了许可，在当时，要出版书籍的修士们必须提出这样的申请。[131]

这是布劳家族雄心勃勃的地图集出版计划，包括中国在内的《大

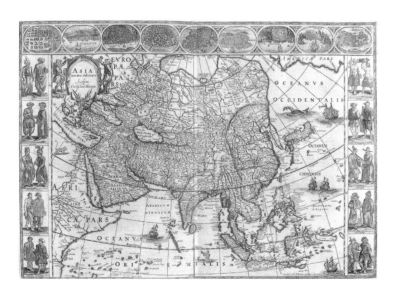

图 160
《亚洲地图》
扬·布劳
1645—1650 年
热那亚加拉塔海洋博物馆藏

地图集》共有 11 卷，包含了世界所有国家，并于 1662 年完成。中国被安排在第 10 卷的第二册，另外还有北极 1 册、欧洲 17 册、非洲 1 册、亚洲 2 册和美洲 1 册。[132] 卫匡国和阿姆斯特丹的布劳制图开始合作的一个关键因素是：从 1642 年以来布劳缺乏耶稣会士，特别是卫匡国的帮助，无法获得有关中国（地理）的详细信息，只有卫匡国的地理著作完整地介绍了中国。[133] 这一点可以从布劳在 1645 年至 1650 年间编辑的《亚洲地图》（图 160）中看出，有关中国地图的描绘，例如海岸线、明朝各省的绘制错讹相当大。

布劳地图之中海域仅有很少的写景符号，水纹只围绕船只与海怪做了简单的描绘，大面积的区域留白。而在 1655 年出版的卫匡国《中国新地图集》中连这些水纹也消失了。类似的情况也出现在其他耶稣会士们的地图里，突出的例子有艾儒略（Giulio Aleni, 1582—1649）。[134] 他 1582 年生于意大利布雷西亚，自 1613 年起在中国传教 36 年，直至 1649 年在福建延平去世。同利玛窦一样，艾儒略不仅是神学家，也是精通数学、天文学和地理学的学者，是利玛窦之后最精通中国文化的耶稣会士，也是最重要的天主教来华传教士之一，被尊称为"西来孔子"，在西学东渐过程中起到关键作用。艾儒略在中国传教过程中也绘制地图，他的《万国全图》与《职方外纪》（图 161 与图 162）描绘有世界地图，《万国全图》是与官员杨廷筠合作，编于 1623 年。图中海洋部分与利玛窦的地图类似，所涉及地图中海洋

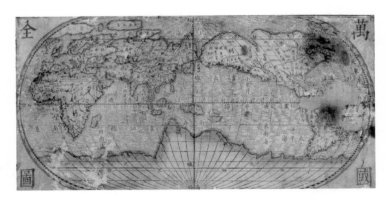

图 161
艾儒略
《万国全图》
1623 年
米兰安布罗西亚图书馆藏

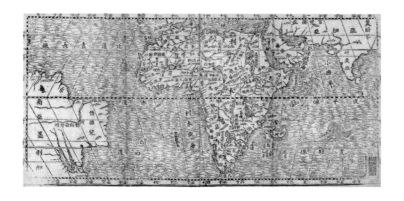

图 162
艾儒略
《职方外纪·利未亚图》
1623 年
台北故宫博物院藏

全部以曲线水波纹绘制。马西莫·奎亚尼（Massimo Quaini）的研究显示出艾儒略的地图明显受到利玛窦地图的启发和影响：

　　包括赤道线、南北两个回归线、南北极地圈、纬线和子午线绘制在椭圆形的边框和赤道线 10° 的间隔内，这与奥特利乌斯的地图一致。人们注意到的第一件事情是太平洋在新世界中间的位置，在右边而不是左边，是为了把中国在绘制过程中放在更靠近地图中心的位置。第一个采取这种权宜之计的是利玛窦，然后艾儒略和其他耶稣会士们模仿他，以消除中国人的不适应。[135]

　　作为利玛窦地图的组成部分，水纹绘法也自然被艾儒略吸取。整幅地图中海洋的面积很大，如果艾氏特意忽略或者改变为其他样式如点状纹的话，就肯定有这样做的理由，但实际上，利玛窦之后来华的耶稣会士们于明末清初在中国境内制图基本遵循这种惯例，只有在境外出版的地图才会改变。这对符合中国人看地图的欣赏习惯是有帮助的，因为所有这一切归根结底都是为了消除中国人对西来天主教的排斥感。善于学习的耶稣会士利用中国人熟悉的地图图像元素，在细节之处用心甚笃。

　　为了更进一步地探讨水纹绘制在中国和欧洲的不同，有必要列举英国游记作家塞缪尔·珀切斯（Samuel Purchas，1577—1626）绘制的地图，他在 1625 年（天启五年）出版了一幅全新的《中国地图》。珀切斯从未到过中国，这幅地图是依据他购自约翰·萨里斯（John

Saris）的一份手稿绘制。萨里斯是英国东印度公司的商人，他从万丹[136]（Bantam）的一个中国人那里得到了地图，曾跟随过利玛窦的西班牙耶稣会士为珀切斯翻译了地图的内容。与以往的地图相比，此图地理知识的改善是明显的，至少含有更大的经度范围。黑色条带代表了戈壁沙漠，并刻有哈喇契丹（Qara-Khitay）或黑色契丹（Black Cathay），显示此类词语已被接受。中国长城位于东经28°，这清楚地反映了明朝已完成了（长城的）重建工作，以抵御来自北部边境蒙古的威胁。[137]除了地图中装饰有一位中国男子和一位女子以及利玛窦的形象外，最明显的不同在于中国沿海一带的水纹，自海南岛一带到渤海的范围内没有了利氏地图之中的波纹线水纹，而是布满了点状纹。这件作品与利玛窦地图存在一定的联系，地图装饰中的利氏肖像显示出作者的敬意，不过却替换了利玛窦地图中关键的水纹。依据耶稣会士原始地图资料再绘中国地图的情况时有发生。

1667年在欧洲出版的另一幅《中国地图》也是如此，作者是著名学者阿森纳修斯·基歇尔（Athanasius Kircher，1602—1680）。基歇尔是17世纪德国耶稣会成员，也是一位通才和百科全书式的人物。他一生大多数时间在罗马学院任教和做研究工作，涉猎学科非常广泛，其中包括埃及学、地质学、医学、数学和音乐理论。他的著作《中国图说》（China Monumentis）是一部中国知识的百科全书，其中包括详细的地图学。书中强调了中国历史中的基督教元素，如他提到景教传播到中国，描写了1625年在西安府发现的《大秦景教流行中国碑》。他认为这块碑说明基督教在一千年前（约600年）就已传播到中国。基歇尔也没有来到过明朝中国，不过他的《中国图说》和地图等诸多资料来源于那些奔赴远东的传教士们，尤其是他曾经的弟子卫匡国。[138]

这样的渊源关系就一目了然了，基歇尔的地图与卫匡国的《中国新地图集》在水纹的表现上完全一致。与在欧洲的制图者在地图中不绘水域的方式相比，中国自身的传统更加稳定。在明亡之后，清代的地图似乎依然沿袭前朝的绘法。从16世纪末到20世纪初的大

图 163
《浙江台州府地舆图说》
清代
台北故宫博物院藏

部分时间里，中国地图学几乎没有受到欧洲影响的痕迹，中国地图学转变成欧洲式的地图学并不像过去学者所说的那么快速，也没有那么全面。此外，学者们也质疑利玛窦的地图对中国地图学是否有很大的影响，流传很广并不代表有影响，而公开流传也不一定就意味着接受。[139]

另外，某些清代的地图绘制，除了运用平行的纬线和辐合的经线，地图的外观比较像中国式地图，而不像是欧洲地图。地名是中文，地图符号，如表示河流和山脉的符号，都是中国传统的。[140] 这样的例子很多，《浙江台州府地舆图说》（图 163）是清代地图，中国舆图中熟悉的水波纹却依然没有消失。在《长江地理图》（图 164）中，画面中对水纹的刻画显然花费了不少工夫，学者们认为：

全幅画卷以接近平视的角度分视江岸两旁，细腻地描述岸边山峰、林木以及江行的舟船，粼粼水纹表现长江江水流动的景观；图中描绘江面上的活动以及沿途所见景色。全幅构图颇有山水图画的

图 164
佚名
《长江地理图》局部
清代
台北故宫博物院藏

效果。从绘图的时代风格来看，这种山水长卷的构图方式流行于明代；而在笔墨技巧方面，近似国画"斧劈皴"法，即用同一方向的侧锋表现，来描绘质感坚硬而多棱角的山石、峭壁或陡坡，因为山石的块面仿佛遭利斧砍凿而成。对于水纹的描绘也刻意强调浪花的造型和装饰效果。[141]

这幅地图中，水域所占比例在整幅画面中超过了四分之三，以长江水道为描绘中心，制图者在波浪形水纹的刻画上耐心十足，意在以较写实的手法描绘长江奔流之势。在绘画般的地图上，水纹成为画面中心，沿江的人物、泛舟和摆渡等活动完全围绕着水面展开。《长江地理图》也许是欧洲地图改变中国舆图一个有限的佐证。相同的情况也出现在波兰神甫卜弥格、葡萄牙神甫曾德昭（Alvaro Semedo，1585—1658）等人绘制并在西方刊刻出版的西文中国地图之中。这时水纹的描绘又恢复为欧洲地图入华之前的样式，不作波纹线的刻画。

当利玛窦初至中国时，他所携带的地图是来自北方的佛兰芒地图学派的范本——奥特利乌斯的《地球大观》，他对中国地图绘制方式的学习使他逐渐改变了欧洲地图中的写景符号，地图中水纹的表现符合中国舆图和山水的传统方式。一个更加深刻的理解则是，利氏力图使儒士们确信基督教的优越性，这种优越性是儒士不放弃自己的传统哲学也能认识到的。[142] 对地图而言，掌握中国传统的绘制方法也许同样会证明类似的优越性，即一种无所不能的适应能力。奥特利乌斯《地球大观》中经纬线、赤道的标注对利玛窦绘制更大尺寸的挂图和大部分看到这种地图的中国人来说，更多起到的是象征意义并符合传教的策略。

利氏用心良苦，绘制这类地图的目的就是给明朝人观赏的，没有一张在欧洲出版的中国地图会按照这种面貌来画，虽然欧洲制图者们吸取了耶稣会士在中国的地理勘测经验。利玛窦并非第一个在中国绘制地图的耶稣会士，但他出色地融入中华文化与传统，他所开创的地图模式成为后辈传教士们所效法的经典，这在小小的水纹之间已得到了印证。从另一个方面来看，他的前辈罗明坚虽然比他更早到达中国，甚至是第一位绘制中国各省地图之人，但他所绘地图的影响力就远不如利氏或卫匡国：

罗明坚这部《中国地图集》于 1987 年才被人发现，它原深藏在罗马国家图书馆之中。1993 年经意大利学者欧金尼奥洛·萨尔多的整理编辑并正式出版。这本地图集共有 37 页地理状况描绘和 27 幅地图，其中有些是草图，有些绘制得很精细。[143]

罗明坚地图被人长期忽略的原因与他没有像利玛窦一样努力学习和融入中国的文化圈有关。利玛窦以地图为纽带所结识各阶层的中国士绅、官员人数非常多，这显然是罗明坚没有达到的。他在 1589 年回到欧洲后再未返回中国，加之耶稣会士后辈精英辈出，使罗氏绘制的中国地图渐渐被人遗忘，尽管他画的地图稿本身很出色，甚至达到专业制图水平。从罗氏地图的绘制手法来看，它的欧洲绘法特征明显，而且准确度较高。罗明坚使用了网格，在地图边框处标出了纬度。例如在《罗明坚中国地图集·大明国》中，中国东南沿海、黄河与长江以及东南各省地域都绘制得很明确，省会城市被标记成一个城池的图标。在大约是广州位置的边框标记了数字"23°"。广州的标准纬度为 23.13°。南京标记在 32° 与 33° 之间，标准纬度是 32.07°，罗氏地图测量可信度之高使人信服。不过，罗明坚地图中的海洋水域几乎以留白为主，描绘福建省沿海的图中画上了有限的点状纹以示水体，这与佛兰芒地图学派的主流绘法一样。另外一处似河流汇集之处，则用写实手法绘上少量波纹。罗氏地图水纹的处理与奥特利乌斯方法相似，从地图的整体面貌以及呈现的点状水纹来看，他具备熟练的地图绘制技巧。之所以没有像利玛窦之后的地图一样画上优美的水波纹，不是因为他缺乏观察，实际上他的地图细节刻画十分深入（图165），福建省局部图中的树林不但画有投影，而且有纵深的感觉。罗氏地图全是手稿形式，而非大幅挂图，文字与图稿结合在一起，有思考的痕迹，这更说明它是自己研究之作，而不是为向他人展示的地图。关于罗氏是否借鉴过中国舆图的问题，意大利学者罗萨多·欧金尼奥洛认为，罗明坚的中国地图肯定受到了中国地图学家罗洪先《广

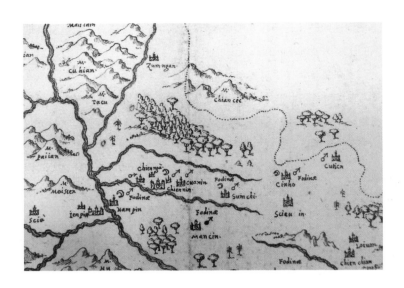

图 165
罗明坚
《福建省》局部
梵蒂冈图书馆藏

舆图》的影响，罗明坚所使用的许多基本数字大多来源于《广舆图》。
但在对中国的介绍上，罗明坚却表达了西方人的观点，他不是首先
从北京或南京这两个帝国的首都和中心开始介绍，而是从南方沿海
省份逐步展开介绍。这种看待中国的方式与那个时代葡萄牙人的方
式完全相同，因为对当时的欧洲人来说，他们更关心与贸易相关的
中国南部省份。[144] 如果将罗洪先《广舆图》（图 166）的相似区域和
罗明坚之图比较一下，就可以看到《广舆图》中，中国沿海一带水
域被填充了密集的水波纹。罗洪先《广舆图》地图集真实地展现了
明朝中期整个中国的情况，在国内外均有深远影响，直至 17 世纪末，
欧洲出版的中国地图无一例外都是以其为基础制作的。利氏在绘制
1584 年世界地图的中国部分时，曾依赖最新的 1579 年版《广舆图》，
而《广舆图》在 1555 年初版之后，在接下来的四分之一世纪里至少
重印过五版（1555、1558、1561、1566 和 1572 年）。[145] 虽然罗明坚
与利玛窦都曾将《广舆图》作为范本，但他们二者对其的解读不同，
在水纹方面的取舍缘于是否愿意进入中国舆图的图示和文化系统。
虽然他们都极为睿智，并在肇庆共事过一段时间，不过可以看出在
如何有效的传教上利玛窦更有策略：

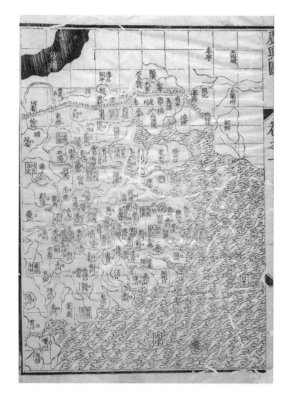

图 166
罗洪先
《广舆图》
明代
1579 年
万历七年钱岱翻刻韩君恩本（增补）
国家图书馆藏

　　罗明坚首先竭力集书，更多的是为了宗教的目的，但也加上一些可以让中国当官的眼睛看得见的形象例证。例如，印有《新旧约》图像的装饰房间用的布料（1581 年 11 月 12 日），已经搞到几箱书，尤其是大厚本的教典法。[146]

　　以后我们看见，利玛窦神甫因其科学发明、舆地全图、"价值连城的宝石"、自鸣钟、日时计、地球仪和天球仪，等等，有了无可比拟的美名。但是，他吸引最尊贵客人注意，更重要的原因在于他谈吐中浸透着西方带来的文化。最近发现的一封信札显示罗明坚神甫浙江之行失败，表明事业的艰巨。[147]

　　特别是在肇庆遇见嗜好地图的知府王泮之后，利氏敏锐地意识到地图和欧洲的科学可以在他初至中国时打开传教的局面。1584 年 11 月 30 日，利氏在于广州写给罗马耶稣会总会长克劳迪奥·阿奎维瓦（Claudio Aquaviva，1543—1615）的信札中说道：

除此之外尚有一幅地图，是以我们的样式出版，但是上面的文字、公里与时间计算以及地名等，则以中文写出。我们已经把它送给肇庆知府王泮，他立刻要人印刷出来。虽然其中不无错误，部分原因在我，首先因我不曾尽心绘制，同时我也没有想到这么快便印出来了，部分是印刷上的手民之误。但我仍认为您看到上面的中文注解会感到高兴。您应该知道这张地图在中国是多么受到重视，还是知府本人在他官邸中亲自督印的。但他不愿卖给任何人，而只把它当作重礼，赠送给中国有地位的人。[148]

利氏在多封书信中向罗马报告了他传教过程中所发生的故事，其中对绘制地图的来龙去脉做过详尽叙述，这也是他信函的主要话题之一。他制图的经历从最早肇庆版《山海舆地图》，到南昌、南京再到北京之间的地图水纹，从开始的点状水纹一直演变到他成熟期的巨制《坤舆万国全图》中的波纹线水纹，展示出他逐渐中国化的过程。这个过程与他的穿衣扮相、言谈举止、著书立说以及地图绘制无疑是相辅相成的。

而耶稣会士的地图水纹究竟是从何时改为中国式样的呢？无论利氏本人或晚明翻刻地图者都没有直接提到。不过章潢的摹本显示出其在南昌时还是奥特利乌斯的样式。以现有的资料判断，这个微妙的变化可能就发生在利氏南京的制图中。鉴于首次进京未获成功居留，利玛窦不得不返回南京，1599 年 2 月时已至。1600 年，在南京任吏部主事的吴中明（1556—1617，号左海）要求利玛窦修订一下他原来在广东所绘制的《世界地图》（即《山海舆地图》），给它增加一些更详尽的注释。左海言称欲悬挂一份在官署，放置一处地方以供公众观赏。利氏欣而从之：

他大规模地重新绘制了舆图，轮廓鲜明……增订并改正了错误，毫不迟疑地修订了整个作品。他的官员朋友对这个新舆图感到非常高兴，雇专门刻工，以公费镌石复刻，并刻上一篇高度赞扬《世界舆图》及其作者的序文。这幅修订的舆图在精工细作和印行数量上

图 167
冯应京
《月令广义》
摹利玛窦《山海舆地全图》
明万历三十年（1602）
秣陵陈邦泰刻本

都远远超过原来广东那个地图。[149]

以上描述提供了十分关键的线索。利氏大规模重新绘制地图时，增订和变动的究竟是哪些方面，是否改变了水纹？在 1602 年《坤舆万国全图》序中，他自云："庚子至白下，蒙左海吴先生之教，再修订。"甚为遗憾的是，利氏南京绘《山海舆地全图》未能流传至今。据明代文学家钱希言（字简栖，约 1562—1638）于 1613 年辑《狯园》所描述：

往常刻广舆地图与金陵，用五色以别五方，中华幅员大如弹丸黑子，可见此图是彩色绘制。[150]

和之前版本不同的是地图敷彩，不过并没有提及地图上海洋水域的水纹特征。这幅地图获得了成功，新刻较广东本更完美，其为众所赏识亦较广，刷印更多，流传各地。诸神甫亦有以寄往澳门及日本者，他人亦有从而翻印者。[151] 其中一份就送到贵州巡抚郭子章（1543—1618，字相奎，号青螺）手中。[152] 所幸虽然原图下落不明，但在冯应京所编纂《月令广义》中保留了《山海舆地全图》的摹本（图 167）。根据郭子章为地图所作序言可知，利氏做的修改即改变了之前关于地球周长、直径以及欧洲到中国的距离。南京版《山海舆地全图》的数据被后来的北京版《坤舆万国全图》及《两仪玄览图》所因袭。[153] 如果冯应京的确依照利氏的原图临摹的话，最大的变化还包括世界全图中水域的绘制方式，冯摹本中是鱼鳞状水纹（图167）。

为什么利玛窦要做这些变动呢？洪业认为可能因为利玛窦多读了中国古书而受其影响，他把欧洲与中国的距离从六万里增加到九万里或更多，目的是为了消除中国人对欧洲人"近在东南隅"的莫名恐惧感。[154] 利氏地图的水纹变化也正是从他研究一系列中国舆图，包括《大明一统志》《扬子器跋舆地图》《广舆图》和《古今形胜之图》阶段开始的：

与当时欧洲地图不同在于，利氏由于接触到了中国文献对亚洲内陆与北亚地区的记载，所以他的世界地图就要比欧洲地图更丰富。由此看来，在编绘上述地区地图时，采用了欧洲和中国两方面的资料，而且将它们混在一起了，使其具有了自己的特色。[155]

利氏比罗明坚在中国制图方面产生更大影响，不仅是个学习的过程，也是个互动的过程。这显然是基于利氏对中国境况更出色的理解和判断。[156] 他的地图面貌发生变化更是与晚明的知识界和精英文人阶层密切往来、交流与深思熟虑的结果。在南昌1596年10月13日致耶稣会总长阿奎维瓦的书信中，利氏言及南昌知府王佐以重银回报他曾馈赠过两架石制日晷："王佐期望能够给他制造其他'具有智性的器物'，因为我正在着手绘制一幅世界地图，上附有许多注释与说明，目前尚未竣工，许多智慧高的人前来观看，无不殷切希望赶快印刷出来，这在中国将大受欢迎。多年前（1584）我曾绘有一幅（世界地图），只因注释不够详细，尤其在印刷时我不在跟前（按肇庆知府王泮在其府中刻板），因此不如这一幅受更多人的喜爱。"[157] 在1605年5月10日于北京写给父亲的信札中，他说道：

两年前我寄给大人的《世界地图》（按：为1599年绘制）在中国已翻印十多次了，对我们推崇备至，因为这类作品是中国未曾看见过的。

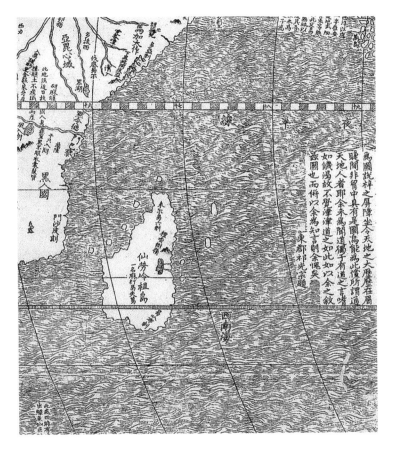

许多中国文人在文中谈到我们，因为他们以往只知有中国，而不知尚有其他许多国家，现在他们跟我们的神甫们学习许多新奇的事。[158]

万历二十七年（1599）利氏正在南京，他在南京居留的时间是己亥年正月十一日（1599年2月6日），离去之时为庚子年四月初六日（1600年5月18日）[159]，在南京一年有余。在1601年到达北京之后，李之藻（1571—1630，字振之，又字我存）协助他绘制《坤舆万国全图》。利氏至北京最先着手之事，则重刻世界地图是也。此次所刻较旧者为大甚，分六条，高过人身，可展可合，中国式，甚巧。此图既较大，故利神甫能放其内容更有所增益，不仅新增之国颇多，且亦多具新注，稍述各国各地之奇物。又为全图作一较详之序；并解释数理，目及诸

图 168
利玛窦
《坤舆万国全图》局部
1602 年
万历三十年刊
日本宫城县立图书馆藏

星。此图刻印甚精美，故传遍全国，为人所珍。李我存自撰序文而外，又得其他学者多序，颇为此作增色。版本既刻就，彼刷印多本，遍赠其友；他人亦有送纸来印者，合之不下数千本也，剖厥此图之刻工又私梓一版，大小尽同；故一时而有版本二。然尚不足以应求者之多，故天主教徒某，以吾人之助，别焉一更大之图，分列八幅；刻既就，遂以版售于印刷者。在北京共有三本焉。[160] 这里提到几个重点：首先，地图尺寸很大，已是大幅壁挂地图，而奥特利乌斯蓝本的地图册尺幅只能算作大型的书籍。其次，即"中国式"的地图或绘制模式。至此，利氏笔下的水纹已经完全没有了佛兰芒地图学派的踪迹（《坤舆万国全图》局部，图168），前述只有意大利制图家加斯塔尔迪·贾科莫所作部分水纹与中国舆图中的水纹相"类似"，但与利氏水纹比较，加斯塔尔迪描绘的水纹分布比较平均，缺乏自然之感。利氏在北京绘制的地图中的水纹没有生涩感，十分天然优美。由于缺失了在南京时绘制的地图原作，这个中间环节可能就是利氏地图水纹变化过程中的证据之一。虽然利玛窦来自意大利，在印度果阿传教几年，但真正关注地图的绘制是在来到中国之后。况且他携带来华的地图并非出自意大利制图家之手。以他早在肇庆绘图的摹本到万历二十八年后的地图之变化来看，这种差异不但是鲜明的，更是潜移默化的。在《坤舆万国全图》跋中，利氏自述：

吾古昔以多见闻为智，原有不辞万里之遐往访贤人、观名邦者。人寿几何，必历年久远而后得广览博学，忽然老至而无遣用焉，岂不悲哉！所以贵有图史，史记之图传之，四方之士所睹见，古人载而后人观，坐而可减愚增智焉。大哉，图史之功乎！敝国虽编，而恒重信史，善闻各方之风俗与其名胜，故非惟本国详载，又有天下列国通志以至九重天、万国全图无不备者。窦也，铨伏海邦，窃慕中华大统万里，声教之盛，浮槎西来。壬午解缆东粤，粤人士请图所过诸国以垂不朽。彼时窦未熟汉语，虽出所携图册与其积岁札记绅绎刻梓，然司宾所译，未免无谬。庚子至白下，蒙左海吴先生之教，再为修订。辛丑来京，诸大先生曾见是图者，多不鄙弃羁旅，而辱厚待焉！

缮部我存李先生凤志舆地之学，自为诸生编辑有书，深赏兹图，以为地度之上应天躔乃万世不可易之法，又且穷理极数，孜孜尽年不舍。歉前刻之隘狭，未尽西来原图什一，谋更恢广之。余曰："此乃数邦之幸，因先生得有闻于诸夏矣，敢不俗土产。虽未能大备，比旧图亦稍赡云。但地形本圆球，今图为平面，其理难于一览而悟，则又仿敝邑之法，再作半球图者二焉，一载赤道以北，一载赤道以南，其二极则居二圈当中，以肖地之本形，便于互见。共成大屏六幅，以为书斋卧游之具。嗟嗟，不出户庭，历观万国，此于闻见不无少补。

尝闻天地一大书，惟君子能读之，故道成焉。盖知天地而可证主宰天地者之至善、至大、至一也。不学者，弃天也，学不归原天帝，终非学也。净绝恶萌以期至善，即善也。姑缓小以急于大，减其繁多以归于至一，于学也庶乎。窦不敏，译此天地图，非敢曰资闻见也，为己者当自得焉。窃以此望于共戴天履地者。

万历壬寅（1602）孟秋吉旦，欧逻巴人利马窦谨撰[6]

跋文中两次提到受教，南京左海吴先生之教与李之藻歉前刻之隘狭，未尽西来原图什一，谋更恢广之。据在南京绘制的《山海舆地全图》摹本可知，其水纹可能是利氏进行实验时的水纹描绘，也可能是对中国舆图中几种水纹形式的模仿，模仿的不是波纹线条而是鱼鳞状水纹，在他到北京后的制图活动中，地图上再未出现类似的绘法。

关于水纹的讨论即将告一段落。回首这段图绘往事，地图微观图像变化之因在于：利玛窦适应中国文化的努力富有成效，他掌握了理解中国知识分子志趣、情感的中国语言和知识，这有助于他在欧洲人制图与"合儒"身份之间达成一致。他取得了前辈罗明坚等耶稣会士们所无法设想的成就，在晚明社会的文化圈中具有不凡的声誉。他以一个欧洲人的视野来看待中国，就他的地图绘制来说，尽管都在中国绘制，但极大地影响了之后的耶稣会制图方法，乃至欧洲制图界对中国和东亚地理的认识。利玛窦的地图是欧洲与中国文明之科学知识所派生的文化间对话的结果。[162] 在 16 世纪末刚踏上中国的土地时，耶稣会士面临着空前的挑战，正如布尔斯汀所述："传

凯捷
信昀达捷
正股捷
朝贝接注
音至自逃
鹿耳银身
防海逸斯
城郷嘯雉山
驰一之为甚
竟致再鸥阮
成擒宣敕鶡
永铸满壖揭
国武益深竞
業恩昭
福康安奏
報生擒庄大
田信玉诗以
志喜
戊申仲
春下辞
御笔

图 169
郎世宁等
《平定台湾图·生擒庄大田》
清代
台北故宫博物院藏

统、习俗、制度、语言以及成千的细小习惯——思维方式和行为方式往往会成为障碍。"[163] 然而凭借科学素养、广博见闻与天赋，使传教士逾越这些障碍成为可能。水纹的绘制传统在明之后的中国传统舆图、方志中依旧存在。对清代来华的耶稣会士来说，绘图同样是一项日常工作，乾隆时期的一组战争版画也显示出水纹的有趣样式。在《平定台湾图·生擒庄大田》（图 169）中，郎世宁以及王致诚等人在绘制景观时，海洋水纹的处理显示出折中的意味，是欧洲式的写实主义与中国舆图线条描绘相结合的例证。由于在绘制上过多强调了海水波涛，使这些水纹显得有些喧宾夺主，画面效果虽然有些纷乱，但对战争主题可能有烘托作用，比如强调了战事的激烈，这是欧洲人试图结合中国的视觉体验创造的一种图示。

近代以前的地图与绘画相同，是主观方式的记录，制图者对所呈现或忽略的知识进行分类和选择。[164] 传教士绘制地图的所有"中国化"努力在于消除明人对域外人士与基督教的排斥感，在中国以地图为核心的策略无疑是成功的。明代多样化的舆图标记，例如写景符号、几何符号和题跋注释，展现出中国舆图绘制者的趣味。这种在山水画基础上发展起来的形象化地图已不是原始的山水图画，而是和"计里画方"地图长期共存过程中互相影响的结果。它吸取了"计里画方"制图的科学基础，具有地图的特征，又有艺术欣赏价值，很适合朝廷的需要，因此在明清两代官方地图中占有很大的优势。[165]

在古代，欣赏地图之乐趣不亚于观赏书画，唐代曹梦征《观华夷图》诗云：

落笔胜缩地，展图当晏宁。

中华属贵分，远裔占何星。

分寸辨诸岳，斗升观四溟。

长疑未到处，一一似曾经。[166]

在地图有限的尺幅中，游历四海变得何其容易。欧洲地图的科学方法深为明朝学者倾慕。李之藻在艾儒略《职方外纪》（天启二年）序中说："万历辛丑利氏来宾，余从僚友数辈访之。其壁间悬有大地全图，画线分度甚悉。乃悟唐人画方分里，其术尚疏，遂为译以华文。刻为《万国图》屏风。"[167] 从广义上讲，中西科学技术与艺术发展类型的不同是地图绘法不同的根本原因。中国舆图中无投影法和经纬线的形制弱化了科学特征。明代制图者根据既有的绘画传统，使舆图看上去近似山水画，这与荷兰17世纪的精美地图相似。

此类地图以风景画或世态场景的形式画成，像绘画一样挂在墙上，表明17世纪的欣赏者没有像现代人一样把作为"艺术"的绘画与作为"知识"的地图区分开来。就耶稣会士在明朝的知识传播而言，在近代早期的欧洲，精英分子往往以他们自己的知识为知识，黎塞留枢机主教（Cardinal Richelieu，1585—1642）在其《政治圣约书》（Political Testament）中曾说："不能教给人民知识，否则他们便会不满意自己的处境。"今天，随着所谓地方知识和日常知识的"重建"，我们明白每一个文化中都有多种知识，而社会历史像社会学一样，必须注意社会上被认为是知识的每一件事情。譬如，社会学家格维奇曾区别七种知识：五官所知觉的、社会的、日常的、技术的、政治的、科学的和哲学的。[168] 地图是一种特殊的知识模式，作为知识一权力的文化载体，中国人对地图的兴趣自古以来就十分浓厚。例如重要的典籍，包括地图在内，常常刻在石碑上；每一朝代的典籍都收入正史，正史中则有关于地理和政府组织等专卷。[169] 因为耶稣会士带来包括地图在内的欧洲科学，他们会在未来的传教岁月中受到中国社会关注并不奇怪。不过中国制图的另一面是技法制作始终被弱化，职业制图家和承传有序的制图机构也没有形成（这些恰恰是欧洲制图所强调的方面），这又与海禁国策使海外贸易形成不了规模有关。地图是一个庞杂的有机体，会反映出制图时期的政治、文化、军事、科学发展和社会变迁。了解地图发展的最便捷途径，就是首先看一看它们的构成（科学）基础、系统运行模式，这样就可以明了不同地图面貌之由来。

　　以中国历代舆图的绘制传统来看，晚明时期的变化最显著，但对中国传统地图制作的影响力有限。这种改变一方面体现在中国人首次将全球视野纳入到自己的舆图认知和绘制过程。社会的精英阶层最先关注西方地图，著名学者在参与翻刻并流传至今的学术名著如《图书编》《方舆胜略》和类书《三才图会》中使用了来自欧洲的《世界地图》图像，这种学术交流传播意义深远。另一方面，由于中国舆图在清末后才真正趋向数字化，采用西方地图和以中国舆图传统绘制两种方式在晚明时呈现并行状态，互不干扰。也就是说西方地图只在有限的范围内流传，官方文书如各州府县所颁布的标准地志、县志中舆图变化不大。西方制图流传有限的原因涉及晚明时期社会各界对西方传教士及其宗教和科学传播影响的态度，这也是中国舆图未能发生根本变革的客观因素之一。中国地图转变成欧洲式的地图没有那么快和那么全面。所以比较正确的说法是，影响似乎是在欧洲，欧洲地图对中国的表示比以前准确就是直接接受了他们（传教士）的影响。[170] 利玛窦的中国舆图对欧洲的反作用亦不能忽视，在传教士入华之前，欧洲对中国疆域的认识仍十分模糊，例如意大利制图学家加斯塔尔迪在 1548 年绘制的世界地图中甚至将美洲和亚洲大陆直接相连。[171] 正是凭借利玛窦等人掌握汉语，并对中国图籍进行深入研究和实地观测，才逐步修正了对中国地名与地理位置的混淆错讹。在利氏与卫匡国等人将这些地图回传到欧洲之后，荷兰与法国的制图者依照这些更加详尽和准确的测绘数据编辑出版了《世界全图》，同时对亚洲和中国的地理认知也得到提升。

　　明朝于1644年结束后，耶稣会在中国的文化行迹也暂时告一段落。此时，地图绘制已让步于恢复明朝事业的最后努力中，身为天主教徒的领导者们在其中扮演了主导角色。以公元1世纪的基督教观点来衡量，晚明时期耶稣会士在中国的成就，应该被列为传教史上最伟大的成就之一……这为数不多的一群人，以他们所创建起来的中国与欧洲的思想联系，部分地改变了中国历史的进程，也改变了自那以后的世界。他们愿意将"欧洲人主义"的偏见抛掷一旁，通过他们的适应性，他们清白地结交上层人物，有着单纯的自我满足感，他们善于发现好的事物，他们将同情与理解用于与中国的接触中……[172] 清代耶稣会士虽然也绘制地图，但已和晚明时期的语境完全不同了，朝廷中受到外国地图学方法的一些影响，而地方上反对外国的影响则一直持续到19世纪末叶[173]：

　　　清朝统治者使用明代赋役资料的经验，有助于他们接受耶稣会士提出来要测绘比当时现有地图较好的中国地图。1698年耶稣会士向康熙皇帝建议应该由他们测量全中国时，双方面都知道耶稣会士们已经证明，他们所使用的天文方法优于传统的中国和阿拉伯方法，具有优越的预测功能。[174]

　　欧洲地图在清初的耶稣会士手里可能依然是传教策略之一，但不再是用以结交社会知识阶层，尤其是远离那些京师的普通学者和官吏们的有效方法。由利玛窦等著名传教士开创的传教模式，在经历明末清初的权力交替后，已使新的统治者大致清楚了欧洲科学技术所具备的潜在力量，此时，来华的耶稣会士不需要再从基础做起，而是直接和皇帝及最高政府打交道。和万历皇帝不一样，康熙十分关心耶稣会传教士在华的制图和测绘，他曾要求白晋（Joachim Bouvet，1656—1730）回法国招募更多的传教士来中国。白晋回法国招募到十余位受过天文学、数学、地理学、测量学训练的传教士来中国。康熙帝要考验他们，大约在 1705 年，康熙帝命令他们测绘天津地区的地图，一方面是为了防洪，另一方面也是为了判断欧洲制图方法是否准确。这些耶稣会传教士在 70 天内完成这一地图，呈献给康熙帝，康熙帝对结果表示满意。[175]

伴随明亡及耶稣会于 1773 年的解散，耶稣会士们在晚明时期所绘制的世界地图也具有不同的命运，时至今日已寥寥无几。利氏自叙："人寿几何，必历年久远而后得广览博学，忽然老至而无遄用焉，岂不悲哉！所以贵有图史，史记之图传之，四方之士所睹见，古人载而后人观，坐而可减愚增智焉。大哉，图史之功乎！"这成为他在明朝绘制地图之人生感慨。他可能也无法预料到，他以及他的耶稣会同伴们以传教之名在华制图的故事会更多在地图学与文化史，而不是在教会史中被人们所记起和关注，而这已经成就了晚明与欧洲交流的传奇。

结　语

多年后会出现一个时代，那时海洋将解开物体的锁链，大片陆地随之出现。那时提费斯将揭示新世界，而图勒不再是地球的极限。

——塞涅卡

约翰·泰奥多尔·梅尔茨（John Theodore Merz，1840—1922）曾说："历史展现在我们眼前五彩缤纷的外部事件和变化背后，有一个隐蔽的世界，它由产生这些事件的欲望和动机、情感和动力组成；在光怪陆离的人世表象背后潜藏着内在思想……"[1] 晚明是一个掀起历史波澜的时期，明人可以接触到多元的文化、知识和习俗已是既成事实。在欧洲，17 世纪的学术可以被看作类似以亚历山大港为中心古希腊文化后期的东西。[2] 欧洲的耶稣会士们由于系统的学术和科学训练，掌握了诸多科学技能而得以在中国施展才华。这不仅符合耶稣会创始人依纳爵·罗耀拉（Ignacio de Loyola，1491—1556）的信念"运用非基督教经典具有合理性，而且也是耶稣会士探讨文化适应的重要途径"[3]，也更加适宜于晚明社会的文化氛围，因为那些最重要的新思潮产生于主流之外。

有明一代，知识传播的可能性大大增加。随着经济的强劲增长，识字率显著上升，士绅文化大为兴盛。大量文人学士游离官场，广结文社，或私下集会，或聚谈于寺院之中，书籍出版亦空前繁荣。晚明时期的中国，实际而有用的知识正在增长。早在结交耶稣会士之前，徐光启、李之藻就著有水利、测地之书。进一步来说，星罗棋布的书院成为授课和讨论的场所，连同东林党以及后来的复社，构成了至少在一般意义来说传播新知的渠道。同时，不同的知识潮流风起云涌，波及到当时的学术、教育、政治、宗教、哲学和道德。值得注意的是，对西学的强烈共鸣产生在那些心忧天下而又坦率直言的知识分子圈子中。可以这样说，明朝末年，相当数量的文人学士对西学已不再陌生。[4]

地图，曾作为耶稣会士来华所携带的礼物献给明神宗。而在到达肇庆时，他们便遇到对地图十分在行的知府王泮，这成为耶稣会士开始在中国制图的肇始。欧洲地图学发展到17世纪时，在科学测量和地图的绘制方面已经十分系统，先是葡萄牙、西班牙，继而意大利和荷兰在地图的绘制经验方面也已经比较成熟。由于海外贸易和扩张的需要，全球视野和世界地图在欧洲制图早期就已成为一种观察模式和绘制原则。另一个重要的基础则是，社会中是否具备一个成熟的地图系统，它包括地图的需求、测量师、绘图者、印刷商、出版商和地图鉴赏者等一系列必需要素，他们是规模化制图时代所不可缺少的保证。在文艺复兴时期前后，欧洲的君主、诸侯和教皇是地图的主要阅读群体，地理大发现时期对地图的巨大需求基于海外财富的获取。17世纪开始，欧洲阅读地图的群体也包括了社会上的普通知识阶层，连耶稣会修士在受教育过程中都必须接触这些，例如在学习物理学时，学习计划规定每天花一小时学习欧几里得的《几何原本》，然后开始学习地理学、制图学、天文学和机械学。课程设置中也包含了实践活动，如制造日晷仪、星盘、时钟和天体图等。[5]地图越来越成为一个知识的"集合体"，因为绘制精美的地图往往包含地理、人文、艺术和历史的复合知识，像是一部百科全书。

中国的地图自古就具有一种神秘的特质。正如我们所了解的那样，即使到了晚明时期，地图绘制在社会中也没有形成类似欧洲的系统，不存在职业制图师，朝廷是官方制图的订制者和收藏者，而地图也往往会深藏于内府，普通社会阶层难以看到。有能力绘制地图的人也不依赖制图为生，他们绘图的出发点在于科学和学术兴趣。独立制图者在中国的制图史中屡见不鲜，这种现象类似汤因比所说的一段话："当艺术家仅仅为自己或为自己小圈子里的好友工作时，他们鄙视公众。反过来，公众则通过忽视这些艺术家的存在对之进行了报复。"[6] 在古代中国，地图与普通人群的生活关系不大，并且一旦一幅地图的内容被收入正史的地理志中，原图很可能就会被丢掉。中国的政治制度既促进了地图的生产，也促进了地图的销毁……学者比较喜欢研究地图的内容，而不注意地图本身的外观。[7] 凡此种种，造成了地图在中国社会中并非触手可及之物。

在这样的背景下，可以设想为什么耶稣会士的世界地图会广受晚明的官吏和知识阶层欢迎。图像的面貌是地图的关键因素之一，不可否认的是，无论在古代欧洲还是中国，画家和绘画风格特征都在不同时期的地图中留下了烙印。

地图的艺术风格是一个有趣的话题，地图史是否对应艺术史的发展，尤其是艺术家在多大程度上改变了地图的图示，都需要更进一步的研究，对它们的探讨也许会重新定义科学与艺术对人类文化的改变，以及这些因素所起到的具体作用。对于古代中国地图，人们只是粗略地知晓画家们，尤其是山水画家可能参与了古代地图的绘制，但究竟在多大程度上对制图起到影响，由于史料的缺乏而依然情势不明。从文艺复兴时期到 17 世纪，欧洲地图始终在它的装饰性和绘画表现方面用心甚笃。由于相对完整的文献保留，使我们在今天可以了解到诸多著名艺术家曾参与了地图的绘制。在阿姆斯特丹，铜版画家们的另一个主要工作就是地图的刻绘。画家们发挥出他们的才智，使地图变得生动、立体和不落俗套，科学对艺术的滋养体现在透视学、几何学和测量上，这些不仅是文艺复兴以来造型艺术的法宝，同时也是欧洲制图的基石。地图也成为画家们用来表达想象力、神话、象征与宗教影响的一个乐园。在面对自然景观之时，制图家和艺术家取得了某种共识，17世纪的欣赏习惯没有像现代人一样，把作为"艺术"的绘画与作为"知识"的地图区别开来。在这一历史时期中，地图和绘画一样都能够记录地理环境，而这样的方式在19世纪以后就越来越少。

有关地图是科学还是艺术的争论由来已久。赫伯特·巴特菲尔德（Herbert Butterfield，1900—1979）曾对科学做过这样的解释："所谓科学革命……胜过自基督教兴起以来的一切事物，使文艺复兴和宗教改革运动降为仅是一系列事件中的一个事件，仅仅是中世纪基督教世界体系中的内部替换。科学革命作为现代世界和现代思想的起源如此赫然地耸现，以致我们对欧洲历史时期的通常划分已成为一种时代错误。"[8] 而对17世纪的制图来说，科学与艺术是两股无法缺失的力量。耶稣会士初至中国时，正是凭借科学之力方打开传教的局面，在耶稣会士努力学习中国文化的同时，有关地图的绘制也在参照中国的地图传统，水纹变化就是这种难以察觉的地图绘法发生演变的微观证据。然而明清鼎革之时，包括地图交流在内的文化接触也无法始终如一，加上各地反教浪潮不绝，耶稣会士们不仅常常受到排斥，他们所做的科学文化交流也不免无法保证其连贯性，甚至连科学仪器都无法幸免。汤若望在1644年7月就请求顺治帝重建明亡前被破坏的天文仪器[9]，应天巡抚赵可怀在苏州曾将利玛窦的地图摹镌于石，后来也不知所踪。此外，儒家官员和文人学士拒斥基督教并非仅仅出于文化偏见，而是出于非理性的恐外症，或是出于对所有异国事物的仇恨。传教士们在新儒家和基督教之间发现了形而上学方面的不相容性。传教士的教导被认为是异端、邪说或左道，任何偏离"圣人之道"的事物均可扣上这样的帽子……谢和耐认为，自1620年起，便没有大官皈依基督教。同时，中国人开始认识到耶稣会士传教的宗教特征，也知道耶稣在该教中是主角。传教士为儒士们所同情和耶稣会士采取引诱策略的时代已一去不复返了。[10]

地图制图的交流在晚明时期仅昙花一现。明代的一部分知识阶层由此知晓了世界之大、疆域之广，但欧洲的制图术，正如欧洲的科学体系一样，没有完整地进入中国，甚至对传统的中国制图影响也十分有限。地图的交流意义似乎更多地体现在对图示的借鉴之中。学者们在自己的著述中热衷收录这些世界地图，尽管他们对耶稣会士的地图并不完全了解，有些时候省略了经纬线，写错了若干国名。[11] 耶稣会士们对地图绘制态度的不同也使他们的侧重不一，所针对的读图群体都不相同。这些地图对中国的介绍，尤其是卫匡国地图集对中国各地环境、人文地理的深入描绘使欧洲制图界进一步修正了有关中国地理的谬误，他在地图中所使用的"明朝图像"仿佛是对利玛窦世界地图中所运用的中国图示（如题跋、水纹）的呼应，一来一往，所谓交流的含义在地图中留下了微观的痕迹。时至今日，对晚明的地图交流的研究似乎仅窥见一缕微光，求索图籍的努力已经由于许多通向往昔的大门的关闭变得不可逾越……无论我们用一页篇幅来论述一个世纪，还是用五千页篇幅来论述一个世纪，对于那个世纪所发生的无穷事件来说还是无法穷尽的。[12]

注 释

第一部 科学

第一章 十七世纪的明代舆图

1. 吴相湘主编：《天主教东传文献》，台湾学生书局1965年，第650页。

2. 王庸：《中国地理学史》，上海三联书店1984年，第68—69页。

3. 徐继畲：《瀛寰志略》，宋大川校注，文物出版社2007年，第9页。

4. 雅克·勒高夫等：《新史学》，姚蒙译，上海译文出版社1989年，第4页。

5. 杰弗里·马丁：《所有可能的世界》，成一农等译，上海人民出版社2008年，第2页。

6. R. V. Tooley, *Maps and Map-Makers*, Batsford, London, Second Edition, 1952, p.1.

7. 阿兰·H. 贝克：《地理学与历史学》，阚为民译，商务印书馆2008年，第17页。

8. 保罗·佩迪什：《古希腊人的地理学》，蔡宗夏译，商务印书馆1983年，第5页。

9. 康德：《历史理性批判文集》，何兆武译，商务印书馆1990年，第49页。

10. 孙诒让：《周礼正义》，中华书局1987年，第494、689、1121、1194、2408页。

11. 余定国：《中国地图学史》，姜道章译，北京大学出版社2006年，第3页。

12. 王成组：《中国地理学史》，商务印书馆1982年，第67—68页。

13. 李约瑟：《中国科学技术史》第五卷，中国科学技术史翻译小组译，中华书局1976年，第66页。

14. 同上，第85—86页。

15. 卢嘉锡、路甬祥编：《中国古代科学史纲》，河北科学技术出版社1998年，第621页。

16. 王成组：《中国地理学史》，第74页。

17. 张彦远：《历代名画记》，台湾商务印书馆1963年，第145—149页。

18. 王成组：《中国地理学史》，第78页。

19. 王庸：《中国地理学史》，第134页。

20. 阿·德芒戎：《人文地理学问题》，葛以德译，商务印书馆1993年，第3页。

21. John R. Short, *The World through Maps*, Firefly books Ltd., 2003, p.8.

22. 李约瑟：《中国科学技术史》第五卷，第8页。

23. 保罗·佩迪什：《古希腊人的地理学》，第5页。

24. 李约瑟：《中国科学技术史》第五卷，第79页。

25. 丹尼尔·布尔斯廷：《发现者——时间、陆地与海洋》，严撷芸等译，上海译文出版社1992年，第150页。

26. 同上，第149页。

27. 同上，第148页。

28. 同上，第147页。

29. 同上，第148页。

30. 同上，第149页。

31. 塞维利亚的伊西多尔解释：根据圣经，地球上可以居住的地方曾分给诺亚的三个儿子：闪、含和雅弗。亚细亚洲是因"闪的后裔"亚细亚女皇而得名，那里有27个民族；阿非利加洲的名称来自含的后裔阿弗，有30个民族，360个城镇；欧罗巴洲则由神话中的欧罗巴而得名，那里居住着雅弗的子孙15个部族，有120个城市。丹尼尔·布尔斯廷：《发现者——时间、陆地与海洋》，第149页。

32. 海野一隆：《地图的文化史》，王妙发译，新星出版社2005年，第17页。

33. 阿尔多·卡戴里诺：《文津流觞——关于"天子国度印象"的地理学意义》，天子国度印象专辑，国家图书馆编撰，2007年，第43页。

34. 丹尼尔·布尔斯廷：《发现者——时间、陆地与海洋》，第388页。

35. 同上，第391页。

36. 同上，第392页。

37. Peter van der Krogt, Erlend de Groot, *The Atlas Blaeu-van der Hem of the Austrian National Library*, Hes & De Graaf Publishers, 2005, p.440.

38. 阿尔夫雷德·赫特纳：《地理学》，王兰生译，商务印书馆1986年，第381页。

39. 同上，第220页。

40. 同上，第407—408页。

41. 马里特·威斯特曼：《荷兰共和国艺术（1585—1718年）》，张永俊等译，中国建筑工业出版社2008年，第43页。

42. 同上，第104页。

43. 保罗·诺克斯、史蒂文·平奇：《城市社会地理学导论》，柴彦威等译，商务印书馆2005年，第2页。

44. 系统地叙述地理学全领域的著作，随着托勒密的拉丁译文新版本的陆续出版，也开始在新版本中将新的知识补充到托勒密的书上，所有版本都附有大量地图。在德国，乌尔姆版本以外有两个斯特拉斯堡版本，它们的地图大约出自瓦尔德塞米勒之手，还有两个由缪斯特编的巴塞尔版本，一个纽伦堡的版本。但是不久，尤其是在德国，它成了地理科学的代表物。除了上述托勒密的版本以外，也出版了单独的著作：其中一部分偏于根据托勒密的精神编写的数理地理学，如比内维茨（即阿皮阿努斯）的《世界志编者之书》（*Liber Cosmographicus*，1524年），一部分偏于根据斯特拉波的精神编写的地志，如瓦尔德塞米勒的《世界志绪论》（*Cosmographiae Introductio*，1504年），舍纳的《地理学简编》（*Opuscuium Geographicum*，1533年），弗兰克的《世界书，全球的镜面和画像》（*Weltbuch, Spiegel und Bildnis des ganzens Erdglobus*，1534年）。内容最广泛的最大的著作，是缪斯特的《宇宙学》（*Kosmographie*，1544年），它被译成多国文字，总计出到44版之多。在他的书上，欧洲，尤其是德国，讲得非常详细，别的大陆则讲得相当简短，由此必然可以得到下列推论：大多数读者对于新发现的兴趣相当淡薄。地方的自然情况仍然叙述得太简略，整个纯历史的部分穿插其中。如格拉雷阿努斯、法德阿努斯、洪特尔等人的许多教科书，还有梅兰希顿的一本书也问世了，可是全都枯燥无味，正和还充满着教会特征的课程本身一样。像托勒密的版本一样，缪斯特的《宇宙学》也附有许多地图。此外也有单独的地图出版，其中一部分是大地全图，如西班牙领航员科萨有名的世界地图，1500年出版，或者如舍纳的地图和地球仪；一部分是个别地区的地图，如缪斯特的海särld堡地方图。参见阿尔夫雷德赫特纳：《地理学》，第65页。

45. 大卫·哈维：《地理学中的解释》，高泳源译，商务印书馆1996年，第32页。

46. 余定国：《中国地图学史》，第28页。

47. 阿尔夫雷德·赫特纳：《地图学》，第70页。

48. 余定国：《中国地图学史》，第28—30页。

49. 普雷斯顿·詹姆斯、杰弗雷·马丁：《地理学思想史》，李旭旦译，商务印书馆1989年，第106页。

50. 中科院自然科学史研究所地学史组编：《中国古代地理学史》，科学出版社1984年，第290页。

51. 余定国：《中国地图学史》，第2页。

52. 同上。

53. 同上，第78—79页。

54. 姜道章：《历史地理学》，台湾三民书局2004年，第391页。

55. 中国测绘史编委会：《中国测绘史》，测绘出版社1995年，第38页。

56.《皇明实录》第八十一卷，中华书局1995年，第38页。

57.《皇明实录》第一百五十五卷，第38页。

58. 同上。

59. 王成组：《中国地理学史》，第84页。

60. 余定国：《中国地图学史》，第134页。

61. 王成组：《中国地理学史》，第85页。

62. 卜正民：《明代的社会与国家》，陈时龙译，黄山书社2009年，第200页。

63. 余定国：《中国地图学史》，第188页。

64. 王成组：《中国地理学史》，第116—117页。

65. 王成组：《中国地理学史》，第85页。

66. 中国测绘史编委会：《中国测绘史》，第40页。

67. 柯律格：《明代的图像与视觉性》，黄晓娟译，北京大学出版社2011年，第89页。

68. 缪咏禾：《明代出版史稿》，江苏人民出版社2000年，第149页。

69. 巴兆祥：《明代方志纂修述略》，《文献》1988年第3期，第159页。

70. 王庸：《中国地理学史》，商务印书馆1984年，第143页。

71. 张秀民：《中国印刷史》，上海人民出版社1989年，第460页。

72. 缪咏禾：《明代出版史稿》，第154页。

73. 余定国：《中国地图学史》，第87页。

74. 唐锡仁、杨文衡主编：《中国科学技术史·地学卷》，科学技术出版社2000年，第392—393页。

75. http://zh.wikipedia.org/wiki/%E9%83%91%E5%92%8C%E8%88%AA%E6%B5%B7%E5%9B%BE#cite_ref-1.

76. 姜道章：《历史地理学》，第388页。

77. 同上，第384页。

78. 李约瑟：《中国科学技术史·天文学卷》，中国科学技术史翻译小组译，中华书局1978年，第44—46页。

79. 同上，第48—49页。

80. 阎平、孙果青：《中华古地图集珍》，西安地图出版社1995年，第103页。

81. 清康熙二十三年（1684）命纂《大清会典》，成立了会典馆。"会典"是记载一代政典事例之书，大抵以官统事，以事隶官。清初的《大清会典》尚未涉及地图，当时地图测绘均由钦天监主持。至乾隆末开始作图，到嘉庆《大清会典》正式附有《大清一统舆图》，但尚未成立测绘机构。光绪十二年（1886）下令增修《大清会典》，并要求附以图说，再次在北京设立会典馆，并为完成《大清会典图》的任务，于光绪十六年（1890）在会典馆内设置了"画图处"，成为中国第一个主管地图生产和管理的专门机构。参见阎平、孙果青：《中华古地图集珍》，第103页。

82. 安国风：《欧几里得在中国》，纪志刚等译，江苏人民出版社2009年，第94页。

83. 同上。

84. 同上，第98—99页。

85. 罗洪先父罗循（1464—1533），字遵善，号双泉，弘治十二年进士，历兵部武选郎中、山东按察司副使等职。母李氏，子勋为，封"宜人"。念庵曾自述家世："吾家十世以来，皆食贫，无有奇产。仕者十余辈，皆业儒，无有他途。先大夫食禄十有三年，无有厚藏。"可见，念庵出生于世代仕宦之家。参见吴震：《聂豹、罗洪先评传》，南京大学出版社2001年，第175页。

86. 黄宗羲：《明儒学案》，台北中华书局1966年（据1936年中华书局《四部备要》第十八卷影印），第1页。

87. 吴震：《聂豹、罗洪先评传》，第181页。

88. 明代在全国都建有驿站，称为驿递，每隔十里置铺，铺有铺长；60里设驿，驿站有驿丞。沿线每60至80里设一个驿站，全国共有驿站1 936个；还设立了急递铺和递运所，加强了物流信息的传递。驿站还能接待出公差的官员。

89. 罗洪先：《罗洪先集》，徐儒宗编校，凤凰出版社2007年，第507—508页。

90. 中科院自然科学史研究所地学史组编：《中国古代地理学史》，第314页。

91. 罗洪先：《广舆图》，万历七年钱岱翻刻韩君恩本（增补1579年，第12页。

92. 裴秀为《禹贡地域图》所作的序，其中提出了"制图六体"即分率、准望、道里、高下、方邪、迂直，现代对前三者意见基本一致，分率指比例尺，准望指指定的方向，道里指地与地之间的距离，即裴秀自己说的"所以定所由之数也"。

对高下、方邪、迂直的解释则莫衷一是，一般认为此指高取下，方取斜，迂取直之意，即测量时由于地形的高低和道路曲折的关系只能求得曲线距离的，需要把它们换算成直线距离再标到图上。即"有道里而无高下、方邪、迂直之校，则径路之数必与远近之实相违，失准望之正矣"。（有道路里程却不通过高下、方邪和迂直法的校正，那么里程与真实的直线距离是不相等的，会导致方向和位置的偏差。）

93. 李约瑟：《中国科学技术史·天文学卷》，第 108 页。

94. 普雷斯顿·詹姆斯、杰弗雷·马丁：《地理学思想史》，第 3 页。

95. 叶春及（1532—1595），字化甫，号絅斋，归善人（今广东省惠州市惠阳区），明朝政治人物，官至户部郎中，与当时同样出身于惠州的叶萼、叶梦熊、李学一、杨起元合称为"湖上五先生"，著有《石洞集》十八卷。

96. 卜正民：《明代的社会与国家》，第 88 页。

97. 李约瑟：《中国科学技术史·天文学卷》，第 125 页。

98. 同上，第 138 页。

99. 余定国：《中国地图学史》，第 245 页。

100. 同上：第 45 页。

101. 同上，第 251 页。

102. 同上，第 48 页。

103. 同上。

104. 卜正民：《明代的社会与国家》，第 200 页。

105. 中科院自然科学史研究所地学史组编：《中国古代地理学史》，第 342 页。

106. 同上，第 341 页。

107. 同上。

108. 余定国：《中国地图学史》，第 250 页。

109. 卜正民：《明代的社会与国家》，第 201 页。

110. 同上，第 46 页。

111. 同上，第 73 页。

112. 同上。

113. 屠英、江藩等修：《肇庆府志》，光绪二年重刻道光本，《续修四库全书·史部》，地理类，第 374 页。

114. 利玛窦、金尼阁：《利玛窦中国札记》，何高济等译，中华书局 1983 年，第 183 页。

115. 同上，第 182 页。

116. 同上，第 181 页。

117. 曹婉如等编：《中国古代地图集·明代》，文物出版社 1995 年，第 112 页。

118. 同上，第 113 页。

119. 任金城、孙果清认为这幅地图的"原本"（《舆地图甲》，即白君可氏得自岭表的原图）成图时间约在隆庆三年至万历三年（1569—1575）之间。该图的"印本"（《舆地图乙》）刊印时间约在万历二十二年（1594）前后。该图的摹绘增补本（《舆地图丙》）绘制时间约在万历三十一年至天启六年（1603—1626）之间。利玛窦在肇庆绘《山海舆地图》王泮刻本之时为万历十二年（1584），故而称之为"十年之后"。参见曹婉如等编：《中国古代地图集·明代》，第 112—115 页。

120. 同上，第 113 页。

121. 同上，第 113 页。

第二章 欧洲科学对地图的绘制及影响

1. 安田朴、谢和耐等：《明清间入华耶稣会士和中西文化交流》，耿昇译，巴蜀书社 1993 年，第 232 页。

2. 陈彭述：《地学的探索》第二卷，科学出版社 1990 年，第 8 页。

3. Snyder, J.P., *Album of Map Projections*, United States Geological Survey Professional Paper, USGS Numbered Series, 1989,p.1453 .

4. 陈彭述：《地学的探索》第二卷，第 8 页。

5. 余定国：《中国地图学史》，第 28—29 页。

6. 上述地平观念好像与中国科学史最近的研究成果互相矛盾，根据中国科学史学者的研究，中国人早在汉代就已经知道地球的形状是球形的。这种说法源于对汉代浑天说地圆的解释，这种解释的证据是模棱两可的。不过，也许正是这种含混不清使得地图学者可以将地表视为平坦的而不是弧形的，并且这种观念也许受到文字记载的支持。最早提出浑天说的学者之一就是张衡（78—139）："浑天如鸡子，天体圆如弹丸，地如鸡黄。"有可能正是由于这种鸡蛋的比喻，地球才被解释成是球形的。而之所以会对浑天说产生这一错误的解释，是由于浑天说取代了盖天说，而盖天说的意思则是指大地是平坦的。这种有关地球的观念常常被视为源自《周髀算经》。《周髀算经》约为西汉时的著作，书中记载了："环矩以为圆，合矩以为方。方属地，圆属天；天圆地方。"很难想象中国天文学家将这种学说应用在历法的计算上，而不会觉察到地表弯曲的实际证据，例如张衡说月亮反射太阳的光，月食是日影所引起的。卡伦（Cullen）认为"中国人一直认为地球是平坦的，虽然也许有一点膨胀凸起"，从古代一直到 17 世纪中国人通过耶稣会传教士的介绍接触到现代科学，中国人对地球形状的观念一直都未改变。不过从卡伦没有注意到的其他材料来看，中国人对地球形状的观念并不是这么简单，它的形成是有一个更复杂的历史过程。参见余定国：《中国地图学史》，第 124—127 页。

7. 冯立升：《中国古代测量学史》，内蒙古大学出版社 1995 年，第 52—53 页。

8. 余定国：《中国地图学史》，第 126—127 页。

9. 丹尼尔·布尔斯廷：《发现者——时间、陆地与海洋》，第 137—138 页。

10. 同上，第 161 页。

11. 余定国：《中国地图学史》，第 210 页。

12. 同上。

13. 李约瑟：《中国科学技术史》第五卷，第 69 页。

14. 查尔斯·辛格等编：《技术史》第三卷，高亮华译，上海科技教育出版社 2004 年，第 344 页。

15. 同上。

16. 普雷斯顿·詹姆斯、杰弗雷·马丁：《地理学思想史》，第 64 页。

17. 查尔斯·辛格等编：《技术史》第三卷，第 350 页。

18. 同上。

19. 李约瑟：《中国科学技术史》第五卷，第66页。

20. 余定国：《中国地图学史》，第19页。

21. 同上：第30页。

22. 查尔斯·辛格等编：《技术史》第三卷，第354页。

23. Catherine Delano-Smith, Roger J. P. Kain, *English Maps: History*, British Library Studies in Map History, University of Toronto Press, 1999, p.61.

24. 同上。

25. 查尔斯·辛格等编：《技术史》第三卷，第360页。

26. 由于使用三角测量法，地面的测量有了很大的进步。在海德堡这一很小的范围内，缪斯特已经采用过这个方法。1615年，荷兰人斯内利于斯确定阿尔克马尔和奥普·措姆山之间的地弧，便是先精密地测定一条基线，再以它为起点用三角测量法向外测算的。因为他又用天文学方法确定终点的位置和距离，所以他由此导算出地球的大小时误差比较小。1617年，他在《荷兰人的埃拉托色尼》（*Eratosthenes Batavus*）里描述了他的方法，这成为后来一切测量工作的基础。参见阿尔夫雷德·赫特纳：《地理学》，第69页。

27. 查尔斯·辛格等编：《技术史》第三卷，第369页。

28. 同上，第370页。

29. 阿尔夫雷德·赫特纳：《地理学》，第69页。

30. 同上，第358—359页。

31. 罗雅谷1593年出生于米兰，是一位地位崇高的法学家之子。他于1614年加入耶稣会，并成功地完成了早期的学业，对数学特别有天分。1617年，在罗马被包拉明（Cardinal Bellarmino）枢机主教授任神甫职之后，与44人一起前往远东地区传教。最早他在果阿邦学习神学，后至澳门。1622年，当澳门被荷兰军队围攻时，他教居民使用大炮，从而使该市脱离了危险。1624年随高一志进入中国，驻在山西，学习语言与当地知识。1631年，至北京与徐光启、汤若望、龙华民和邓玉函共事，协助改革中国历法，编修《崇祯历书》。

32. 冯立升：《中国古代测量学史》，第73页。

33. 李约瑟：《中国科学技术史》第五卷，第197页。

34. 同上，第199页。

35. 余定国：《中国地图学史》，第105页。

36. 阿尔夫雷德·赫特纳：《地理学》，第354页。

37. 余定国：《中国地图学史》，第246页。

38. http://zh.wikipedia.org/wiki/%E9%BA%A5%E5%8D%A1%E6%89%98%E6%8A%95%E5%BD%B1%E6%B3%95.

39. 余定国：《中国地图学史》，第246页。

40. 该地图源自16世纪初法国圣迪耶市的一项雄心勃勃的大计划。该计划要记录并更新15、16世纪葡萄牙和西班牙的历次探险所获取的地理新知识。瓦尔德泽缪勒的这幅地图就是此项研究最令人振奋的成果。该地图使用了1501—1502年间亚美瑞格·韦斯普奇前往新世界航行所收集到的数据。为了肯定韦斯普奇对发现新大陆的认识，瓦尔德泽缪勒将新发现的土地命名为"美洲"。人们认为当时该地图共印有1 000份，而这幅则是目前已知的该地图首版的孤本。该地图描绘了新发现的美洲大陆，代表了人们认识上的一次

巨大飞跃——永久地改变了欧洲人认为世界只是由欧洲、亚洲和非洲三部分组成的看法。参见 http://www.wdl.org/zh/item/369/#qla=en。

41. http://en.wikipedia.org/wiki/Martin_Waldseem%C3%BCller.

42. http://zh.wikipedia.org/wiki/%E5%BD%AD%E7%BA%B3%E6%8A%95%E5%BD%B1.

43. 杰里米·哈伍德：《改变世界的100幅地图》，孙吉虹译，三联书店2010年，第80页。

44. 张西平等合编：《把中国介绍给世界：卫匡国研究》，华东师范大学出版社2012年，第168页。

45. 冯明珠编：《经纬天下》，台北故宫博物院2005年，第17页。

46. 张西平等合编：《把中国介绍给世界：卫匡国研究》，第169页。

47. 球极平面投影在几何学里是一种将圆球面投影至平面的映射。在构造地质学里，称为球面立体投影或球面投影。除了投影点以外，投影在整个球面都有定义。在这定义域里，映射具有光滑性、双射性和共形性。共形性的意思就是角度维持不变。但是，这映射不会维持距离不变，也不会维持面积不变；它不会维持图案的距离与面积。球极平面投影是一种以平面来看球面的方法。使用这种方法，在图案质量方面，必须接受一些不可避免的妥协。因为圆球与平面出现于许多数学方面的问题和应用，球极平面投影也非常地常见。在地图学、地质学与摄影中，球极平面投影都有广泛的应用。目前，球极平面投影经常是用计算机绘成的，或者用手工直接绘在一种特别的绘图纸上，被称为乌尔夫网图。参见 http://zh.wikipedia.org/zh/%E7%90%83%E6%A5%B5%E5%B9%B3%E9%9D%A2%E6%8A%95%E5%BD%B1.

48. 正射投影法的基本原理是投影面为平面并与球面相切，视点位于无穷远处，因距离遥远，故投影光线互相平行，视线均与投影面垂直，故又称垂直投影或直射投影。依投影面与球面相切位置之不同，可将其分为正轴、横轴与斜轴三种投影法。其中投影面切于两极者，称为极正射投影；投影面切于赤道者，称为赤道正射投影；投影面切于赤道与两极以外任何位置者，称为水平正射投影。这三种投影法中，所有的纬线圈（正轴投影）及等高圈（横轴投影与斜轴投影）均无长度变形。因其不具备正形与等积特性，故属一种任意性质的投影法。

49. 正方位投影是从一个角度来代表地球的一个切平面。

50. 《玛格丽塔哲学》（*Margarita Philosophica*）是中世纪著名的百科全书，书中包含拉丁文法、修辞学、算术、音乐、几何学、天文学、物理学等，是当时很受欢迎的书籍。

51. Karrow Robert W., *Abraham Ortelius（1527-1598）: Cartographe et Humaniste*, Turnhout, Brepols, 1998, p.77.

52. 棱堡是古代堡垒的一种，其实质就是把城塞从一个凸多边形变成一个凹多边形，这样的改进，使得无论进攻城堡的任何一点，都会使攻击方暴露给超过一个的棱堡面（通常是2—3个），防守方可以使用交叉火力进行多重打击。在火药时代之前，要塞的城墙通常筑得很高大，并且用石或者砖

进行加固，还设置了一些塔楼来获得额外的火力输出。

53. 安国风：《欧几里得在中国》，第 26 页。

54. 同上：第 25 页。

55. 丹尼尔·布尔斯廷：《发现者——时间、陆地与海洋》，第 398 页。

56. 同上，第 400 页。

57. 同上，第 401 页。

58. 利玛窦、金尼阁：《利玛窦中国札记》，第 301 页。

59. 王庆余：《利玛窦携物考·中外关系史论丛》，世界知识出版社 1985 年，第 93 页。

60. 书中描述：利玛窦还向一位驻南昌的亲王及其亲属赠送地球仪、《世界地图》的副本、象限仪、西方绘画以及论友谊的小册子《交友论》。特别值得一提的是，《世界地图》与《交友论》取得了巨大的成功。参见安国风：《欧几里得在中国》，第 70 页。

61. 同上，第 94 页。

62. 安国风：《欧几里得在中国》，第 20 页。

63. 同上，第 53 页。

64. 同上，参见 Knobloch ,*Sur la vie et l' oeuvre de Christopher Clavius*, pp.351-352。

65. 同上，第 55—58 页。

66. 金应春、丘富科：《中国地图史话》，科学出版社 1984 年，第 114 页。

67. 安国风：《欧几里得在中国》，第 73 页。

68. 明世宗嘉靖三十四年（1555），郑舜功去日本；1557 年回国，于嘉靖末年著《日本一鉴》，在《桴海图经》中附有台湾岛地图；续描绘上鸡笼山，并记其附近喷出硫磺气的情形。其言有云：自回头径取小东岛，岛即小琉球，彼云大惠国。按此海岛，自泉永宁卫间抽一脉渡海，乃结澎湖等岛；再渡诸海，乃结小东之岛。自岛一脉之渡西南，乃结门雷等岛；一脉之渡东北，乃结大琉球、日本等岛。小东之域，有鸡笼山；山乃石峯，特于众，中有淡水出焉。参见陈永祥：《台湾地志》，台北南天书局 1993 年，第 1 页。

69. 陈永祥：《台湾地志》，第 1 页。

70. 同上，第 2 页。

71. 巴尔托洛梅乌·维利乌是葡萄牙宇宙学家和制图师，他曾到法国研究宇宙学，并于 1568 年发表了他的理论。

72. 陈永祥：《台湾地志》，第 2 页。

73. 同上，第 3 页。

74. 同上，第 3 页。

75. 1619 年，荷兰东印度公司征服了这座城市，并重命名为巴达维亚（Batavia，荷兰的罗马名），巴达维亚被定为荷属东印度的首都。

76. 陈永祥：《台湾地志》，第 4 页。

77. 大员，是由台湾南部平埔族台窝湾社（Teyowan）之名转化而来。最初系指台湾南部的一个海岸沙洲，亦名"大鲲身"，位于今台南市安平区。后来大员一词指称的范围扩大，有时亦作为全台岛岛的代称。1624 年荷兰东印度公司在大员沙洲上建立热兰遮城，作为商馆与统治行政中心。以大员长官为最高行政首长，总揽全岛行政事务。同时设有大员评议会，为最高决策机构。17 世纪中期，这些沙洲因为泥沙淤积而逐渐接近乃至相连。1661 年，郑成功出兵攻打台湾时，七个鲲身岛已经连成一个与内陆相连的长条状的沙洲半岛。因此郑成功的军队在攻下内陆的普罗民遮城（今赤崁楼）后，得以循陆路攻打位于半岛前端的热兰遮城。大约在此前后，中文文献多以台湾取代大员，大员一词很快不再使用。

78. 程绍刚译注：《荷兰人在台湾》，台北联经出版事业公司 2000 年，第 55 页。

79. 陈永祥：《台湾地志》，第 4—5 页。

80. 在荷兰人进入日本之前，葡萄牙人已捷足先登，自 1545 年在日本展开利润丰厚的丝绸贸易。葡萄牙人每年将丝绸自澳门运往长崎，换取大量白银获利均在 50%—70% 之间。荷兰人到达日本后即发觉，若能直接从中国输出丝绸，利润自然会源源不断。葡萄牙人运至日本的中国丝绸占日本市场丝绸总量的一半，另一来自东京和购自中国人。1636 年葡萄牙人被逐出日本后，荷兰人终于摆脱了日本市场的一大竞争对手，剩下的是难以对付的中国商人。荷兰人继续与日本的白银贸易，主要是用以促进他们在亚洲各地的贸易。荷兰东印度公司在亚洲各地的贸易与之息息相关。诸如日本白银需以中国丝绸换取，中国丝绸又需以印度尼西亚群岛的各种香料换得，同时荷兰人又需中国黄金和糖来维持印度东海岸与科罗曼德尔海岸和波斯等地的织物贸易。其中日本，正如报告此处记录，是东印度各地赢利最丰的地区之一。因此，荷兰人极力招徕中国商人运输丝绸到台湾，从而可进行他们在日本的赢利贸易。这一环节在荷兰人东印度的贸易中占举足轻重的地位。参见程绍刚译注：《荷兰人在台湾》，第 63 页。与 Kato Eiichi, "The Japanese-Dutch Trade in the Formative Period of the Seclusion Policy," in *Acta Asiatica* ,Vol.30,Tokyo ,1976,pp. 34-84。

81. 冯明珠编：《经纬天下》，第 27 页。

82. 同上。

83. 陈永祥：《台湾地志》，第 11 页。

84. 同上，第 12 页。

85. 余定国：《中国地图学史》，第 210 页。

86. 卜正民：《明代的社会与国家》，第 86 页。

87. 同上。

88. 同上。

89. 普雷斯顿·詹姆斯、杰弗雷·马丁：《地理学思想史》，第 52 页。

90. 同上，第 17 页。

91. 恩斯特·卡西尔：《人论》，甘阳译，上海译文出版社 1985 年，第 223 页。笛卡尔的观点出自《笛卡尔哲学著作集》（ *The Philosophical Works of Descartes* ）第一卷，剑桥大学出版社 1911 年，第 1 页。

92. 阿尔夫雷德·赫特纳：《地理学》，第 4 页。

93. 同上，第 358 页。

94. 奥托·本内施：《北方文艺复兴艺术》，戚印平、毛羽译，中国美术学院出版社 2001 年，第 157 页。

95. 伦纳德·史莱因：《艺术与物理学：时空和光的艺术观与物理观》，暴永宁等译，吉林人民出版社2001年，第98—99页。

96. 普雷斯顿·詹姆斯、杰弗雷·马丁：《地理学思想史》，第13页。

97. 奥托·本内施：《北方文艺复兴艺术》，第158页。

98. 郭亮：《纷争是否可以圆融——科学与艺术的辩论及维米尔的解决之道》，载《南京艺术学院学报》，2009年第11期，第108页。

99. Robert D. Huerta, *Giants of Delft, Johannes Vermeer and the Natural Philosophers*, Bucknell University Press, 2003, pp.120-121.

100. 雅克·巴尔赞：《从黎明到衰落：西方文化生活五百年》，林华译，世界知识出版社2002年，第192—193页。

101. 卢克莱修：《物性论》，方书春等译，商务印书馆1981年，第50—51页。

102. 他在1610年1月7日看到其中的三颗，几天以后看到了全部四颗。作为对那位统治君主的一种敬意，伽利略把它们命名为"美第奇星"。木星及其卫星的观察在伽利略成为同哥白尼所构想的太阳系的一个令人信服的类比。将近1610年底时伽利略发现，像月球一样，金星也有位相。接着他又发现了银河的本质，并很接近于发现土星光环。

103. 亚历山大·柯瓦雷：《从封闭世界到无限宇宙》，邬波涛等译，北京大学出版社2008年，第1页。

104. 奥托·本内施：《北方文艺复兴艺术》，第159页。

105. 为康斯坦丁·惠更斯之次子，他很早就通晓拉丁文、希腊文、法文、英文、德文、西班牙文和意大利文，是17世纪最卓越的诗人之一、卓越的绘画鉴赏家、有多部音乐作品的音乐家（曾谱曲献给维米尔）。作为外交家，他曾荣获詹姆斯二世授予的骑士勋位，并和当时国内外一流的科学家是朋友。他研究了透镜的相关物理原理，并开发出了惠更斯目镜。1655年发现土卫六，1656年发现猎户座大星云，1659年利用自己磨制的望远镜，发现了土星的光环。参见R. P.迈耶：《低地国家文学史》，李路译，广西师范大学出版社1995年，第155页。

106. 惠更斯：《光论》，蔡勖译，北京大学出版社2007年，第112页。

107. 同99注。

108. 虽然罗马教会能监禁伽利略的身体，但他的科学精神却仍在传播。不仅是他的门徒维维安尼和托里拆利，而且许多其他人也都受到他对实验科学的热忱的感染。参见亚·沃尔夫：《十六、十七世纪科学、技术和哲学史》，周昌忠等译，商务印书馆1984年，第64—65页。

109. 奥托·本内施：《北方文艺复兴艺术》，第164页。

110. 这方面的例子如人们在各种沙龙中谈论科学；女士们研究力学和解剖学。莫里哀出版于1672年的优秀喜剧《女学者》（*Les Femmes Savantes*）是最早的体现之一。参见约翰·伯瑞：《进步的观念》，范祥涛译，上海三联出版社2005年，第81页。

111. 郭亮：《纷争是否可以圆融——科学与艺术的辩论及维米尔的解决之道》，第109—110页。

112. 笛卡尔本人亦曾在约1630年前撰写过《音乐简论》，是献给在荷兰多德雷赫特居住的贝克曼，细节不详。自1629年，笛卡尔始流亡荷兰，居住长达20年之久，足迹遍布阿姆斯特丹、乌得勒支、德文特等主要荷兰城市。

113. Robert D. Huerta, *Giants of Delft, Johannes Vermeer and the Natural Philosophers*, 2003, p.120.

114. 奥托·本内施：《北方文艺复兴艺术》，第55页。

115. 伊曼努尔·康德：《宇宙发展史概论》，全增嘏译，上海译文出版社2001年，第74页。

116. 亚历山大·柯瓦雷：《从封闭世界到无限宇宙》，第1页。

117. 爱德华·威尔逊：《论契合：知识的统合》，田洺译，三联书店2002年，第313页。

118. 阿尔夫雷德·赫特纳：《地理学》，第183页。

119. 安国风：《欧几里得在中国》，第12页。

120. 利玛窦：《利玛窦全集·书信集编》，罗渔译，台湾辅仁大学出版社1985年，第402页。

121. 阿尔夫雷德·赫特纳：《地理学》，第206页。

122. 普雷斯顿·詹姆斯、杰弗雷·马丁：《地理学思想史》，第75页。

123. 冯立升：《中国古代测量学史》，第186—190页。

124. 利玛窦、金尼阁：《利玛窦中国札记》，第24页。

125. 大卫·哈维：《地理学中的解释》，第348—349页。

第二部 交流

第三章 耶稣会对明代的地图策略

1. 文艺复兴时期德国数学家，希伯来文教授。为巴塞尔大学数学教授，曾是修道士。他是世界上第一位绘出四大洲地图的人。于1544年出版了他的《宇宙论》（*Cosmographia*）著作。

2. 关于卫匡国究竟何时到达中国的问题，史料缺乏详细的记载。据白佐良的研究，认为在《1646年在华的耶稣会士名录》有这样的记载："他在中国已经传教三年，所以大体可以推测出卫匡国是在1643年到达中国，至于具体的月份，一般认为是1643年的2月或3月。"参见张西平等合编：《把中国介绍给世界：卫匡国研究》，第14页。

3. 费赖之：《在华耶稣会士列传及书目》，冯承钧译，中华书局1995年，第260页。

4. 张西平等合编：《把中国介绍给世界：卫匡国研究》，第195页。

5. 雅克·勒高夫等：《新史学》，第345页。

6. 柯毅霖：《晚明基督论》，王志成等译，四川人民出版社1999年，第15页。

7. 张西平等合编：《把中国介绍给世界：卫匡国研究》，第195页。

8. 同上，第174页。

9. 同上，第170—171页。

10. 邓恩：《从利玛窦到汤若望》，余乐三等译，上海古籍出版社2003年，第2页。

11. 裴化行：《利玛窦神父传》，管震湖译，商务印书馆1995年，第5页。

12. 邓恩：《从利玛窦到汤若望》，第1—2页。

13. 柯毅霖：《晚明基督论》，第102页，注16。

14. 那些尝试着潜入中国的传教士们，在克服对中国语言和风俗习惯的无知方面，没有取得任何成果。只有一个例外，即1575年回到马尼拉的奥古斯丁会士拉达。他带回了100部涉及了方方面面的中文书籍。此外，他还报告了他在中国的经历和所见所闻。这给欧洲人描绘了一幅中国及其制度的真实图画。但他对其他方面，如宗教、历史、哲学、文学，甚至连语言都没有表示出任何兴趣。

15. 柯毅霖：《晚明基督论》，第44页。

16. 同上，第45页。

17. 同上，第47页。

18. 同上。

19. 同上。

20. 同上，第50页。

21. 同上，第50—52页。

22. 安国风：《欧几里得在中国》，第16页。

23. 雅克·勒高夫等：《新史学》，第357页。

24. 同上。

25. 同上，第344页。

26. 彼得·柏克：《知识社会史》，贾士蘅译，台北城邦文化事业股份有限公司2003年，第200页。

27. 同上，第110页。

28. 同上，第123页。

29. 同上，第124页。

30. 同上，第129—130页。

31. 同上，第139—140页。

32. 同上，第139—140页。

33. 利玛窦、金尼阁：《利玛窦中国札记》，第6页。

34. 同上，第31页。

35. 查尔斯·辛格等编：《技术史》第三卷，第343—344页。

36. 彼得·柏克：《知识社会史》，第220—235页。

37. 查尔斯·辛格等编：《技术史》第三卷，第421—422页。

38. 彼得·柏克：《知识社会史》，第207页。

39. Peter M. J. Hess, Paul L. Allen, *Catholicism and Science*, Greenwood, Annotated Edition , 2008,p.1.

40. 安国风：《欧几里得在中国》，第64页。

41. 罗明坚和利玛窦向官府声称自己来自天竺国，也就是印度。讽刺的是，直到1595年，这两位传教士都是一身沙门打扮。此后不久，入华耶稣会士便公开与佛教为敌，对佛法、佛事的抨击驳斥不遗余力。故而，首次反天主教运动的出现亦是部分源于佛教徒的反击。中国人将利玛窦等看成西来番僧，当作和尚对待。传教士一旦企图摆脱这种身份，便与中国本土的宗教信仰发生冲突，引起当地人的怀疑，数次面临驱逐的危险。参见安国风：《欧几里得在中国》，第65页。

42. 洪业：《洪业论学集》，中华书局1981年，第154页。

43. 彼得·柏克：《知识社会史》，第193页。

44. 安国风：《欧几里得在中国》，第65页。

45. 文森特·克鲁宁：《西泰子来华记》，思果译，香港公教真理学会出版社1964年，第62—63页。

46. 安国风：《欧几里得在中国》，第65—66页。

47. 克里斯托佛·克拉维乌斯，由于其姓名之原意为钉子，其弟子利玛窦译其著作时皆标为丁氏所著，活跃于16、17世纪的天主教耶稣会士。他在数学、天文学等领域建树非凡，并影响了许多后日名家，包括伽利略、笛卡尔、莱布尼茨等人。来华传教者中，第一位受到士族文人欢迎的耶稣会士利玛窦，也出自于他的门下。在17世纪初的欧洲宗教学界，他是位赫赫有名的人物。克拉维乌斯的主要成就是协助修订格里历，为格里高利十三世的专家团提供精确数据和参考资料。闰年的设置，完全遵循了他的意见。此外，他还制造出许多实用仪器，诸如分角器和大地测量用的象限仪。

48. 文森特·克鲁宁：《西泰子来华记》，第63—64页。

49. 利玛窦、金尼阁：《利玛窦中国札记》，第180页。

50. 邓恩：《从利玛窦到汤若望》，第15页。

51. 利玛窦、金尼阁：《利玛窦中国札记》，第583页。

52. 韩振华等编：《中外关系史丛书》第三辑，世界知识出版社1991年，第141页。

53. 利玛窦、金尼阁：《利玛窦中国札记》，第584页。

54. 洪业：《洪业论学集》，第158页。

55. 利玛窦：《利玛窦全集·书信集编》，第232页。

56. 裴化行：《利玛窦神甫传》，第200页。

57. 黄时鉴、龚缨晏：《利玛窦世界地图研究》，上海古籍出版社2004年，第12页。

58. 安国风：《欧几里得在中国》，第74—75页。

59. 金国平：《试析〈耶稣会士罗明坚中国地图集〉中包含的澳门学信息》，载《澳门日报·视野》，2011年8月。

60. 张西平：《西方汉学的奠基人罗明坚》，载《历史研究》，2001年第3期，第114页。

61. 同上。

62. 柯毅霖：《晚明基督论》，第59页。

63. 同上，第65页。

64. 安东尼·瑞德：《东南亚的贸易时代（1450—1680年）》，孙来臣等译，商务印书馆2010年，第61页。

65. 雅克·勒高夫等：《新史学》，第364页。

66.《坤舆万国全图》序。

67. 费赖之：《在华耶稣会士列传及书目》，第1064—1121页。

68. 伊沛霞、姚平主编：《当代西方汉学研究集萃》，上海古籍出版社2012年，第285页。

69. 同上。

70. 同上。

71. 同上。

72. 卡尔·曼海姆：《文化社会学论集》，艾彦等译，辽宁教育出版社2003年，第119页。

73. 汤姆·巴特摩尔：《平等还是精英》，尤卫军译，辽宁教育出版社1998年，第54页。

74. 本杰明·艾尔曼：《中国近代科学的文化史》，王红霞等译，上海古籍出版社2009年，第2—3页。

75. 江汉文：《明清间在华的天主教耶稣会士》，知识出版社 1987 年，第 1 页。

76. 克鲁马·卡里·埃尔维斯：《明前来华的传教士》，王敬义译，香港公教真理学会出版社 1964 年，第 39 页。

77. 同上。

78. 同上，第 80 页。

79. 阿兰人是源自中亚咸海北部草原的游牧民族。约 370 年被匈奴打败后，分散成几支，其中一支向西迁徙，与汪达尔人等日耳曼部落会合后入侵高卢。409 年，这两个民族越过比利牛斯山进入伊比利亚半岛（今西班牙）。作为罗马帝国的同盟者，汪达尔人占据西北部和南部、阿兰人占据西部的领土。大约 426 年，西哥特人入侵阿兰人的地界，杀死西部的阿兰王阿达克斯（Attaces）。剩下的阿兰人拥戴汪达尔王君德里克（Gunderic）为阿兰国王。

80. 克鲁马·卡里·埃尔维斯：《明前来华的传教士》，第 80—81 页。

81. 同上，第 10 页。

82. 柯毅霖：《晚明基督论》，第 57 页。

83. 本杰明·艾尔曼：《中国近代科学的文化史》，第 3 页。

84. 朱杰勤主编：《中外关系史论丛》，世界知识出版社 1985 年，第 79 页。

85. 朱维铮、李天刚：《徐光启全集》第十卷，上海古籍出版社 2010 年，第 122 页。

86. 顾起元：《客座赘语》，中华书局 1987 年，第 194 页。

87. 方豪：《中西交通史》，上海人民出版社 2008 年，第 633 页。

88. 史景迁：《利玛窦的记忆之宫》，陈恒等译，上海远东出版社 2005 年，第 15 页。

89. 朱维铮：《利玛窦中文著译集》，复旦大学出版社 2011 年，第 247—248 页。

90. 方豪：《中西交通史》，第 659 页。

91. 同上。

92. Berthold Laufer, *Christian art in China*, Reprinted by theLicoph Service,1910,p.108.

93. 方豪：《中西交通史》，第 659—661 页。

94. 史景迁：《利玛窦的记忆之宫》，第 16 页。

95. 同上，第 88 页。

96. 同上，第 91—92 页.

97. 程大约：《程氏墨苑》，第 194 页。

98. 方豪：《中西交通史》，第 659—661 页。

99. 顾起元：《客座赘语》，第 194 页。

100. 张秀民：《中国印刷史》，韩琦增订，浙江古籍出版社 2006 年，第 314 页。

101. 同上，第 670—671 页。

102. 柯毅霖：《晚明基督论》，第 245—246 页。

103. 同上。

104. 同上，第 248 页。具体内容表现的是耶稣被钉十字架。关于这个场面，中国艺术家将纳达尔的两幅插图并成一幅；结果非常富于戏剧性：在光秃秃的山上（代替耶路撒冷城），十字架轮廓异常鲜明。没有画被钉在十字架上的两个强盗。只有一个十字架，钉着赤身的耶稣，在天和地之间，孤零零

地突现出来，在一种可怕的沉寂中，仿佛只有天主目击这一场面。十字架周围三五成群的人，远远近近地散布着，表现折磨和杀害耶稣的士兵之残忍和冷漠，定耶稣罪的当权者之冷酷无情及妇女们无能为力的虔敬和悲痛。这幅画塑造了一个能给人以强烈的情感震撼的形象，是对主受难的深刻的中国式诠释。它有力地表明，甚至在中国传教的早期，中国人的精神就已能够吸收和表达关于耶稣的生活的神秘故事，尤其是耶稣的受难。参见柯毅霖：《晚明基督论》，第 248—249 页。

105. 同上，第 253—254 页。

106. 郭亮：《佛兰芒地图学派与晚明舆图交流初考·第六届深圳水墨论坛文集》，湖南美术出版社 2012 年，第 209 页。

107. 余定国：《中国地图学史》，第 3 页。

108. 安国风：《欧几里得在中国》，第 54—58 页。

109. 同上，第 98 页。

110. 同上，第 98—99，101—102 页。

111. 柯毅霖：《晚明基督论》，第 50、79 页。

112. 安田朴、谢和耐等：《明清间入华耶稣会士和中西文化交流》，第 56、98、113 页。

113. 方豪：《中西交通史》，第 661 页。

114. 安田朴、谢和耐等：《明清间入华耶稣会士和中西文化交流》，第 147 页。

115. 余定国：《中国地图学史》，第 223 页。

第三部　艺术

第四章　图与画

1. S. Hoelscher, *Landscape Iconography, International Encyclopedia of Human Geography*, Elsevier , 2009,p.132.

2. 王庸：《中国地理学史》，第 143 页。

3. 丁福保：《说文解字诂林》，台湾商务印书馆 1959 年，第 1275 页。

4. 王庸：《中国地图史纲》，三联书店 1958 年，第 25 页。

5. 余定国：《中国地图学史》，第 250 页。

6. 同上，第 2 页。

7. 同上，第 98 页。

8. 同上，第 200 页。

9. 利玛窦、金尼阁：《利玛窦中国札记》，第 22 页。

10. 余定国：《中国地图学史》，第 178 页。

11. 同上，第 177 页。

12. S. Hoelscher, *Landscape Iconography*, 2009, p.133.

13. M.J. Blakemore1, J.B.Harley, "Cultural Meaning: The Iconography of Maps Cartographica," in *The International Journal for Geographic Information and Geovisualization*,Vol.17,No.4 ,Winter 1980 Monograph 26,p.76.

14. Ian D. Whyte, *Landscape and History since 1500*, Reaktion Books Ltd., 2002, p.50.

15. 同上，第 56 页。

16. 沼泽名，位于意大利中南部，现在已是意大利最富庶的

地区之一。

17. Denis Cosgrove,Stephen Daniels, *The Iconography of Landscape*, Cambridge University Press, Reprint Edition, 1989, pp.295-296.

18. David Woodward, *Art and Cartography*,The University of Chicago Press, 1987, p. 5.

19. Denis Cosgrove, "Prosped, perspective and the Evolution of the Landscape Idea," in *The Royal Geographical Society with the Institute of British Geographers*, Vol. 10, No. 1, 1985, pp. 45-62.

20. 阿尔夫雷德·赫特纳：《地理学》，第 366 页。

21. Ian D. Whyte, *Landscape and History since 1500*,p.50.

22. http://www.leonardo-da-vinci-biography.com/leonardo-da-vinci-maps.html.

23. 湿壁画，原意是"新鲜"，为一种十分耐久的壁饰绘画，泛指在铺上灰泥的墙壁及天花板上绘画的画作。通常是先将研磨好的干粉颜料掺入清水，制成水性颜料，再将颜料涂在刚抹在墙壁表面的湿灰泥，再等待灰泥干燥凝固之后，便永久保存于墙壁表面。

24. Paolo Mora, Laura Mora, Philippot Paul, *Conservation of Wall Paintings*,Butterworths, 1984, pp. 34–54.

25. Ian D. Whyte, *Landscape and History since 1500*, p.52.

26. 雅各布·布克哈特：《意大利文艺复兴时期的文化》，何新译，商务印书馆 1997 年，第 297 页。

27. 同上，第 296、134 页。

28. Lister Raymond, *How to Identify Old Maps and Globes*, G.Bell and Sons Ltd.,London, 1965, p.21.

29. David Woodward, *Art and Cartography*, p.5.

30. 同上，第 98 页。

31. 丹尼尔·布尔斯廷：《发现者——时间、陆地与海洋》，第 403 页。

32. David Woodward, *Art and Cartography*, p.101.

33. Smith, *Atlas*, Retrieved February 26, 2013.

34. David Woodward, *Art and Cartography*, p.101.

35. Ian D. Whyte, *Landscape and History since 1500*, p.56.

36. 雅各布·布克哈特：《意大利文艺复兴时期的文化》，第 282 页。

37. 为了两者可以得兼，他在沃克吕兹等地过着学者的隐居生活。曾把关于斯佩西亚海湾和威尼里港口的描写插在《阿非利加》第六卷末尾，理由是没有一个古代人或近代人曾经歌唱过它们。参见雅各布·布克哈特：《意大利文艺复兴时期的文化》，第 294 页。

38. R. V. Tooley, *Maps and Map Makers*,p.19.

39. Denis Cosgrove,*Geography and Vision:Seeing, Imagining and Representing the World*, I. B. Tauris Co. Ltd., 2008,p.63.

40. 余定国：《中国地图学史》，第 44 页。

41. Francesca Fioran, *The Marvel of Maps*, Yale University Press, 2005, p.1.

42.James Vinson,*Art: International Dictionary of Art and Artists*, St. James Press, 1998, p.75.

43.J. B. Harley, David Woodward, *The history of Cartography Volume two*：*Cartography in the Traditional East and Southeast Asian Societies*, The University of Chicago Press,1994, p.xxiii. 伍德·沃德对地图的定义是：这种表现有助于对事物、概念、环境、过程甚至是人类世界活动形成一种空间上的理解。

44. 郭亮：《17 世纪地图东传与维米尔画中的地图》，载《美术观察》，2011 年第 2 期，第 123 页。16 世纪已有画家开始关注地图，勃鲁盖尔与安特卫普的精英知识分子来往密切，是制图家奥特乌斯之友。他的影响可以在勃鲁盖尔的全景式的作品中发现——作品中的地平线展现了一种空间曲率。历史学家甚至认为勃鲁盖尔之作是奥特乌斯《地球大观》的表现。

45.Svetlana Alpers, *The Art of Describing:Dutch Art in the Seventeenth Century*, The University of Chicago Press,1983, p.119.

46.Robert D. Huerta, *Giants of Delft, Johannes Vermeer and the Dnatural philosophers*, p.90. 吉姆·沃特曼曾论述 14 至 16 世纪天文学在地理志中的重要性，地图学、透视和艺术之间的密切联系，他认为天文学应被视为透视学发展的一个背景，沃特曼指出托勒密对于平面天体图和星盘的描述包含了线性透视的基本成分，他进一步注意到布鲁内莱斯基、乌切洛、阿尔伯蒂和丢勒都与天文学有联系。

47.Koert van der Horst,*The Atlas Blaeu-Van Der Hem of the Austrian National Library History of the Atlas and the Making of the Facsimile*, Hes & De Graaf Publishers, 2011, pp.103-104.

48. James A. Welu, "Vermeer: His Cartographic Sources," in *Art Bulletin*, 1975, Vol.57, p.529.

49. 郭亮：《17 世纪地图东传与维米尔画中的地图》，第 125 页。

50.S. Alpers, *The Art of Describing: Dutch Art in the Seventeenth Century*, p.122.

51.Madlyn Millner Kahr, *Dutch Painting in the Seventeenth Century*, Westview Press Inc, 2nd Revised Edition,1993, p.53.

52. 洪迪乌斯是佛兰西制图师兼雕刻师，1593 年左右他定居阿姆斯特丹，成立了公司生产地球仪，并出版了第一幅世界地图。该地图方向的标注采用上方为西，北方位于右侧，布鲁塞尔位于狮子的左肩上，阿姆斯特丹则靠近狮子背部的最高点。

53. 在欧洲早期，圣路加行会是城市中画家和其他艺术家行会最为普通的名称，尤其在低地国家。这样命名是为了纪念福音圣路加——艺术家的守护神，大马士革的圣约翰认为他为圣母作过画像。

54. 例如圣十字行会是首个建立的行会，自古以来有权对其他行会发布施令。（"*van oudts boven alle de gilden schijnt uytstekende gheweest to hebben ...*"）布莱斯威克补充说，他或许偶然发现一份有姓名、行业和职业的名单，包括与圣十字行会权力相同，后来在相同教区所创建的更多的新的行会，如木工的圣约瑟夫行会、桶匠的圣约翰行会、酿造者的圣斯蒂芬行会、亚麻布编织匠的圣伊拉兹马斯行会、织物整理者的圣罗德里安行会、苹果销售者的圣伊丽莎白行会、驳船船员的圣雅各布行会、粮食运输者的圣克利斯托弗行会、制鞋匠的圣凯瑟琳行会、画家的圣路加行会、碾磨工的圣维克托行会、面包师的圣奥伯特行会、屋顶工人和染色匠的圣米迦勒行会。参见 John Michael Montias, *Artists and Artisans in Delft: A Socio-economic Study of the Seventeenth Century*, Princeton University Press, 1982, p. 377。

55. 佩里·安德森：《绝对主义国家的系谱》，刘北成等译，上海人民出版社 2001 年，第 158 页。

56. 马克思·韦伯：《韦伯作品集Ⅱ：经济与历史支配的类型》，康乐等译，广西师范大学出版社 2004 年，第 112 页。

57. Ernst H. Gombrich, *The Story of Art*, Phaidon, 1995, 16th ed. chs, pp.18-20.

58. 相关著作可参见 S. R. Epstein, Maarten Prak, *Guilds, Innovation, and the European Economy, 1400-1800*, Cambridge University Press 2008, pp.144-145。

59. S. R. Epstein, Maarten Prak, *Guilds, Innovation, and the European Economy, 1400-1800*, pp.144-145.

60. 马里特·威斯特曼：《荷兰共和国艺术（1585—1718 年）》，第 25 页。

61. 道格拉斯·诺斯、罗伯斯·托马斯：《西方世界的兴起》，厉以平等译，华夏出版社 1999 年，第 168 页。

62. 保罗·祖姆托：《伦勃朗时代的荷兰》，张令生译，山东画报出版社 2005 年，第 1 页。

63. S. R. Epstein, Maarten Prak, *Guilds, Innovation, and the European Economy, 1400-1800*, p.151.

64. Catharina Lis and Hugo Soly, *Export Industries, Craft Guilds and Capitalist Trajectories, 13th to 18th Centuries*, in Prak et al.（eds.），Craft Guilds, p.115.

65. John Michael Montias, *Artists and Artisans in Delft: A Socio-Economic Study of the Seventeenth Century*, p.3.

66. I. H. van Eeghen, *Het Amsterdamse Sint Lucasgilde in de 17de eeuw*, Jaarboek Amstelodamum, 1969, p. 66.

67. Christopher Brown, *Dutch Townscape Painting Themes and Painters in the National Gallery*, London: National Gallery, 1972, p. 10.

68. S.R. Epstein, Maarten Prak, *Guilds, Innovation, and the European Economy, 1400–1800*, p.148.

69. Paul Binding, *Imagined Corners: Exploring the World's First Atlas*, Headline Book Publishing, 2003, p.43.

70. 弗朗切斯科·科隆纳是文艺复兴时期欧洲意大利多明我修道会修士，写有一部渗透新柏拉图主义的寓言传奇作品《寻爱绮梦》（1499 年）。此书语言混合拉丁语和意大利语，它的首版有精美的木刻插画。自刊印以来，它就成为收藏家竞相收藏的珍品。

71. Denis Cosgrove, *Geography and Vision: Seeing, Imagining and Representing the World*, p.65.

72. 王庸：《中国地图史纲》，第 4—5 页。

73. 余定国：《中国地图学史》，第 160 页。

74. 同上，第 162、164 页。

75. 曹婉如等编：《中国古代地图集·明代》，第 1 页。

76. 王庸：《中国地图史纲》，第 25—26 页。

77. 同上，第 26—27 页。

78. 余定国：《中国地图学史》，第 164 页。

79. 王庸：《中国地图史纲》，第 31 页。

80. 史景迁：《中国纵横》，夏俊霞等译，上海远东出版社 2005 年，第 298 页。

81. 它尝试一条经由麦哲伦海峡向西方的航线，然而一系列的不幸使其成了一种失败。

82. E. E. 里肯·C. H. 威尔逊主编：《剑桥欧洲经济史》第四卷，张锦东等译，经济科学出版社 2003 年，第 179 页。

83. 威·伊·邦特库：《东印度航海记》，姚楠译，中华书局 1982 年，第 5 页。

84. 杰米里·布莱克：《地图的历史》，张澜译，希望出版社 2006 年，第 85 页。

85. 黑特·马柯：《阿姆斯特丹：一座城市的小传》，张晓红等译，花城出版社 2007 年，第 129—130 页。

86. W. C. 丹皮尔：《科学史》，李衍译，商务印书馆 1989 年，第 268 页。

87. 在 16 世纪，地图（航海图）属于国家的最高机密，例如，1504 年葡萄牙国王曼努埃尔下令将所有航海资料保密，而且国王敕令，任何把航海图送往外国的人应处以极刑。参见丹尼尔·布尔斯廷：《发现者——人类探索世界和自我的历史》，李成仪等译，上海译文出版社，1995 年。

88. 杰米里·布莱克：《地图的历史》，第 85 页。

89. 丹尼尔·布尔斯廷：《发现者——人类探索世界和自我的历史》，第 392 页。

90. 同上。

91. 同上。

92. 在 16 世纪，关于地理的研究在欧洲尤其在德国相当活跃，许多专著陆续出版：如比内维茨（即阿皮阿努斯）的《世界志编者之书》（*Liber Cosmographicus*）等。参见阿尔弗雷德·赫特纳：《地理学》，第 65—75 页。

93. Evangelos Livieratos, Alexandra Koussoulakou, "Vermeer's maps: a New Digital Look in an Old Master's Mirror," in *e-Perimetron*, Vol.1, No. 2, Spring 2006, p.139.

94. 温迪·贝克特：《绘画的故事》，李尧译，三联书店 1999 年，第 210 页。

95. J. B. Harley、Kees Zandvliet, "Art, Science, and Power in Sixteenth-century Dutch Cartography," *in CARTOGRAPHICA*, Vol.29, No 2, Summer 1992, pp.10-19.

96. 是指他的《地理学指南》（共八卷），主要论述地球的形状、大小、经纬度的测定，以及地图的投影方法，是古希腊有关数理、地理知识的总结。书中附有 27 幅世界地图和 26 幅区域图，后人称之为托勒密地图。

97. 丹尼尔·布尔斯廷：《发现者——人类探索世界和自我的历史》，第 393 页。

98. Evangelos Livieratos, Alexandra Koussoulakou, "Vermeer's Maps: a New Digital Look in an Old Master's Mirror," p.139.

99. 指地图学者（cartographer）及地理学者（geographer）二词，以法国而言，最传统的绘制地图机构（Institut Géographique Nationl, 简称 IGN），至今沿用"地理"（Géographique）之

旧名，即是一例。参见保罗·克拉瓦尔：《地理学思想史》，郑胜华等译，北京大学出版社 2007 年，第 55 页。

100. 弗雷德里克·巴比耶：《书籍的历史》，刘阳等译，广西师大出版社 2005 年，第 204 页。

101. Svetlana Alpers, *The Art of Describing: Dutch Art in the Seventeenth Century*, pp. 119-68.

102. Robert D. Huerta, *Giants of Delft, Johannes Vermeer and the Natural Philosophers*,p.91.

103. 厄拉多塞（Eratosthenes，公元前 276—前 196），古希腊天文学家。他是阿基米德的朋友，也和亚里士多德一样是一个具有广泛兴趣的人。他不仅是著名的天文学家和数学家，还是地理学家、历史学家。

104. Kim H.Veltman, "Ptolemy and the Origins of Linear Perspective," in *La ProspettivaRinascimentale: Codificazioni E Trasgressumi*, ed. Marisa Dalai Emiliani, Florence, 1980, p.404.

105. 亚伯拉罕·奥特利乌斯是一位佛兰芒雕刻师兼商人，他因追求商业利益而到处旅行。他的地图集《地球大观》介绍了世界的组成部分，反映了当时的探险精神、商业联系的扩大和对科学的探索。

106. Robert D. Huerta, *Giants of Delft, Johannes Vermeer and the Natural Philosophers*,p. 90.

107. 荷兰作为航海强国，需要最新的航海和大陆地图提供精确的信息，保证了荷兰制图科学的总体发展。

108. 特别是地图和个人地图制造者，在以历史为导向的传记中，往往歌颂一些著名的人：墨卡托、奥特利乌斯、洪迪乌斯、范·德芬特尔。

109. Robert D. Huerta, *Giants of Delft, Johannes Vermeer and the Natural Philosophers*, p.90.

110. Ian D. Whyte, *Landscape and History since 1500*, P.60.

111. 马里特·威斯特曼：《荷兰共和国艺术（1585—1718 年）》，第 77 页。

112. 阿尔弗雷德·赫特纳：《地理学》，第 172 页。

113. 同上，第 175 页。

114. 从时间上来看，赫特纳可能未曾知晓维米尔及其作品，因梭雷·布格尔是在 19 世纪中后期将维米尔介绍至法国的艺术界，且范围仅限于艺术评论界。

115. James A. Welu, "Vermeer: His Cartographic Sources," p.529.

116. Robert D. Huerta, *Giants of Delft, Johannes Vermeer and the Natural Philosophers*, p.90.

117. 同上。

118. 同上。

119. 这一点到了 18 世纪初依然如此，例如法王路易十五时期的地理学家抱怨说，对开整页的地图册定价如此之高，使许多学者无力购买。参见丹尼尔·布尔斯廷：《发现者——人类探索世界和自我的历史》，第 403 页。

120. Evangelos Livieratos, Alexandra Koussoulakou, "Vermeer's Maps: a New Digital Look in an Old Master's Mirror,",p.140.

121. 余定国：《中国地图学史》，第 245 页。

122. 埃凡杰罗斯认为：也许值得一提的是当时荷兰画家接受的数学训练并不罕见，以便在其工作中应用。例如，在他们的作品中应用透视原理。

123. 仅需要举出伦勃朗一例就可以，他的订件画的数量就是证据。而维米尔几乎没有可查的官方订件作品，例如其他职业行会的订件。

124. Anthony Bailey,*Vermeer: A View of Delft*, Henry Holt and Co., 2001, p.129.

125. 1.《军官与微笑的少女》收藏于纽约弗里克；
    2.《读信的蓝衣女子》收藏于荷兰国家美术馆；
    3.《手持水罐的女子》收藏于纽约大都会博物馆；
    4.《弹奏鲁特琴的女子》收藏于纽约大都会博物馆；
    5.《绘画的艺术》收藏于维也纳艺术史博物馆；
    6.《情书》收藏于荷兰国家美术馆；
    7.《戴珍珠项链的女子》收藏于柏林国家美术馆。从自动射线照相术得知维米尔在此画中首次描绘了《荷兰十七省地图》，然而他在完成此画前抹掉了此图，而留下了白墙。
    8.《熟睡的女子》收藏于纽约大都会博物馆；
    9.《地理学家》收藏于法兰克福施特德尔美术馆。

126. Robert D. Huerta, *Giants of Delft, Johannes Vermeer and the Natural Philosophers*,p.91.

127.Evangelos Livieratos, Alexandra Koussoulakou, "Vermeer's Maps: a New Digital Look in an Old Master's Mirror,",p.141.

128. 同上，第 142 页。画中描绘一个女孩和一名士兵坐在一张桌子上，旁边是半开的窗户，在当时的室内环境中，似乎进行着悠闲交谈。

129. 哈雷和基斯·赞德弗利特引用詹姆逊的话说，19 世纪对立的艺术和科学限制了我们思想知觉。地图制图史的传统方法在艺术和科学的双重定型之间上下波动。

130. Robert D. Huerta, *Giants of Delft, Johannes Vermeer and the Natural Philosophers*,p.91.

131. Evangelos Livieratos, Alexandra Koussoulakou, "Vermeer's maps: a New Digital Look in an Old Master's Mirror," p.142.

132. 原始地图由凡·博肯罗德创建于 1620 年，威廉·布劳出版于 1621 年初。

133. Evangelos Livieratos, Alexandra Koussoulakou, "Vermeer's maps: a New Digital Look in an Old Master's Mirror," p.143.

134. 保罗·祖姆托：《伦勃朗时代的荷兰》，第 219 页。

135. 同 133 注。

136. 同上。

137. Philip Steadman,*Vermeer's Camera: Uncovering the Truth behind the Masterpieces*, Oxford University Press, 2002, p.30.

138. J. A. Welu, "Vermeer: His Cartographic Sources," p.531.

139. 18 至 19 世纪，暗箱广泛用于复制绘画和印刷品，在这个过程中可以放大和缩小尺寸。

140. Philip Steadman,*Vermeer's Camera: Uncovering the Truth behind the Masterpieces*, p.39.

141. 这幅地图在 1929 年由荷兰人维德尔首次确定，维德尔确定为地图是 17 世纪初由荷兰制图家凡·博肯罗德所作。

142. Evangelos Livieratos, Alexandra Koussoulakou, "Vermeer's

maps: a New Digital Look in an Old Master's Mirror," pp.147-148.

143. 这一研究使用了从绘画地图到模型地图拟合的两种类型，第一是"相似点"的最佳拟合，第二是"投影"拟合。

144. 同上。

145. 同上。

146. Robert D. Huerta, *Giants of Delft, Johannes Vermeer and the Natural Philosophers*, p.92.

147. 这一作品的主题得到了书面证据的确认，大约于 1666 至 1667 年完成，一直是维米尔家中的财产，直到他于 1675 年去世。在一份 1676 年 2 月的文献中，维米尔的遗孀凯瑟琳娜·伯尔尼斯提到作品《绘画的艺术》。参见 John Michael Montias, *Vermeer and His Milieu, Princeton University Press*, 1991, pp.226-230。

148. S. Alpers, *The Art of Describing:Dutch Art in the Seventeenth Century*, p.122.

149. 维斯切尔在荷兰非常有名，可以制作装饰优美的地图，它的质量可以与布劳家族的相媲美。在当时，地图的编纂和出版一般是作为家业而世袭的。参见海野一隆：《地图的文化史》，第 60—61 页。

150. Madlyn Millner Kahr, *Dutch Painting in the Seventeenth Century*, p.53.

151. S. Alpers, *The Art of Describing: Dutch Art in the Seventeenth Century*, p.119.

152. 同上。

153. 是指维米尔《军官与微笑的少女》一画中的军官处于侧影的暗色调中，越来越像一张地图。

154. 托马斯·古尔德斯坦曾评论过这个地图和绘画相结合背景下对世界的探索：对欧洲熟悉的地方详细的地理描述（特别是在意大利），是始于文艺复兴时期的风尚，城市或国家的场景景观的油画和蚀刻版画是科学真正的伴侣。像佛罗伦萨、威尼斯、热那亚、罗马等城市的地图被显著的现实主义手法精心地描绘，通常皆以精湛的艺术技艺来完成。在为数众多的具有特色的城镇细节全景的文艺复兴绘画中难以将它们区分出来。参见 Thomas Goldstein, *Dawn of Modern Science*, Houghton Mifflin, 1980, p.25.

155. Robert D. Huerta, *Giants of Delft, Johannes Vermeer and the Natural Philosophers*, p.92.

156. Thomas Goldstein, *Dawn of Modern Science*, p.25.

157. 同上。

158. Robert D. Huerta, *Giants of Delft, Johannes Vermeer and the Natural Philosophers*, p.91.

159. E. H. Gombrich, *Art and Illusion: a Study in the Psychology of Pictorial Representation*, Phaidon Press, 2004, pp.28-29.

160. 例如在杰拉尔德·窦所绘《圣经》读本中，文字和插图是融合在一起的，荷兰的大量出版物都是图文并茂的，无论是印有新闻或者笑话的大幅单页报纸，还是荷兰史书和科学论文皆是如此。参见马里特·威斯特曼：《荷兰共和国艺术（1585—1718 年）》，第 52 页。

161. 同上，第 55 页。

162. 17 世纪的许多荷兰艺术家也在他们的作品上签上自己名字并署上日期。中世纪的少数雕刻家、画家已经开始在作品上署名，但直到 17 世纪的荷兰，这种在作品上题字的习惯才正式发展起来。

163. 马里特·威斯特曼：《荷兰共和国艺术（1585—1718 年）》，第 59 页。

164. 同 158 注。

165. David Turnbull, *Maps are Territories: Science is an Atla*, University of Chicago Press，1994, p.2.

166. 马里特·威斯特曼：《荷兰共和国艺术（1585—1718 年）》，第 60 页。

167. 同上。

168. 荷兰文字和绘画之间的复杂关系意味着艺术家和欣赏者都需要具备更加全面的知识。关于荷兰艺术家社会地位的描述，参见 Michael North, *Art and Commerce in the Dutch Golden Age*, Yale University Press, 1999, p.62。

169. 同 158 注。

170. 余定国：《中国地图学史》，第 108—109 页。

171. 阿尔弗雷德·赫特纳：《地理学》，第 175—176 页。

172. 同上。

173. 余定国：《中国地图学史》，第 193 页。

174. Günter Schilder, *the Atlas Blaeu-van der Hem of the Austrian National Library History of the Atlas and the Making of the Facsimile, Volume V*, Hes & de Graaf publishers, 2005, P.484.

175. 余定国：《中国地图学史》，第 166 页。

176. 关于地图的评价标准，正确的描述无法完全诠释地图的价值，尤其是艺术价值。

177. 张西平等合编：《把中国介绍给世界：卫匡国研究》，第 186 页。

178. Allen, James Peter, *Middle Egyptian: An Introduction to the Language and Culture of Hieroglyphs*, Cambridge University Press 2000, pp.82-83.

179. 参见 http://en.wikipedia.org/wiki/Cartouche_（cartography）。

180. David Woodward, *Art and Cartography: Six Historical Essays*, University of Chicago Press, 1987, p.147.

181. F. J. Manasek, *Collecting Old Maps*, Terra Nova Press, Norwich, Vermnt, 1998, p.20.

182. Raymond Lister, *How to Identify Old Maps and Globes*, London, G.bell and sons Ltd., 1965, p.61-62.

183. 参见世界数字图书馆：http://www.wdl.org/zh/item/2889/#contributors=Adrichem%2C+Christiaan+van+%281533-1585%29。

184. 同 182 注。

185. David Woodward, *Art and Cartography: Six Historical Essays*, p.147.

186. 同上。

187. 同上。

188. 同上，第 157 页。

189. 同上，第 151 页。

190. 张西平等合编：《把中国介绍给世界：卫匡国研究》，

第 182 页。

191. 同上，第 356 页。

192. 同上，第 357 页。

193. 同上，第 354 页。

194. 同上，第 174 页。

195. 同上。

196. 同上，第 157 页。

197. 同上，第 200—201 页。

198. 陈高华主编：《中国服饰通史》，宁波出版社 2002 年，第 446 页。

199. 张西平等合编：《把中国介绍给世界：卫匡国研究》，第 17 页。

200. 费赖之：《在华耶稣会士列传及书目》，第 261 页。

201. 张西平等合编：《把中国介绍给世界：卫匡国研究》，第 18、19、20、37 页。

202. 陈高华主编：《中国服饰通史》，476 页。

203. 同上，第 469 页。

204. 方豪：《中国天主教史人物传》，中华书局 1988 年，第 117 页。

205. 裴化行：《利玛窦神父传》，第 119 页。

206. 利玛窦、金尼阁：《利玛窦中国札记》，第 106 页。

207. 裴化行：《利玛窦神父传》，第 143 页。

208. 日本各地的马利亚观音像形状各不相同。直到 1873 年（明治六年）日本废除禁教令之后，这种文化才逐渐消失。

209. 李奭学：《明末耶稣会翻译文学论》，香港中文大学出版社 2012 年，第 184—185 页。

210. 同上，第 185 页。

211. 同上。

212. 利玛窦、金尼阁：《利玛窦中国札记》，第 367 页。

213. 同上，第 369 页。

214. 郭咏观：《从医学角度看耶稣的苦难》，未刊稿。

215. 顾炎武：《菰中随笔》，商务印书馆民国二十五年，第 28 页。

216. 卫匡国在编辑《中国新地图集》一书时很可能参阅了两部著作——《大明统一志》和《广舆记》，其中《广舆记》第二十一卷之第四页提到了鸡笼山。两名印度僧人，摄摩腾（Kasyapa）和达摩（Dharm）在进入中国前，分别在 67 年和 520 年时住在这里。参见张西平等合编：《把中国介绍给世界：卫匡国研究》，第 370 页。

217. 同上，第 368—370 页。

218. 王海涛：《云南佛教史》，云南美术出版社 2001 年，第 263 页。

219. 同上，第 29 页。

220. 同上。

221. 张西平等合编：《把中国介绍给世界：卫匡国研究》，第 356 页。

222. David Woodward, *Art and Cartography: Six Historical Essays*, p.158.

223. 张西平等合编：《把中国介绍给世界：卫匡国研究》，

第 288 页。

224. 同上，第 288—289 页。

225. 汪日桢：《湖蚕述》，蒋猷龙注释，农业出版社 1987 年，第 72 页。

226. 同上，第 74 页。

227. 章楷：《中国古代养蚕技术史料选编》，农业出版社 1985 年，第 49 页。

228. 郑珍等：《柞蚕三书》，华德公、杨洪江校注，农业出版社 1985 年，第 34 页。

229. 张西平等合编：《把中国介绍给世界：卫匡国研究》，第 289 页。

230. 曹婉如等编：《中国古代地图集·明代》，第 14 页。

231. 同上。

第五章　水纹

1. 姜道章：《历史地理学》，第 385 页。

2. 曹婉如等编：《中国古代地图集·战国—元》，文物出版社 1990 年，第 1 页。

3. 余定国：《中国地图学史》，第 5 页。

4. 曹宛如等编：《中国古代地图集·战国—元》，第 4—5 页。

5. 同上。

6. 黄苇等：《方志学》，复旦大学出版社 1993 年，第 190 页。

7. 马远（1160—1225），字遥父，号钦山，中国南宋杰出画家。原籍河中（今山西永济附近），侨寓钱塘（今浙江杭州），乃世代画家之后。曾祖就做过宋徽宗时画院待诏，祖父、伯父都是南宋的画院待诏，马远也做了画院待诏，其子马麟亦同。

8. Gregory Chu, *The Rectangular Grid in Chinese Cartography*, unpublished M.S. thesis, University of Wisconsin Madison, 1974, p.12.

9. 姜道章：《历史地理学》，第 385 页。

10. 李约瑟：《中国科学技术史》第五卷，第 132—133 页。

11. 同上，第 134 页。

12. 同上，第 40 页。

13. 中科院自然科学史地学史组编：《中国古代地理学史》，第 124 页。

14. 同上。

15. 同上。

16. 王成组：《中国地理学史》，第 27 页。

17. 中科院自然科学史地学史组编：《中国古代地理学史》，第 126 页。

18. 李约瑟：《中国科学技术史》第五卷，第 40 页。

19. Cordell.D.K.Yee, "A Cartography of Introspection: Chinese Maps as other than European," in *Asian Art*, Vol.5,No.4, 1992, pp.33-34.

20. 王逵：《蠡海集·地理类》，台北艺文印书馆，1966 年，第 3 页。

21. 中科院自然科学史地学史组编：《中国古代地理学史》，第 126 页。

22. 姜道章：《历史地理学》，第 386 页。

23. 波河（意大利语：Po）是意大利最长的一条河流。位于意大利北部，发源于阿尔卑斯山地区，向东在威尼斯附近注入亚得里亚海，全长 652 公里。流域面积 71 000 平方公里。流经都灵。在伦巴第平原，以达芬奇参与设计的网状水道系统与米兰相连。在河口处形成广阔的三角洲，包括几百条细水道和五条主要水道（意大利文称作 "Po di Maestra" "Po della Pila" "Po delle Tolle" "Po di Gnocca" 和 "Po di Goro"）。

24. 丹尼尔·布尔斯廷：《发现者——时间、陆地与海洋》，第 216 页。

25. 同上，第 217—218 页。

26. 姜道章：《历史地理学》，第 387 页。

27. 冯明珠编：《经纬天下》，第 144 页。

28.《诗经·小雅·沔水》。

29. 郦道元：《水经注校正》，陈桥驿校正，中华书局 2007 年，第 1 页。

30. 徐兢：《宣和奉使高丽图经》，商务印书馆民国二十六年，第 115 页。

31. 王庸：《中国地图史纲》，第 2—3 页。

32. 中科院自然科学史地学史组编：《中国古代地理学史》，第 240 页。

33. 同上，第 238 页。

34. 同上，第 237 页。

35. 这幅图无经纬线，图的下方有双线表示赤道，上方有单线条表示北回归线，另以三种符号表示山脉、河流及城市。图中央较大的山形符号是指西藏高原。从北向南有四条河流，可能是海河、黄河、长江和西江。山东半岛、雷州半岛及海南岛，均不见于图上。参见冯明珠编：《经纬天下》，第 16 页。

36. 曹婉如等编：《中国古代地图集·明代》，第 67 页。

37. 同上。

38. 奥特利乌斯在 1570 年出版《地球大观》，之后不断再版，其中 1584 年版首次出现单幅《中国地图》，原图尺寸 58×37cm，自出版后被广为引用，是 1584 年以降 70 年间欧洲 "标准的" 中国地图。收入伯特罗（Giovanni Botero）拉丁文版的《寰宇一览》（*Theatrum Principium Orbis Universi*）一书中。参见冯明珠编：《经纬天下》，第 17 页。

39. 参见第二章，注释 45 中相关描述。

40. 同上，第 25 页。

41. David Woodward, *Art and Cartography: Six Historical Essays*, p.123.

42. 同上。

43. 李约瑟：《中国科学技术史》第五卷，第 132—133 页。

44. 安东尼·瑞德：《东南亚的贸易时代（1450—1680 年）》，第 49 页。

45. 姜道章：《历史地理学》，第 387 页。

46. 郑若曾：《筹海图编》，中华书局 2007 年，第 11 页。

47. 唐锡仁、杨文衡主编：《中国科学技术史·地学卷》，科学出版社 2000 年，第 413 页。

48. 冯明珠编：《笔画千里——院藏古舆图特展》，台北故宫博物院 2008 年，第 46 页。

49. 姜道章：《历史地理学》，第 388 页。

50. 同上。

51. 林利隆：《明人的舟游生活》，乐学书局 2005 年，第 120 页。

52. 汪循：《汪仁峰先生文集》第十四卷，齐鲁书社 1997 年。

53. 赵令扬、吴智和著：《明清史集刊·明人习静休闲生活》第六卷，香港大学出版社 2002 年，第 109 页。

54. 倪宗正：《倪小野先生全集》，《四库全书存目丛书》集部第五十八册，台湾庄严文化事业有限公司 1995 年，第 24 页。

55. 徐复祚：《花当阁丛谈》第四卷，广文书局 1969 年，第 11 页。

56. 赵令扬、吴智和著：《明清史集刊·明人习静休闲生活》第六卷，第 108 页。

57. 徐阶：《世经堂集》第十四卷，齐鲁书社 2009 年。

58. 中科院自然科学史地学史组编：《中国古代地理学史》，第 315 页。

59. 黄时鉴、龚缨晏：《利玛窦世界地图研究》，第 64 页。

60. 沈福伟：《中西文化交流史》，上海人民出版社 1985 年，第 414 页。

61. 黄时鉴、龚缨晏：《利玛窦世界地图研究》，第 37 页。

62. 余定国：《中国地图学史》，第 202 页。

63. 洪业：《洪业论学集》，第 180 页。

64. 张西平等合编：《把中国介绍给世界：卫匡国研究》，第 49 页。

65. 洪业：《洪业论学集》，第 180 页。

66. 史景迁：《利玛窦的记忆之宫》，第 202，204 页。

67.《地理学学报》第五十卷《利玛窦神甫在 1584 至 1608 年间的中国世界地图》（*Father Matteo Ricci's Chinese World-Maps, 1584-1608*）一文的描述和希伍德在同一杂志刊载的《利玛窦地图关系考》。

68. 同上。

69. Tony Campbell, *The Earliest Printed Maps*, the British library, 1987, p.2.

70. 同上。

71. 丹尼尔·布尔斯廷：《发现者——人类探索世界和自我的历史》，第 148—149 页。

72. Tony Campbell, *The Earliest Printed Maps*, p.116.

73. 等高线本身指的是地形图上高程相等的各点所连成的闭合曲线。在等高线上标注的数字为该等高线的海拔高度。等高线按其作用不同，可分为首曲线、计曲线、间曲线与助曲线四种。除地形图之外，等高线也见于俯视图、阴影图等形式。

74. Francis J. Manasek, *Collecting Old Maps*, Terra Nova Press, G.B. Manasek, Inc., 1998, p.53.

75. 同上，第 54 页。

76. 同上，第 57 页。

77. Philip D. Burden, *The Mapping of North America: A list of Printed Maps 1511-1670*, Raleigh, England, 1996, p. 16.

78. 同上，第 66 页。

79. R.V.Tooley, Charles Bricker, *Landmarks of Mapmaking*, Elsevier-

Sequoia, Amsterdam,1968; Adolf Erik Nordenskiöld, Facsimile-Atlas to the Early History of Cartography, Dover Publications, New York, Reprint 1973, p. 40.

80. 同上。

81. Francis J. Manasek, Collecting Old Maps, Terra Nova Press, G.B. Manasek, Inc,1998, p.134.

82. 洪业：《洪业论学集》，第 180、167、177 页。

83. Gianfranco Malafarina,La Galleria Carte geografiche in Vaticano, Franco Cosimo Panini, 2005, p.5.

84. 贡布里希在《艺术与人文科学》一书中，间接地提及了鲁本斯和保罗·布里尔。参见贡布里希：《艺术与人文科学》，范景中编选，浙江摄影出版社 1989 年，第 133 页。

85. Max Rooses, Art in Flanders, C. Scribner's Sons, 1914, pp.178-179.

86. 洪业：《洪业论学集》，第 167 页。

87. 同上，第 177 页。

88. Tony Campbell,The Earliest Printed Maps,p.27.

89. 15 世纪费拉拉的细密画家，在 1455 至 1461 年间，他与弗兰科·鲁西为费拉拉公爵博尔索绘制了昂贵的《圣经》以及一些其他作品，殁于 1484 年。

90. Tony Campbell,The Earliest Printed Maps,p.27.

91. Ronald Vere Tooleyk, Maps and Map Makers,Crown publishers,1978,p.21.

92. 黄时鉴、龚缨晏：《利玛窦世界地图研究》，第 63 页。

93. 方豪：《中西交通史》，第 575 页。

94. 郭亮：《隐逸与契约——维米尔的私人世界》，2007 年，第 163 页。

95. Marcel van den Broecke, Ortelius Atlas Maps: An Illustrated Guide, Hes & De Graff , Pub B.V., 1996, pp.1-3.

96. 同上。

97. 黄时鉴、龚缨晏：《利玛窦世界地图研究》，第 137 页。

98. 作为对利玛窦来华后最早版本地图的摹本，章潢摹绘的《舆地山海全图》和南北极的两帧小图——《舆地图》（上下）均无一例外地采用点状来表现海洋。图例参见章潢：《图书编》第二十九卷，《影印四库全书》，台湾商务印书馆 1986 年，第 43—45 页。

99. 黄时鉴、龚缨晏：《利玛窦世界地图研究》，第 13 页。

100. 同上，第 14 页。

101. 方豪：《中西交通史》，第 575 页。

102. 同上。

103. 黄时鉴、龚缨晏：《利玛窦世界地图研究》，第 74 页。

104. 余定国：《中国地图学史》，第 207 页。

105. 黄时鉴、龚缨晏：《利玛窦世界地图研究》，第 37 页。

106. 曹婉如等编：《中国古代地图集·明代》，第 67 页。

107. 洪业：《洪业论学集》，第 177 页。

108. 王庸：《中国地图史纲》，第 68—69 页。

109. 曹婉如等编：《中国古代地图集·战国—元》，第 10 页。

110. 大泽显浩：《明末地图与公牍——地域性政书的出现》，《全球化下明史研究之新视野集刊》，台湾东吴大学 2008 年，第 184、185 页。

111. 中国美术全集编委会：《中国美术全集·明代绘画》，上海人民美术出版社 1988 年，第 21 页。

112. 李约瑟：《中国科学技术史》第五卷，第 262 页。

113. 余定国：《中国地图学史》，第 87 页。

114. 李约瑟：《中国科学技术史》第五卷，第 253 页。

115. 同上，第 258—262 页。

116. 余定国：《中国地图学史》，第 162 页。

117. 沈福伟：《中西文化交流史》，第 414、415 页。

118. Nicolas Trigault,China in the Sixteenth Century: The Journals of Matteo Ricci, 1583-1610, trans. Louis J. Gallagher from the Latin version of Nicolas Trigault, Random House, 1953, pp.165-166.

119. 余定国：《中国地图学史》，第 7 页。

120. 黄时鉴、龚缨晏：《利玛窦世界地图研究》，第 78 页。

121. 海野一隆：《地图的文化史》，第 70—71 页。

122. 曹婉如：《中国现存利玛窦世界地图的研究》，《文物》1983 年第 12 期，第 74 页。

123. 黄时鉴、龚缨晏：《利玛窦世界地图研究》，第 74 页。

124. 曹婉如：《中国现存利玛窦世界地图的研究》，第 74 页。

125. 同上。

126. 利玛窦、金尼阁：《利玛窦中国札记》，第 348 页。

127. 黄时鉴、龚缨晏：《利玛窦世界地图研究》，第 59 页。

128. 安田朴、谢和耐等：《明清间入华耶稣会士和中西文化交流》，第 231 页。

129. 张西平等合编：《把中国介绍给世界：卫匡国研究》，第 171 页。

130. 同上，第 358 页。

131. 同上，第 174—175 页。

132. 同上，第 176—177 页。

133. 同上，第 357 页。

134. 1582 年艾儒略出生于意大利北部布雷西亚城的一个贵族家庭。1600 年入耶稣会见习，1606 至 1608 年，他又被派往博洛尼亚教授人文科学，同时被委任为神甫。1607 年他再次要求去东方传教，获得耶稣会会长阿奎维瓦的同意。1609 年，艾儒略离开罗马去里斯本，在那里搭船前往亚洲。

135. Massimo Quaini, Michele Castelnovi, Visions of the Celestial Empire: China's Image in Western Cartography, Il Portolano, Centro studi Martino Martini, 2007, p.115.

136. 爪哇岛，古苏丹国和旧城址。地处爪哇岛西端，爪哇海和印度洋之间。16 世纪初成为一强大的穆斯林苏丹国，势力范围扩展到苏门答腊和婆罗洲部分地区。曾遭到荷兰人、葡萄牙人和英国人入侵，最后在 1684 年承认荷兰宗主权。该城曾是爪哇和欧洲进行香料贸易的最重要港口，直到 18 世纪末其港口淤塞为止。1883 年因喀拉喀托火山喷发而遭严重破坏。

137. Massimo Quaini, Michele Castelnovi,Visions of the celestial empire: China's image in Western cartography, p.109.

138. 同上，第 115 页。

139. 余定国：《中国地图学史》，第 210 页。

140. 同上，第 217 页。

141. 林天人主编：《河岳海疆——院藏古舆图特展》，台北故宫博物院 2012 年，第 68—69 页。

142. 柯毅霖：《晚明基督论》，第 405 页。

143. 张西平：《西方汉学的奠基人罗明坚》，第 114 页。

144. 同上，第 115 页。

145. 卜正民：《明代的社会与国家》，第 73 页。

146. 裴化行：《利玛窦神甫传》，第 100 页。

147. 同上，第 108 页。

148. 利玛窦：《利玛窦全集·书信集编》，第 60 页。

149. 利玛窦、金尼阁：《利玛窦中国札记》，第 355 页。

150. 黄时鉴、龚缨晏：《利玛窦世界地图研究》，第 21 页。

151. 洪业：《洪业论学集》，第 161 页。

152. 利玛窦、金尼阁：《利玛窦中国札记》，第 355 页。

153. 黄时鉴、龚缨晏：《利玛窦世界地图研究》，第 22 页。

154. 同上，第 22 页。

155. 同上，第 78—79 页。

156. Eugenio Lo Sardo, *Atlante della Cina, di Michele Ruggieri.S.I*, Istituto Poligrafico e Zecca dello Stato, Libreria Dello Stato, 1993, p.39.

157. 利玛窦：《利玛窦全集·书信集编》，第 233 页。

158. 同上，第 285 页。

159. 洪业：《洪业论学集》，第 162 页。

160. 同上，第 165 页。

161. 朱维铮：《利玛窦中文译注集》，复旦大学出版社 2007 年，第 182—183 页。

162. 余定国：《中国地图学史》，第 109 页。

163. 丹尼尔·布尔斯廷：《发现者——时间、陆地与海洋》，第 80 页。

164. J.B.Harley, KeesZandvliet, "Art, Science, and Power in Sixteenth-century Dutch Cartography," in *CARTOGRAPHICA*, Vol. 29,No.2, Summer 1992, pp.10-19.

165. 曹婉如等编：《中国古代地图集·明代》，第 67 页。

166. 《御定历代题画诗类》（集部），《钦定四库全书荟要》，吉林出版集团 2005 年，第 48 页。

167. 艾儒略：《职方外纪教释》，中华书局 1996 年，第 6 页。

168. 彼得·柏克：《知识社会史》，第 45 页。

169. 余定国：《中国地图学史》，第 53 页。

170. 同上，第 210 页。

171. 黄时鉴、龚缨晏：《利玛窦世界地图研究》，第 82 页。

172. 邓恩：《从利玛窦到汤若望》，第 325、354 页。

173. 余定国：《中国地图学史》，第 210—211 页。

174. 同上，第 212 页。

175. 同上，第 213 页。

结语

1. 梅尔茨：《十九世纪欧洲思想史》第一卷，周昌忠译，商务印书馆 1999 年，第 3 页。

2. J. W. 汤普逊：《历史著作史》下卷，孙秉莹等译，商务印书馆 1996 年，第 6 页。

3. 柯毅霖：《晚明基督论》，第 13 页。

4. 安国风：《欧几里得在中国》，第 94、484 页。

5. 柯毅霖：《晚明基督论》，第 13 页。

6. A.J. 汤因比：《艺术的未来》，王治河译，广西师范大学出版社 2002 年，第 15—16 页。

7. 余定国：《中国地图学史》，第 250—251 页。

8. 斯塔夫里阿诺斯：《全球通史——1500 年以后的世界》，吴象婴等译，上海社会科学院出版社 1992 年，第 245 页。

9. 余定国：《中国地图学史》，第 212 页。

10. 柯毅霖：《晚明基督论》，第 374、380 页。

11. 余定国：《中国地图学史》，第 210 页。

12. 贡布里希：《理想与偶像》，范景中等译，上海人民美术出版社 1989 年，第 14—16 页。

参考文献

巴兆祥：《明代方志纂修述略》，《文献》，1988 年第 3 期。

《皇明实录》，中华书局，1995 年。

《御定历代题画诗类·集部》，《钦定四库全书荟要》，吉林出版集团，2005 年。

曹婉如：《中国现存利玛窦世界地图的研究》，《文物》1983 年第 12 期。

曹婉如等编：《中国古代地图集·明代》，文物出版社，1995 年。

曹婉如等编：《中国古代地图集·战国—元》，文物出版社，1995 年。

曾公亮、丁度：《武经总要》，宋绍定本重刻，中华书局上海编辑所，1959 年。

陈高华主编：《中国服饰通史》，宁波出版社，2002 年。

陈彭述：《地学的探索》第二卷，科学出版社，1990 年。

陈永祥：《台湾地志》，台北南天书局，1993 年。

程大约：《程氏墨苑》，万历三十三年滋兰堂刊。

程绍刚译注：《荷兰人在台湾》，台北联经出版事业公司，2000 年。

方豪：《中国天主教史人物传》，中华书局，1988 年。

方豪：《中西交通史》，上海人民出版社，2008 年。

冯立升：《中国古代测量学史》，内蒙古大学出版社，1995 年。

冯明珠编：《经纬天下》，台北故宫博物院，2005 年。

冯明珠编：《笔画千里——院藏古舆图特展》，台北故宫博物院，2008 年。

冯应京：《月令广义》，万历三十年秣陵陈邦泰刻本。

顾炎武：《菰中随笔》，商务印书馆，民国二十五年。

郭咏观：《从医学角度看耶稣的苦难》，未刊稿。

韩振华主编：《中外关系史丛书》第三辑，世界知识出版社，1991 年。

洪业：《洪业论学集》，中华书局，1981 年。

黄时鉴、龚缨晏：《利玛窦世界地图研究》，上海古籍出版社，2004 年。

黄苇等：《方志学》，复旦大学出版社，1993 年。

黄宗羲：《明儒学案》，据 1936 年中华书局《四库备要》本影印，台北中华书局，1966 年。

江汉文：《明清间在华的天主教耶稣会士》，知识出版社，1987 年。

姜道章：《历史地理学》，台北三民书局，2004 年。

蒋廷锡等：《古今图书集成·山川典》，上海图书集成铅版印书局，1884 年。

李奭学：《明末耶稣会翻译文学论》，香港中文大学出版社，2012 年。

郦道元：《水经注校正》，陈桥驿校正，中华书局，2007 年。

林利隆：《明人的舟游生活》，乐学书局，2005 年。

林天人主编：《河岳海疆》，台北故宫博物院，2012 年。

卢嘉锡、路甬祥编：《中国古代科学史纲》，河北科学技术出版社，1998 年。

罗洪先：《广舆图》，万历七年钱岱翻刻韩君恩本（增补），1579 年。

罗洪先：《罗洪先集》，徐儒宗编校，凤凰出版社，2007 年。

缪咏禾：《明代出版史稿》，江苏人民出版社，2000 年。

倪宗正撰：《倪小野先生全集》，《四库全书存目丛书·集部》第五十八册，台湾庄严文化事业有限公司，1995 年。

沈福伟：《中西文化交流史》，上海人民出版社，1985 年。

沈练：《广蚕说辑补》，光绪二十二年江西书局刻本。

孙诒让：《周礼正义》，中华书局，1987 年。

唐锡仁、杨文衡主编：《中国科学技术史·地学卷》，科学技术出版社，2000 年。

屠英、江藩等修：《肇庆府志》，光绪二年重刻道光本，《续修四库全书·史部》地理类。

汪日桢：《湖蚕述》，蒋猷龙注释，农业出版社，1987 年。

王海涛：《云南佛教史》，云南美术出版社，2001 年。

王逵：《蠡海集》，台北艺文印书馆，1966 年。

王庆余：《利玛窦携物考·中外关系史论丛》，世界知识出版社，1985 年。

王世贞辑：《列仙全传》，汪云鹏刻、汪云鹏补，《中国古代版画丛刊》，中华书局上海编辑所，1961 年。

王庸：《中国地理学史》，上海书店，1984 年。

王庸：《中国地图史纲》，三联书店，1958 年。

吴相湘主编：《天主教东传文献》，台湾学生书局，1965 年。

吴震：《聂豹、罗洪先评传》，南京大学出版社，2001 年。

吴智和著：《明人习静休闲生活》，载赵令扬编《明清史集刊》第六卷，香港大学出版社，2002 年。

徐复祚：《花当阁丛谈》第四卷，广文书局，1969 年。

徐继畲：《瀛寰志略》，宋大川校注，文物出版社，2007 年。

徐阶：《世经堂集》第十四卷，齐鲁书社，2009 年。

徐兢：《宣和奉使高丽图经》，商务印书馆，民国二十六年。

阎平、孙果青《中华古地图集珍》，西安地图出版社，1995 年。

余定国：《中国地图学史》，姜道章译，北京大学出版社，2006 年。

张廷玉：《明史》，中华书局，1974 年。

张西平、马西尼合编：《把中国介绍给世界：卫匡国研究》，华东师范大学出版社，2012 年。

张秀民：《中国印刷史》，上海人民出版社，1989 年。

张彦远：《历代名画记》，台湾商务印书馆，民国 52 年。

章潢：《图书编》第二十九卷，台湾商务印书馆，1986 年。

章楷：《中国古代养蚕技术史料选编》，农业出版社，1985 年。

郑若曾：《筹海图编》，中华书局，2007 年。

郑珍：《柞蚕三书》，华德公、杨洪江校注，农业出版社，1985 年。

中国测绘史编委会：《中国测绘史》，测绘出版社，1995 年。

中科院自然科学史研究所地学史组编：《中国古代地理学史》，科学出版社，1984 年。

朱维铮：《利玛窦中文译注集》，复旦大学出版社，2007 年。

阿·德芒戎：《人文地理学问题》，葛以德译，商务印书馆，1993年。

阿尔多·卡戴里诺：《文津流觞——关于"天子国度印象"的地理学意义》，天子国度印象专辑，国家图书馆编撰，2007年。

阿尔夫雷德·赫特纳：《地理学》，王兰生译，商务印书馆，1986年。

阿兰·H.贝克：《地理学与历史学》，阚为民译，商务印书馆，2008年。

阿·瑞恰慈：《文学批评原理》，杨自伍译，百花洲文艺出版社，1992年。

爱德华·威尔逊：《论契合：知识的统合》，田洺译，三联书店，2002年。

艾儒略：《职方外纪校释》，中华书局，1996年。

安东尼·瑞德：《东南亚的贸易时代（1450—1680年）》，孙来臣等译，商务印书馆，2010年。

安国风：《欧几里得在中国》，纪志刚等译，江苏人民出版社，2009年。

安田朴、谢和耐等：《明清间入华耶稣会士和中西文化交流》，耿译，巴蜀书社，1993年。

奥托·本内施：《北方文艺复兴艺术》，戚印平、毛羽译，中国美术学院出版社，2001年。

保罗·克拉瓦尔：《地理学思想史》，郑胜华等译，北京大学出版社，2007年。

保罗·诺克斯、史蒂文·平奇：《城市社会地理学导论》，柴彦威等译，商务印书馆，2005年。

保罗·佩迪什：《古希腊人的地理学》，蔡宗夏译，商务印书馆，1983年。

保罗·祖姆托：《伦勃朗时代的荷兰》，张今生译，山东画报出版社，2005年。

本杰明·艾尔曼：《中国近代科学的文化史》，王红霞等译，上海古籍出版社，2009年。

彼得·柏克：《知识社会史》，贾士蘅译，台北城邦文化事业股份有限公司，2003年。

卜正民：《明代的社会与国家》，陈时龙译，黄山书社，2009年。

查尔斯·辛格等编：《技术史》第三卷，高亮华译，上海科技教育出版社，2004年。

大卫·哈维著：《地理学中的解释》，高泳源译，商务印书馆，1996年。

丹尼尔·布尔斯廷：《发现者——时间、陆地与海洋》，严撷芸等译，上海译文出版社，1992年。

丹皮尔：《科学史》，李衍译，商务印书馆，1989年。

道格拉斯·诺斯、罗伯斯·托马斯：《西方世界的兴起》，厉以平等译，华夏出版社，1999年。

邓恩：《从利玛窦到汤若望》，余乐三等译，上海古籍出版社，2003年。

丁福保：《说文解字诂林》，台湾商务印书馆，1959年。

恩斯特·卡西尔：《人论》，甘阳译，上海译文出版社，1985年。

费赖之：《在华耶稣会士列传及书目》，冯承钧译，中华书局，1995年。

弗雷德里克·巴比耶：《书籍的历史》，刘阳等译，广西师大出版社，2005。

贡布里希：《理想与偶像》，范景中等译，上海人民美术出版社，1989年。

贡布里希：《艺术与人文科学》，范景中编选，浙江摄影出版社，1989年。

海野一隆：《地图的文化史》，王妙发译，新星出版社，2005年。

怀特海：《科学与近代世界》，何钦译，商务印书馆，1989年。

惠更斯：《光论》，蔡勖译，北京大学出版社，2007年。

杰弗里·马丁：《所有可能的世界》，成一农等译，上海人民出版社，2008年。

杰米里·布莱克：《地图的历史》，张澜译，希望出版社，2006年。

杰里米·哈伍德：《改变世界的100幅地图》，孙吉虹译，三联书店，2010年。

卡尔·曼海姆：《文化社会学论集》，艾彦等译，辽宁教育出版社，2003年

康德：《历史理性批判文集》，何兆武译，商务印书馆，1990年。

康德：《论优美感和崇高感》，何兆武译，人民文学出版社，2001年。

康德：《宇宙发展史概论》，全增嘏译，上海译文出版社，2001年。

柯律格：《明代的图像与视觉性》，黄晓娟译，北京大学出版社，2011年。

克鲁马·卡里·埃尔维斯：《明前来华的传教士》，王敬义译，香港公教真理学会出版社，1964年。

克洛德·莫里亚克：《普鲁斯特》，许崇山等译，中国社会科学出版社，1989年。

柯毅霖：《晚明基督论》，王志成等译，四川人民出版社，1999年。

李约瑟：《中国科技史》第五卷，中国科学技术史翻译小组译，中华书局，1976年。

李约瑟：《中国科学技术史·天文学卷》，中国科学技术史翻译小组译，中华书局，1978年。

里奇·威尔逊主编：《剑桥欧洲经济史》第四卷，张锦东等译，经济科学出版社，2003年。

利玛窦、金尼阁：《利玛窦中国札记》，何高济等译，中华书局，1983年。

利玛窦：《利玛窦全集·书信集编》，罗渔译，台湾辅仁大学出版社，1985年。

卢克莱修：《物性论》，方书春等译，商务印书馆，1981年。

伦纳德·史莱因：《艺术与物理学：时空和光的艺术观与物理观》，暴永宁等译，吉林人民出版社，2001年。

马德里自治大学东亚研究中心编：《西班牙图书馆中国古籍书志》，上海古籍出版社，2010年。

马克思·韦伯：《韦伯作品集：经济与历史支配的类型》，康乐等译，广西师范大学出版社，2004年。

马马特·威斯特曼：《荷兰共和国艺术（1585—1718年）》，张永俊等译，中国建筑工业出版社，2008年。

莫里斯·布罗尔著：《荷兰史》，郑克鲁等译，商务印书馆，1974年。

梅尔茨：《十九世纪欧洲思想史》第一卷，周昌忠译，商务印书馆，1999年。

迈耶：《低地国家文学史》，李路译，广西师范大学出版社，1995年。

佩里·安德森：《绝对主义国家的系谱》，刘北成等译，上海人民出版社，2001年。

裴化行：《利玛窦神父传》，管震湖译，商务印书馆，1995年。

普雷斯顿·詹姆斯·杰弗雷·马丁：《地理学思想史》，李旭旦译，商务印书馆，1989年。

斯塔夫里阿诺斯：《全球通史——1500年以后的世界》，吴象婴等译，上海社会科学院出版社，1992年。

史景迁：《利玛窦的记忆之宫》，陈恒译，上海远东出版社，2005年。

汤因比：《艺术的未来》，王治河译，广西师范大学出版社，2002年。

汤普逊：《历史著作史》下卷，孙秉莹等译，商务印书馆，1996年。

汤姆·巴特摩尔：《平等还是精英》，尤卫军译，辽宁教育出版社，1998年。

威·伊·邦特库：《东印度航海记》，姚楠译，中华书局，1982年。

温迪·贝克特：《绘画的故事》，李尧译，三联书店，1999年。

文森特·克鲁宁：《西泰子来华记》，思果译，香港公教真理学会出版社，1964年。

亚·沃尔夫：《十六、十七世纪科学、技术和哲学史》，周昌忠等译，商务印书馆，1984年。

亚历山大·柯瓦雷：《从封闭世界到无限宇宙》，邬波涛等译，北京大学出版社，2008年。

雅各布·布克哈特：《意大利文艺复兴时期的文化》，何新译，商务印书馆，1997年。

雅克·勒高夫等：《新史学》，姚蒙译，上海译文出版社，1989年。

雅克·巴尔赞：《从黎明到衰落：西方文化生活五百年》，林华译，世界知识出版社，2002年。

伊沛霞·姚平主编：《当代西方汉学研究集萃》，上海古籍出版社，2012年。

约翰·伯瑞：《进步的观念》，范祥涛译，上海三联书店，2005年。

Allen, James Peter, *Middle Egyptian: An Introduction to the Language and Culture of Hieroglyphs*, Cambridge University Press, 2000.

Alpers, Svetlana, *The Art of Describing: Dutch Art in the Seventeenth Century*, University of Chicago Press, 1983.

Bailey, Anthony, *Vermeer: A View of Delft,* Henry Holt and Co., 2001.

Binding, Paul, *Imagined Corners: Exploring the World's First Atlas*, Headline Book Publishing, 2003.

Blakemore, M.J.; Harley, J.B., "Cultural Meaning: The Iconography of Maps," in *The International Journal for Geographic Information and Geovisualization,* Vol.17, No.4, Winter 1980.

Brown, Christopher, *Dutch Townscape Painting Themes and Painters in the National Gallery*, National Gallery,1972.

Burden, Philip D., *The Mapping of North America: A list of Printed Maps, 1511-1670*, Raleigh, 1996.

Campbell, Tony, *The Earliest Printed Maps*, The British Library, 1987.

Chu Gregory, "The Rectangular Grid in Chinese Cartography," Unpublished M.S. Thesis, University of Wisconsin Madison, 1974.

Cosgrove Denis; Stephen Daniels, *The Iconography of Landscape*, Cambridge University Press, Reprint Edition, 1989.

Cosgrove Denis, *Geography and Vision: Seeing, Imagining and Representing the World*, I. B. Tauris Co. Ltd., 2008.

Cosgrove Denis, *Mappings*, Reaktion Books, 1999.

Cosgrove Denis, "Prosped, Perspective and the Evolution of the landscape Idea," in *Royal Geographical Society with the Institute of British Geographers*, Vol. 10, No. 1, 1985.

Delano-Smith, Catherine; Kain, Roger J. P., *English maps: History, British Library Studies in Map History*, University of Toronto Press, 1999.

Epstein, S. R.; Prak, Maarten, *Guilds, Innovation and the European Economy 1400-1800*, Cambridge University Press, 2008.

Fioran, Francesca, *The Marvel of Maps*, Yale University Press, 2005.

Gombrich, Ernst H., *Art and Illusion: A Study in the Psychology of Pictorial Representation*, Phaidon Press, 2004.

Gombrich, Ernst H., *The Story of Art*, Phaidon Press, 1995, 16th ed.

Harley, J. B.; Woodward, David, *The History of Cartography* Volume Two: *Cartography in the Traditional East and Southeast Asian Societies*, University of Chicago Press, 1994.

Harley, J. B.; Zandvliet, Kees, "Art, Science and Power in Sixteenth-century Dutch Cartography," in *Cartographica*, Vol.29, No 2, Summer 1992.

Hess, Peter M. J.; Allen, Paul L., *Catholicism and Science*, Greenwood Annotated Edition, 2008.

Hoelscher, Steven, *Landscape Iconography, International*

Encyclopedia of Human Geography, Elsevier, 2009.

Huerta, Robert D., *Giants of Delft, Johannes Vermeer and the Natural Philosophers*, Bucknell University Press, 2003.

Kahr, Madlyn Millner, *Dutch Painting in the Seventeenth Century*, Westview Press Inc, 2nd revised edition, 1993.

Karrow, Robert W., *Abraham Ortelius (1527-1598): Cartographe et Humaniste*, Turnhout, 1998.

Kato, Eiichi, "Japanese-Dutch Trade in the Formative Period of the Seclusion Policy," in *Acta Asiatica*, Vol.30, 1976.

Lister, Raymond, *How to Identify Old Maps and Globes*, London G.Bell and Sons Ltd., 1965.

Livieratos, Evangelos; Koussoulakou, Alexandra, "Vermeer's maps: a New Digital Look in an Old Master's Mirror," in *Perimetron*, Vol.1, No. 2, Spring 2006.

Lo Sardo, Eugenio, *Atlante della Cina, di Michele Ruggieri S.I.*, Istitutopoligraco e Zecca dello Stato, Libreria Dello Stato, 1993.

Malafarina, Gianfranco, *La Galleria Carte Geografiche in Vaticano*, Franco Cosimo Panini, 2005.

Manasek, Francis J., *Collecting Old Maps*, Terra Nova Press, G.B. Manasek, Inc., 1998.

Montias, John Michael, *Artists and Artisans in Delft: A Socioeconomic Study of the Seventeenth Century*, Princeton University Press, 1982.

Montias, John Michael, *Vermeer and His Milieu*, Princeton University Press, 1991.

Mora, Paolo; Mora, Laura; Philippot, Paul, *Conservation of Wall Paintings*, Butterworths, 1984.

North, Michael, *Art and Commerce in the Dutch Golden Age*, Yale University Press, 1999.

Quaini, Massimo; Castelnovi Michele, *Visions of the Celestial Empire: China's Image in Western Cartography*, Il Portolano, Centrostudi Martino Martini, 2007.

Rooses, Max, *Art in Flanders*, C. Scribner's Sons, 1914.

Short, John R., *The World through Maps*, Firefly Books Ltd., 2003.

Steadman, Philip, *Vermeer's Camera: Uncovering the Truth behind the Masterpieces*, Oxford University Press, 2002.

Trigault, Nicolas, *China in the Sixteenth Century*:The Journals of Matteo Ricci,1583-1610 ,trans. Louis J. Gallagher from the Latin version, Random House,1953.

Turnbull, David, *Maps are Territories: Science is an Atlas*, University of Chicago Press, 1994.

Tooley, R.V., *Maps and Map Makers*, Batsford, 2nd edition,1952.

Tooley, R.V.; Bricker, Charles, *Landmarks of Mapmaking*, Elsevier-Sequoia, 1968.

van der Broecke, Marcel, *Ortelius Atlas Maps:An Illustrated Guide*, Hes & De Graff, Pub. B.V., 1996.

van der Horst, Koert, *The Atlas Blaeu-van der Hem of the Austrian National Library History of the Atlas and the making of the facsimile*, Hes & De Graaf Publishers, 2011.

van Eeghen, I. H., *Het Amsterdamse Sint Lucasgilde in de 17de eeuw*, Jaarboek Amstelodamum, 1969.

Veltman, Kim H., "Ptolemy and the Origins of Linear Perspective", in *La Prospettiva Rinascimentale: Codicazioni E Trasgressumi*, ed. Marisa Dalai Emiliani, 1980.

Vinson, James, *Art: International Dictionary of Art and Artists*, St. James Press, 1998.

Welu, James A., "Vermeer: His Cartographic Sources," in *Art Bulletin*, Vol.57, 1975.

Whyte, Ian D., *Landscape and History since 1500*, Reaktion Books Ltd., 2002.

Woodward, David, *Art and Cartography*, University of Chicago Press, 1987.

Yee, Cordell.D.K., "A Cartography of Introspection: Chinese Maps as other than European," in *Asian Art*, Vol.5,No.4, 1992.

Yee, Cordell D.K., *The History of Cartorgraphy*, Vol.2, eds. J.B.Harley and David Woodward, University of Chicago Press, 1994.

后 记

本书最后完成于我在普林斯顿大学访学的岁月。有关地图与艺术的关系以及对晚明耶稣会士来华绘制地图历史的梳理，是一次重新发现经典的旅程，对它的思考和观察算来已有数载。地图在晚明这个特殊的历史时期，曾扮演过科学与文化交流的重要角色。在几百年之后的今天，尽管诸多文献和图像绘本已难以寻觅，但遗留的影像却让有心人试图探索地图中的未解之谜。保罗·韦纳曾说："人类活动的因果关系不是整体显现在视觉之中，这就产生了概念化的必要性。按照材料的合适与否，概念化可以在局部中表现为一个协调的概念系列，或是组成一个假设的演绎系统。"令人喜悦的是，宏观上地图所包含的巨大知识体系实际上是未被完全解读的智慧宝库。然而，试图发现未解之谜的尝试往往需要知晓地图在历史中扮演的角色、它的变化之多和图像形式之复杂，而这些往往超越了现代人所了解的范围。

地图本身是艺术表达的一种方式，正如古代欧洲与中国所出现的那些地图，它们并不割裂科学与艺术之间的联系，无论用以观赏或是实用，地图首先必须是优美的。在不同时代，地图的描绘都会发生某种变化，这既是绘图的观察方式，更是读图的理解方式。制图和绘画本身所具有的共同之处亦表现在：地图同样是具有某种"限制"的图像，无论过去还是今天，它都不会真正的"普及"，它的受众总是局限在一定的范围，甚至它所局限的受众及其在社会中围绕地图展开的活动也是一个有意义的研究话题……从更大的范围来看，地图的研究势必会越过地学自身的藩篱，无论是从艺术史、社会史、科学史还是思想史的角度。我们看到，水墨线描式的中国地图和具有透视绘法、明暗与色彩的欧洲地图都曾是历史中很长一个时期的图示传统；而在古埃及和南美洲等地区绘制的那些更加奇特的地图，在今天数字化地图面貌趋同的背景下，更使历史中各式各样的地理"轮廓"变得弥足珍贵。考察功用相同但形式多变的地图，可以使我们逐渐了解自古以来人类观察世界的方式及其背后的故事。

十分感谢荷兰乌特勒支古文物社的社长劳伦斯·海瑟林克先生（Laurens Hesselink），在本书的写作过程中，在他热忱和真挚的帮助下我有幸目睹了地图史中难得一见的古代真迹。感谢普林斯顿大学东亚系葛思德图书馆的马丁·海依德拉博士（Martin Heijdra, Ph.D.）、普林斯顿大学戴维斯国际交流中心的阿尔伯特·里维拉先生（Albert Rivera）、普林斯顿大学莱维斯图书馆的旺瑶先生、哈佛大学文艺复兴研究中心的乔纳森·纳尔逊博士（Jonathan Nelson）等诸位学者所给予的热情帮助与建议。同时也要感谢普林斯顿大学东亚系葛思德图书馆的王文琪女士以及城市与环境工程系的郭彬和李锜博士、普兰斯堡市的道格·奥珀斯基先生（Doug Opalski），他们在我访学期间给予了诸多帮助。此外，也要向丛书策划人、学者吕澎先生致以感谢。我的妻子在写作期间的理解与支持也使我无法忘怀，凡此种种，皆感念在心。

2014 年 3 月
于普林斯顿大学卡内基湖畔